战略性新兴领域"十四五"高等教育系列教材

机器人视觉

张 宇 王 越 刘 敏 编著

机械工业出版社

本书以机器人视觉为主题，系统地介绍了该领域的基础理论、核心技术以及相关应用与发展趋势。本书详细讲解了图像成像原理、图像处理技术、立体视觉、深度估计、视觉特征提取与匹配、视觉定位与建图、目标识别、目标位姿估计等多个方面的内容，不仅为读者提供了扎实的理论基础知识，也能帮助其了解最新的技术进展和应用实例。本书围绕机器人视觉主题，按照理论发展的顺序和知识体系的内在逻辑对各个章节的内容进行了严谨的编排，每一章既独立成篇，又与其他章的内容有机结合，全书内容连贯，逻辑清晰。

本书可作为普通高校机器人、自动化、人工智能、智能制造等专业的教材，也可作为相关专业的工程技术人员深入了解和掌握机器人视觉技术的学习资料。无论是对于初学者还是有一定基础的专业人士，相信本书都可以成为他们深入了解和掌握机器人视觉技术的重要工具。

本书配有电子课件、教学大纲、习题答案等教学资源，欢迎选用本书作教材的教师登录 www.cmpedu.com 注册后下载。

图书在版编目（CIP）数据

机器人视觉 / 张宇，王越，刘敏编著 .-- 北京：机械工业出版社，2024.12.--（战略性新兴领域"十四五"高等教育系列教材）.-- ISBN 978-7-111-77043-5

Ⅰ .TP242.6

中国国家版本馆 CIP 数据核字第 2024MK8892 号

机械工业出版社（北京市百万庄大街 22 号　邮政编码 100037）

策划编辑：吉　玲　　　　　　责任编辑：吉　玲
责任校对：蔡健伟　李小宝　　封面设计：张　静
责任印制：刘　媛

北京中科印刷有限公司印刷

2024 年 12 月第 1 版第 1 次印刷

184mm×260mm・13.75 印张・329 千字

标准书号：ISBN 978-7-111-77043-5

定价：49.80 元

电话服务　　　　　　　　　　网络服务

客服电话：010-88361066　　机 工 官 网：www.cmpbook.com
　　　　　010-88379833　　机 工 官 博：weibo.com/cmp1952
　　　　　010-68326294　　金 书 网：www.golden-book.com
封底无防伪标均为盗版　　机工教育服务网：www.cmpedu.com

FOREWORD 序

人工智能和机器人等新一代信息技术正在推动着多个行业的变革和创新，促进了多个学科的交叉融合，已成为国际竞争的新焦点。《中国制造2025》《"十四五"机器人产业发展规划》《新一代人工智能发展规划》等国家重大发展战略规划都强调人工智能与机器人两者需深度结合，需加快发展机器人技术与智能系统，推动机器人产业的不断转型和升级。开展人工智能与机器人的教材建设及推动相关人才培养符合国家重大需求，具有重要的理论意义和应用价值。

为全面贯彻党的二十大精神，深入贯彻落实习近平总书记关于教育的重要论述，深化新工科建设，加强高等学校战略性新兴领域卓越工程师培养，根据《普通高等学校教材管理办法》（教材〔2019〕3号）有关要求，经教育部决定组织开展战略性新兴领域"十四五"高等教育教材体系建设工作。

湖南大学、浙江大学、国防科技大学、北京理工大学、机械工业出版社组建的团队成功获批建设"十四五"战略性新兴领域——新一代信息技术（人工智能与机器人）系列教材。针对战略性新兴领域高等教育教材整体规划性不强、部分内容陈旧、更新迭代速度慢等问题，团队以核心教材建设牵引带动核心课程、实践项目、高水平教学团队建设工作，建成核心教材、知识图谱等优质教学资源库。本系列教材聚焦人工智能与机器人领域，凝练出反映机器人基本机构、原理、方法的核心课程体系，建设具有高阶性、创新性、挑战性的《人工智能之模式识别》《机器学习》《机器人导论》《机器人建模与控制》《机器人环境感知》等20种专业前沿技术核心教材，同步进行人工智能、计算机视觉与模式识别、机器人环境感知与控制、无人自主系统等系列核心课程和高水平教学团队的建设。依托机器人视觉感知与控制技术国家工程研究中心、工业控制技术国家重点实验室、工业自动化国家工程研究中心、工业智能与系统优化国家级前沿科学中心等国家级科技创新平台，设计开发具有综合型、创新型的工业机器人虚拟仿真实验项目，着力培养服务国家新一代信息技术人工智能重大战略的经世致用领军人才。

这套系列教材体现以下几个特点：

（1）教材体系交叉融合多学科的发展和技术前沿，涵盖人工智能、机器人、自动化、智能制造等领域，包括环境感知、机器学习、规划与决策、协同控制等内容。教材内容紧跟人工智能与机器人领域最新技术发展，结合知识图谱和融媒体新形态，建成知识单元711个、知识点1803个，关系数量2625个，确保了教材内容的全面性、时效性和准确性。

（2）教材内容注重丰富的实验案例与设计示例，每种核心教材配套建设了不少于5节的核心范例课，不少于10项的重点校内实验和校外综合实践项目，提供了虚拟仿真和实操项目相结合的虚实融合实验场景，强调加强和培养学生的动手实践能力和专业知识综合应用能力。

（3）系列教材建设团队由院士领衔，多位资深专家和教育部教指委成员参与策划组织工作，多位杰青、优青等国家级人才和中青年骨干承担了具体的教材编写工作，具有较高的编写质量，同时还编制了新兴领域核心课程知识体系白皮书，为开展新兴领域核心课程教学及教材编写提供了有效参考。

期望本系列教材的出版对加快推进自主知识体系、学科专业体系、教材教学体系建设具有积极的意义，有效促进我国人工智能与机器人技术的人才培养质量，加快推动人工智能技术应用于智能制造、智慧能源等领域，提高产品的自动化、数字化、网络化和智能化水平，从而多方位提升中国新一代信息技术的核心竞争力。

中国工程院院士

2024 年 12 月

前 言
PREFACE

在当今科技飞速发展的时代，机器人技术和人工智能已经深入到各个领域，影响着人们的生活和工作方式。其中，机器人视觉作为机器人技术的核心组成部分，连接着机器人与外部环境，使机器人具备了"看"的能力。本书旨在系统地介绍机器人视觉的基础理论、核心技术及其相关应用和发展趋势，帮助读者全面了解这一领域的进展和研究成果。

本书从基础理论到实际应用，全面而深入地阐述了机器人视觉的各个方面，内容涵盖了图像成像原理、图像处理技术、立体视觉、深度估计、视觉特征提取与匹配、视觉定位与建图、目标识别、目标位姿估计等多个方面。本书注重理论与实践相结合，既可作为高校相关专业的教材，也可作为从事机器人视觉研究与开发的工程师和科研人员的参考书。

建议的读者对象包括但不限于：
- 普通高校机器人、自动化、人工智能、智能制造等相关专业的本科生和研究生。
- 从事机器人、人工智能、计算机视觉等领域研究与开发的工程师和科研人员。
- 希望了解机器人视觉技术和应用的科技爱好者。

本书编写分工如下：

第1章、第6章、第7章、第9章由浙江大学张宇编写，主要包括绪论、机器人位姿估计、机器人视觉同时定位与建图、机器人目标位姿估计；第2章、第4章和第5章由浙江大学王越编写，主要包括相机成像和投影理论、双目视觉和对极几何、特征提取与匹配；第3章、第8章由湖南大学刘敏编写，主要包括机器人视觉图像处理基础、机器人目标识别。

希望本书能够为广大读者提供有价值的参考，助力机器人视觉技术的学习和应用，共同推进这一领域的发展。

作者

目 录

序
前言
第1章 绪论 ········· 1
  1.1 机器人视觉概述 ········· 1
    1.1.1 人类视觉的组成与功能 ········· 1
    1.1.2 机器人视觉的定义 ········· 3
    1.1.3 机器人视觉的特点与优势 ········· 4
  1.2 机器人视觉系统组成 ········· 5
    1.2.1 视觉传感器 ········· 6
    1.2.2 光源 ········· 7
    1.2.3 图像采集模块 ········· 8
    1.2.4 视觉计算模块 ········· 9
  1.3 机器人视觉任务分类 ········· 10
    1.3.1 空间感知任务 ········· 10
    1.3.2 类别感知任务 ········· 11
  1.4 机器人视觉的应用领域 ········· 13
    1.4.1 工业制造 ········· 14
    1.4.2 智能交通 ········· 15
    1.4.3 医疗健康 ········· 16
    1.4.4 农业 ········· 17
    1.4.5 安防 ········· 18
    1.4.6 服务机器人 ········· 19
  1.5 机器人视觉未来挑战与发展趋势 ········· 20
  1.6 本书的内容安排 ········· 21
  习题与思考题 ········· 23
  参考文献 ········· 23
第2章 相机成像和投影理论 ········· 26
  2.1 成像原理简介 ········· 26
  2.2 相机模型 ········· 27
  2.3 相机标定 ········· 29
    2.3.1 棋盘格定义和检测 ········· 30
    2.3.2 相机位姿、内参和畸变参数求解 ········· 31

2.3.3　非线性优化标定 ··· 33
　　2.3.4　工具箱 ··· 34
2.4　投影理论 ··· 34
　　2.4.1　平面几何 ··· 35
　　2.4.2　消失点理论 ·· 37
　　2.4.3　距离测量 ··· 39
本章小结 ·· 40
习题与思考题 ·· 41
参考文献 ·· 41

第3章　机器人视觉图像处理基础 ·· 42

3.1　图像的表示和存储 ··· 42
　　3.1.1　图像的基本概念 ··· 42
　　3.1.2　数字图像表示 ·· 42
　　3.1.3　图像的分类 ·· 44
3.2　图像的基本操作 ·· 45
　　3.2.1　图像变换 ··· 46
　　3.2.2　灰度变换 ··· 51
3.3　图像的滤波和增强 ··· 53
　　3.3.1　图像的滤波 ·· 53
　　3.3.2　图像的增强 ·· 56
3.4　图像的检测与分割 ··· 57
　　3.4.1　图像的检测 ·· 57
　　3.4.2　图像的分割 ·· 69
本章小结 ·· 76
习题与思考题 ·· 76
参考文献 ·· 77

第4章　双目视觉和对极几何 ··· 78

4.1　双目视觉原理 ··· 78
4.2　双目视觉标定 ··· 79
4.3　对极几何及双目矫正 ·· 81
　　4.3.1　双目的对极几何约束 ··· 81
　　4.3.2　基础矩阵 ··· 83
　　4.3.3　双目矫正 ··· 83
4.4　双目匹配及深度估计 ·· 85
　　4.4.1　双目匹配 ··· 86
　　4.4.2　深度估计 ··· 88
　　4.4.3　误差分析 ··· 89
4.5　主动双目视觉 ··· 90
本章小结 ·· 91
习题与思考题 ·· 91

参考文献 ··· 92

第 5 章　特征提取与匹配 ··· 93
　5.1　视觉特征 ··· 93
　5.2　特征提取方法 ··· 94
　　　5.2.1　角点提取 ··· 94
　　　5.2.2　快速计算 ··· 96
　　　5.2.3　不变性 ·· 98
　　　5.2.4　尺度不变性 ·· 99
　5.3　特征描述方法 ·· 100
　　　5.3.1　主方向 ··· 101
　　　5.3.2　尺度不变特征变换 ·· 102
　5.4　特征的匹配 ··· 103
　本章小结 ··· 104
　习题与思考题 ··· 104
　参考文献 ··· 105

第 6 章　机器人位姿估计 ··· 106
　6.1　机器人位姿估计的概念与数字表示 ··· 106
　　　6.1.1　状态估计简介 ·· 106
　　　6.1.2　位姿估计的数学表示 ··· 106
　6.2　基于特征点法的视觉里程计 ·· 109
　　　6.2.1　基于对极几何的 2D-2D 位姿求解 ···································· 109
　　　6.2.2　基于 PnP 的 2D-3D 位姿求解 ·· 113
　　　6.2.3　基于 ICP 的 3D-3D 位姿求解 ·· 117
　6.3　基于直接法的视觉里程计 ··· 119
　　　6.3.1　光流估计 ·· 120
　　　6.3.2　直接法求解机器人位姿 ·· 122
　6.4　关键帧的概念及其选取策略 ·· 124
　　　6.4.1　关键帧的概念 ·· 124
　　　6.4.2　关键帧选取策略 ··· 125
　本章小结 ··· 126
　习题与思考题 ··· 127
　参考文献 ··· 127

第 7 章　机器人视觉同时定位与建图 ·· 128
　7.1　SLAM 概述 ·· 128
　　　7.1.1　SLAM 的概念与分类 ··· 128
　　　7.1.2　经典视觉 SLAM 算法框架 ··· 129
　7.2　前端设计方案 ··· 131
　　　7.2.1　传感器选型 ··· 131
　　　7.2.2　里程计估计方法 ··· 132

7.3 后端优化方法 ... 132
7.3.1 滤波器方法 ... 133
7.3.2 图优化方法 ... 136
7.4 闭环检测 ... 139
7.4.1 闭环检测的概念与意义 ... 139
7.4.2 词袋模型 ... 139
7.4.3 相似度计算 ... 141
7.5 全局地图构建与表示 ... 144
7.5.1 面向机器人应用的地图表达与存储 ... 144
7.5.2 典型地图表示方法 ... 146
本章小结 ... 148
习题与思考题 ... 148
参考文献 ... 148

第8章 机器人目标识别 ... 150

8.1 目标识别的基本任务和分类 ... 150
8.2 目标分类方法 ... 150
8.2.1 基于聚类的方法 ... 151
8.2.2 基于机器学习的算法 ... 154
8.2.3 基于深度学习的算法 ... 158
8.3 目标检测方法 ... 163
8.3.1 两阶段检测 ... 163
8.3.2 一阶段检测 ... 167
8.4 目标分割方法 ... 173
8.4.1 全卷积网络 ... 173
8.4.2 U-Net 网络 ... 175
8.4.3 SegNet 网络 ... 176
8.4.4 DeepLab 系列 ... 177
8.4.5 PSPNet 网络 ... 179
8.4.6 Transformer ... 180
本章小结 ... 185
习题与思考题 ... 186
参考文献 ... 186

第9章 机器人目标位姿估计 ... 188

9.1 面向抓取的目标位姿估计应用背景 ... 188
9.1.1 工业场景 ... 188
9.1.2 家用场景 ... 189
9.1.3 目标位姿估计技术难点 ... 189
9.2 目标 3D 位姿表示与描述 ... 191
9.2.1 变换矩阵 ... 191
9.2.2 欧拉角与四元数 ... 192

9.2.3　评价指标 ··· 194
9.3　目标位姿估计方法分类 ·· 196
   9.3.1　基于特征点匹配的目标位姿估计 ··· 196
   9.3.2　基于深度学习的目标位姿估计 ··· 198
9.4　基于深度学习的3D目标位姿估计 ·· 198
   9.4.1　基于深度学习的非端到端目标位姿估计 ··· 199
   9.4.2　基于深度学习的端到端目标位姿估计 ··· 202
   9.4.3　发展趋势 ··· 204
本章小结 ··· 206
习题与思考题 ·· 207
参考文献 ··· 207

第1章 绪 论

近年来，机器人与人工智能理论与技术以前所未有的速度发展和演进。这一进程不仅推动了自动化技术的广泛应用，也极大地提升了机器人的智能化水平。在这样的大背景下，机器人视觉作为连接机器人与环境的桥梁，显得尤为重要。机器人视觉使得机器人不仅能"看到"周围的世界，更能理解和做出智能响应，这对于实现更复杂的自动化任务、完成更有效的机器人操作至关重要。

传统的图像处理技术主要聚焦于从静态图片中提取有用信息，而传统的"机器视觉"将其扩展到对动态图像序列的处理，通常可应用于工业生产场景，如质量检测和部件分类等。与这些技术相比，机器人视觉的内涵已经发生了显著变化。机器人视觉不再局限于处理静态或简单的二维视觉信息，而是转向实时、动态、三维以及多模态的视觉感知和估计。这种视觉能力使机器人能够在复杂且动态变化的真实世界环境中运动和执行任务，如自动驾驶汽车在繁华的街道上安全行驶，或者扫地机器人在人流密集的公共场所中灵活清洁作业。

机器人视觉的发展不仅是技术进步的体现，也是现实世界中应用场景需求增长的必然结果。通过融合来自不同传感器（包括光学相机、红外相机、毫米波与激光雷达等）的信息，机器人视觉系统能够获得对周围环境更加全面的认知。因此，了解和掌握机器人视觉的原理和技术，对于从事机器人技术的研究者和开发者而言，是一个不可或缺的基础。

本章将深入探讨机器人视觉的定义、系统组成、具体任务分类、应用领域及其未来的挑战和发展趋势，使读者对机器人视觉领域有一个全局的认识。

1.1 机器人视觉概述

在介绍机器人视觉之前，先了解人类的视觉系统。视觉是生物体最重要的感觉之一，尤其对于人类而言，视觉在日常生活中扮演着至关重要的角色。统计数据显示，人类通过视觉获取的信息占到感官信息总量的 80% 以上，这一比例远超过听觉、触觉或其他感觉器官。视觉不仅使人们能够感知外部世界的颜色、纹理、形状和运动，还是人们与周围世界交互的重要前提。

1.1.1 人类视觉的组成与功能

人类视觉系统是一种高度复杂的感知系统，它使人们能够解释所看到的世界。视觉系统不仅是感知环境的主要方式，也是人类获取信息的最重要渠道。人类的视觉系统包括眼球、视网膜、外侧膝状体、视神经通路等结构。

1. 眼球

眼球是一个复杂的光学系统，人类的眼球一般跟乒乓球大小类似，主要由角膜、瞳孔、晶状体、外眼肌等结构组成。角膜和晶状体的主要功能是折射进入眼内的光线，使光线聚焦在视网膜上。而瞳孔通过缩放调节进入眼内的光线量，使眼睛能够适应光线明暗的变化。眼球的周围包裹着 6 条外眼肌，即上直肌、下直肌、内直肌、外直肌、上斜肌、下斜肌，可帮助眼球向不同的方向移动或旋转。

2. 视网膜

视网膜是眼底的感光层，包含上百万的光感受细胞。这些细胞分为两种类型：视锥细胞和视杆细胞。视锥细胞在亮光条件下工作，负责感知颜色和细节；视杆细胞则在暗光条件下更为敏感，主要负责夜视和周边视觉。这些光感受细胞将光信号转化为生物电信号，并由视神经传递至大脑。

3. 外侧膝状体

外侧膝状体（Lateral Geniculate Nucleus, LGN）是大脑中的一个重要神经结构，属于丘脑的一部分。它在视觉信息处理中扮演了关键的中继站角色，负责将来自眼睛的视觉信息中转并传递到大脑的视觉皮层。它不仅简单地转发信息，还在一定程度上对视觉信号进行初步的处理和整合。外侧膝状体能够增强特定的视觉信号，如对比度和边缘信息，这有助于改善图像的清晰度和视觉分辨率。同时，LGN 会按照聚焦的注意力或信息的重要程度，对视觉信息进行筛选和过滤，如通过抑制某些背景信号来突出视觉中的重要对象。

4. 视神经通路

经外侧膝状体，视觉的生物电信号首先到达大脑中的初级视觉皮层，也称为 V1 区。这里是视觉处理的第一站，负责分析进入眼睛的图像的基本组成，如颜色、边缘、方向和运动。V1 区的神经元具有高度专业化的功能，能够响应特定的视觉刺激。从 V1 区开始，视觉信息被分流到两个主要的处理通路：腹侧通路和背侧通路，如图 1-1 所示。腹侧通路，通常被称为 What 通路，向大脑的颞叶延伸，专注于识别视觉目标对象的身份，如识别不同的物体和面孔。这一路径涉及复杂的视觉处理任务，如图形识别、颜色分辨和记忆整合等。背侧通路，通常被称为 Where 通路，向大脑的顶叶延伸，处理空间定位和物体运动。这包括跟踪移动物体的速度和方向，判断自身或物体的相对位姿，以及协调身体动

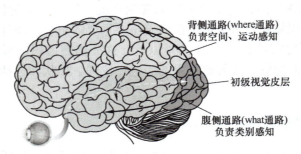

图 1-1 彩图

图 1-1 典型的视觉通路示意图

作以响应视觉刺激。视觉信息的最终处理发生在大脑的更高级区域,这些脑区负责综合处理从上述两条视觉通路接收到的信息,形成人们对外部世界的认识。这包括对场景的全面理解,如解析一个房间内的物品布局,或在繁忙的街道上行走、导航定位等。

综合上述人类视觉的组成和功能,可以把整个视觉处理过程分为三个主要阶段:光学过程、生物电化学过程和神经处理过程。光学过程完成光线的捕捉和聚焦;生物电化学过程实现视网膜上光信号到生物电信号的转换;神经处理过程则包括大脑对这些电信号的解析和理解。通过深入了解人类的视觉系统,可以设计出更高效和智能的机器人视觉系统。例如,通过借鉴人类视网膜的处理机制,可以开发出能够在各种光照条件下有效工作的机器人视觉传感器。此外,通过模拟腹侧通路和背侧通路的功能,机器人可以更好地识别和定位对象,或者可以更好地完成导航定位和地图构建,从而在复杂环境中自主行动。

1.1.2 机器人视觉的定义

在对人类的视觉系统有了一定的了解后,通过对标或模仿动物和人类的视觉器官和神经处理过程,使机器人具备获取、处理并理解外部世界信息的能力,这一理论技术及其相关研究领域被称为机器人视觉(Robot Vision)。该理论技术通过利用摄像头或其他类光学传感器获取环境信息,并通过视觉处理和分析算法,帮助机器人在各种任务中实现对自身运动和环境信息的自主感知,如深度估计、导航定位、地图构建、目标识别和目标位姿估计等。机器人视觉系统不仅能处理静态和二维的图像信息,还能够应对实时、动态、三维及多模态的视觉感知和估计,从而使机器人能适应复杂的环境,并实现高效地工作。

在深入理解机器人视觉之前,了解其与人类视觉系统的对比具有深刻的启发。表 1-1 对比展示了人类视觉与机器人视觉在光学过程、生物电化学过程和神经处理过程中的结构和功能对比。

表 1-1 人类视觉与机器人视觉结构和功能对比

处理阶段	类别			
	人类视觉		机器人视觉	
	结构	功能	结构	功能
光学过程	角膜、晶状体、瞳孔	光线的捕捉和聚焦,调节进入眼内的光线量	镜头、光圈	光线的捕捉和聚焦,调节光线进入传感器的量(通过自动曝光)
生物电化学过程	视网膜(视锥细胞和视杆细胞)	将光信号转换为电信号	图像传感器(CCD 或 CMOS 传感器)	将光信号转换为电信号(通过光电转换)
神经处理过程	视神经、外侧膝状体、初级视觉皮层(V1 区)、腹侧通路、背侧通路	对视觉信息进行初步处理和高级处理,形成对物体的识别和空间定位	图像处理单元、算法模块(如深度学习模型)、视觉处理单元(如 SLAM 系统)	对图像信息进行处理和分析,形成对物体的识别和空间定位

1. 光学过程

在人类视觉的光学成像过程中,光线首先通过角膜和晶状体被折射并聚焦到视网膜上,瞳孔则调节进入眼内的光线量。相对应的,机器人视觉系统使用摄像机镜头和光圈来捕捉和聚焦光线,使其聚焦到感光芯片上,并通过特定的曝光过程来调节光线的进入量。

2. 生物电化学过程

在生物电化学过程,人类的视网膜将光信号转换为生物电信号,这些信号通过视锥细胞和视杆细胞来完成转换。而在机器人视觉中,图像传感器(如 CCD 或 CMOS 传感器)中的视觉感光芯片负责类似的功能,通过光电转换,将光信号转换为模拟或数字电信号进行处理。

3. 神经处理过程

在神经处理过程,视神经将生物电信号传递到大脑的外侧膝状体和初级视觉皮层(V1 区),再通过腹侧通路和背侧通路进行更高级的处理,形成对物体的识别和空间定位。同样,机器人视觉系统使用有线或无线方式将视觉电信号传递到计算芯片,并由视觉处理单元和算法模块(如深度学习模型)进行视觉信息的处理和分析,最终完成物体识别和空间定位的任务。

通过以上的详细对比,可以看到人类视觉和机器人视觉在各个处理阶段既有相似之处,又有差异。图 1-2 展示了人类视觉与机器人视觉在视感觉和视知觉部分的对照。理解这些内容有助于我们更好地设计和优化机器人视觉系统,使其在各种环境中都能有效工作。

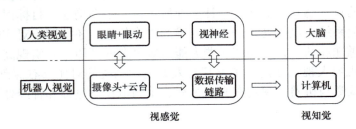

图 1-2　人类视觉与机器人视觉类比图

1.1.3　机器人视觉的特点与优势

由于人类视觉感知行为存在主观性,所以在形状、颜色、运动状态估计等方面都会存在视错觉行为,且人类的眼睛容易疲劳,视觉识别稳定性较差。因此,机器人视觉相较于人类视觉具有显著的特点和优势。这些优势主要体现在分辨率、实时性、稳定性、信息保留能力以及光谱范围等方面。表 1-2 展示了两者在多方面的性能对比。从表 1-2 可以看出,机器人视觉具有以下显著特点和优势。

(1)高像素分辨率。能够在整个视野范围内捕捉到非常细致的图像细节,无论是中心还是边缘区域。

(2)高颜色分辨率。通过先进的图像处理算法,机器人视觉系统能够识别和区分更多的颜色色阶。

(3)高灰度分辨率。能识别更多的灰度等级,能够区分细微的亮度差异,具有较高的灰度图像处理精度。

(4)高实时性。能实现每秒 1000 帧或更高的帧速率来完成高速图像处理和识别,更能适应动态环境。

（5）高稳定性。没有疲劳问题，能够长时间持续高效稳定地工作，特别适合连续工作和精细操作的任务。

（6）强大的信息保留能力。能够记录和存储大量的视觉数据，便于后续回溯、分析和利用。

（7）较宽的光谱感知范围。能够感知红外线、紫外线等可见光波段以外的电磁波，可扩展至夜间监控、透视检测等人类视觉无法实现的多种场景。

表 1-2 机器人视觉与人类视觉相比的优势

对比角度	人类视觉	机器人视觉
像素分辨率	像素分辨率通常在视网膜中心区域较高，约为每度 60 像素，但边缘分辨率较低	像素分辨率可以达到每度数百甚至数千像素，取决于传感器的规格
颜色分辨率	能感知数百万种颜色，但对于特定颜色的识别可能受限于光照条件	可以通过算法识别和区分更多的颜色，且不受光照条件的显著影响
灰度分辨率	灰度分辨率通常为 64 灰度级，灰度识别能力较差	可以识别更多的灰度级别
实时性	可在 13ms 内处理视觉信息，大约 75 帧的处理速度	可以使用每秒 1000 帧或更高的帧速率来实现快速识别和处理
稳定性	人眼容易疲劳，长期工作漏检率较高，对于大体积或高速小物体检测表现不佳	机器人视觉系统没有疲劳问题，效率高，稳定性好，能持续高效工作
信息保留能力	人类对视觉信息容易遗忘，随着时间推移，记忆不可靠	机器人视觉系统可以记录和存储大量的视觉数据，便于后续分析和利用
光谱感知范围	人类视觉只能感知可见光谱段（约400nm～700nm）的光线	机器人视觉系统可以感知更宽的光谱范围，如红外线和紫外线，从而能够获取更多有用的信息

综上来看，人类视觉在自然环境中的适应性和处理速度上具有一定优势，但在某些特定方面存在局限性，如高分辨率任务和长时间工作时的稳定性不足。而机器人视觉通过高分辨率的传感器和先进的算法，在图像处理的精度、速度方面显著优于人类视觉。此外，机器人视觉系统在信息保留能力和光谱感知范围上的优势，进一步扩展了视觉感知的边界，使其在工业、农业、安防等应用领域中的表现更出色。理解这些内容对于构建面向具体任务的机器人视觉系统至关重要，有助于其适配各种特定的工作场景。

1.2 机器人视觉系统组成

一个典型的机器人视觉系统由视觉传感器、光源、图像采集模块、视觉计算模块等多个部件组成，如图 1-3 所示。其中，视觉传感器负责捕捉视觉信息并形成信息流，光源则提供给视觉系统必要的照明，图像采集模块进行视觉信息的压缩编码和预处理，视觉计算模块则负责对视觉信息进行深度分析和理解。每个部件在系统中都扮演着不可或缺的角色，通过协同工作，实现对环境的实时感知和理解，并支持机器人在复杂环境中进行自主操作和智能决策。

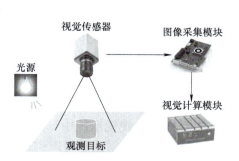

图 1-3 典型的机器人视觉系统

1.2.1 视觉传感器

视觉传感器是机器人视觉系统的核心部件，通过捕捉环境中的光信息生成图像数据，供系统处理和分析。视觉传感器的性能直接影响机器人的感知能力和精度。尽管人类的视觉只能感知到可见光波段的电磁波信息，但对于机器人而言，可以成像的电磁波谱比人类要宽得多，因此，把各类可以成像的传感器都纳入到机器人视觉传感器的范畴，并称之为广义视觉传感器。电磁波谱可以涵盖紫外光、可见光、红外光、毫米波、超声波等。从视觉传感器的输出信息来分类，一般可以分为二维（2D）视觉传感器、三维（3D）视觉传感器和多光谱视觉传感器。

1. 2D 视觉传感器

2D 视觉传感器通过捕捉光线并将其聚焦到感光芯片上生成二维图像。常见的感光器件主要包括电荷耦合器件（CCD）和互补金属氧化物半导体（CMOS），这些器件可将光信号转换为电信号，最终形成数字图像。2D 视觉传感器具有高分辨率的优点，能够捕捉到细节丰富的图像，适用于识别物体的形状、颜色和纹理。同时，其制造和使用成本相对较低，可广泛应用于各类视觉检测任务。然而，2D 视觉传感器的缺点是深度感知能力有限，只能生成二维图像，无法直接获取物体的深度信息。

2. 3D 视觉传感器

3D 视觉传感器可以通过不同的成像原理获取环境的三维信息，主要包括立体相机、结构光相机和飞行时间（ToF）相机等。

（1）立体相机通过模拟人类双眼的视觉感知过程，利用两个或多个摄像头从不同角度拍摄同一场景，通过比较图像中的差异（视差）计算出物体的深度信息。其优点包括深度感知精度高，能够提供全面的三维信息，适用于复杂的导航和操控任务。然而，立体相机的计算过程复杂，需要一定的计算资源进行图像匹配和深度计算，并且对光照变化敏感，光照条件的变化会影响视差计算的准确性，从而影响深度测量。

（2）结构光相机将特定的光波图案（如条纹或点阵）投射到物体表面，并用摄像头捕捉反射的光图案，通过分析图案的变形程度来计算物体的三维形状或环境的深度。由于是主动投射图案，因此其优点是对光照的明暗变化不敏感，且能够生成较为稠密的深度图像，但是由于一般使用的光线波段是红外光谱，容易受到室外阳光的影响，不适合室外场景。其次，三维测量的精度受投射的结构光形态和传感器分辨率的影响，一般深度测量精度不高，尤其在物体的边缘部分测量噪声较大。

（3）ToF 相机通过发射短脉冲光（通常是红外光），并测量光从发射到返回所需的时间间隔，从而计算出物体的距离。其优点包括实时性强，能够实时捕捉三维信息，适用于动态场景，并且对光照变化不敏感，适用于各种光照条件。然而，与立体相机和结构光相机相比，ToF 相机的成本相对较高。

3. 多光谱视觉传感器

在机器人视觉系统中，除了常见的 2D 和 3D 相机以外，多光谱视觉传感器还包括激光雷达、毫米波雷达和超声雷达。这些传感器通过不同的物理原理获取环境信息，可提供丰富的三维感知能力，是目前机器人视觉传感器的重要成员。

（1）激光雷达（Light Detection and Ranging，LiDAR）通过发射激光束并测量其反射时间来计算物体的距离。LiDAR通常使用多个激光发射器和旋转镜头组合，以快速扫描周围环境，并生成高分辨率的三维点云图。除了旋转扫描的激光雷达，目前还有面阵型固态激光雷达可选。固态激光雷达利用电子扫描而非机械旋转，实现了更高的可靠性和紧凑性，由于减少了运动部件的磨损从而降低了故障率。激光雷达具有以下优点：首先，它能够提供厘米级的距离测量精度，适用于高精度的三维测绘和导航定位。其次，三维LiDAR生成的点云图分辨率较高，能够捕捉到细节丰富的环境结构信息。此外，LiDAR还具备远距离测量的能力，其有效测量距离可达数百米甚至上千米，适用于大范围的环境感知。固态激光雷达则通过其高可靠性和低故障率进一步增强了这一优势。然而，激光雷达也存在一些缺点，比如高精度LiDAR系统价格昂贵，限制了其在低成本应用中的普及。此外，激光雷达的性能可能会受雾霾、雨雪等恶劣天气的干扰，导致测量误差增加。

（2）毫米波雷达（Millimeter Wave Radar）利用频率范围为30～300GHz的毫米波进行目标检测和距离测量。其工作原理是通过发射电磁波并分析其反射信号的时间延迟和频率变化（多普勒效应）来获取目标的距离、速度和角度信息。相较于激光雷达，毫米波雷达的优点在于其能够在各种天气条件下工作，包括雾、雨和雪等恶劣环境，具备全天候工作的能力。此外，毫米波雷达具有强大的穿透性，能够穿透烟雾、薄雾和一些非金属物体，提供可靠的感知能力。它还能精确测量目标的速度，非常适用于动态环境中的目标跟踪。不过，毫米波雷达也存在一些缺点，毫米波雷达比激光雷达的空间分辨率低，无法提供细节丰富的结构信息。此外，毫米波雷达在面对金属物体时，强反射可能导致信号干扰和误判。尽管如此，毫米波雷达凭借其在复杂环境中的穿透性和可靠性方面的优势，仍然是机器人视觉系统中不可或缺的一类传感器。

（3）超声雷达（Ultrasonic Radar）通过发射超声波（频率通常在20 kHz以上）并接收其反射信号来测量物体的距离。超声波在空气中传播速度较慢，适合短距离测量。超声雷达具有以下优点：首先，成本低廉，适合大规模应用。其次，结构简单且可靠，易于集成和维护，因此广泛用于机器人避障。此外，超声雷达功耗低，适用于电池供电的设备，续航时间长。当然，超声雷达也有缺点，比如有效测量距离通常在几米之内，限制了其在大范围环境中的应用。超声波波束的扩散性较强，导致测量的方向性差，难以精确确定物体的方位。同时，环境中的噪声（如风声、水流声）可能干扰测量结果，影响其精确度。尽管存在这些限制，超声雷达在低成本、可靠性和低功耗方面的优势使其在机器人的应用中仍然具有重要地位，尤其是在需要近距离感知和避障的机器人或水下机器人系统中有重要应用价值。

1.2.2 光源

光源是机器人视觉系统中重要的组成部分，其主要功能是为视觉传感器提供适当的照明条件，以确保视觉系统能够捕捉到相应波段的环境反射信息。光源的选择和设置直接影响视觉信息获取的质量和整体性能。在选择和配置光源时，需要综合考虑多个因素。首先，光源应能够适应机器人的工作环境，包括原始光照条件、空间限制和温度变化等。其次，不同的应用场景对光源的亮度、颜色和光束形状有不同要求，因此应根据具体需求进行选择与定制。此外，光源的功耗和散热性能直接影响系统的稳定性和使用寿命，在设计时需特别注意。最后，在选择激光器等高亮度光源时，需要特别注意操作的安全性，避免对人员造成伤害。综合考虑这些因素，才能选择和配置合适的光源，确保机器人视觉系统的高效运行。机器人视觉系统常用的光源有 LED（Light Emitting Diode）光源、红外灯、激光器等。

1. LED 光源

LED 光源由发光二极管构成，通过电子与空穴在二极管中融合并释放光子而发光。LED 光源具有高能效、长寿命和响应速度快等优点，是机器人视觉系统最常用的光源之一。首先，LED 光源的高能效优势使其适合长时间使用。其次，较长的使用寿命可以减少维护成本和更换频率。再者，它响应速度快，能快速开启和关闭且无需预热时间。但是，LED 光源在高亮度条件下的散热问题需要特别注意，以防止过热影响性能。

2. 红外灯

红外灯发射波长通常在 700nm ～ 1mm 之间，可为红外摄像头提供照明，特别适用于低光照或无光照的环境。红外灯的优点如下：首先，在黑暗环境中提供照明，具备夜视能力，适用于夜间监控和低光环境中的视觉检测。其次，由于红外光不可见，具有隐蔽性，适合需要隐蔽监控的场合。此外，红外灯受环境光变化影响小，照明效果稳定。然而，红外灯也存在一些缺点，比如其照射距离有限，仅适用于近距离照明。长时间使用可能产生热量，需要考虑散热问题。

3. 激光器

激光器通过受激辐射发射高度相干的光束。激光光源可用于结构光投射，通过投射特定的光图案到物体表面，并用摄像头捕捉反射的光图案，从而获取物体的三维形状。激光器用于机器人视觉照明，具有众多优点。首先，激光具有高亮度和高方向性，能够精确投射光束。其次，适用于高精度的三维测量和检测任务。再者，激光光束可以在长距离上保持较高的强度和聚焦性，作用距离长。不过，激光器的激光光束可能对眼睛有害，使用时需要注意控制激光器的功率。高精度激光器的成本也较高。

1.2.3 图像采集模块

图像采集模块是机器人视觉系统的重要组成部分，它负责从视觉传感器（如摄像头、红外相机等）中获取原始数据，并对这些数据进行编码和预处理，以便后续的视觉计算模块进行更深度的分析和处理。图像采集模块主要由传感器接口、数据缓冲器、预处理单元等部分构成。

1. 传感器接口

传感器接口是图像采集模块与视觉传感器之间的重要连接通道，负责传输从传感器捕获的原始图像信息，并确保数据能够高效、稳定地传输到视觉计算模块。常见的接口类型包括 USB、Ethernet、Camera Link 和 GigE Vision 等。USB 接口（如 USB 2.0 和 USB 3.0）广泛应用于连接各种摄像头，具有即插即用和兼容性强的特点，其中 USB 3.0 提供高达 5 Gbit/s 的数据传输速率，适用于高分辨率图像传输。Ethernet 接口包括 Fast Ethernet

（100 Mbit/s）、Gigabit Ethernet（1Gbit/s）和 10 Gigabit Ethernet（10 Gbit/s），特别适用于需要长距离传输和高数据量的应用，如一些远程的智能监控机器人。Camera Link 接口专为机器人视觉应用设计，支持低延时的高速数据传输，适用于高分辨率和高帧率的应用。GigE Vision 接口基于 Ethernet，带宽高且延时低，广泛应用于工业视觉系统。在选择传感器接口时，接口速率能否满足高分辨率和高帧率图像数据传输的需求，以及兼容性是否能确保数据传输过程的可靠性都是需要考虑的关键因素。

2. 数据缓冲器

数据缓冲器在图像采集模块中起着重要作用，它用于临时存储从传感器接口传输过来的图像数据，确保数据传输的连续性和稳定性，从而防止数据丢失。在数据处理单元忙碌时，数据缓冲器能够起到缓存作用，避免数据堵塞和丢失，确保系统的平稳运行。数据缓冲器的容量和速度一定程度上决定了系统的实时性和处理能力。较大的缓冲容量可以有效处理高数据量和突发数据流，保证在大量数据传输时系统的稳定性和连续性。同时，高速缓存技术在高速数据传输过程中起着关键作用。数据缓冲器的优化和配置是提升图像采集模块整体性能的重要环节，尤其在高数据量和实时性要求较高的应用中，合理的缓冲设计能够显著提升系统的处理能力和响应速度。

3. 预处理单元

预处理单元的功能是对传感器获取的原始数据进行预处理，以提高图像质量和可靠性，类似人类视觉中的外侧膝状体的功能，主要包括去噪、滤波、图像增强和数据压缩编码等。预处理不仅是为了减少噪声、提升对比度和亮度，使后续的特征提取和分析更加准确，还包括数据压缩编码，以优化数据存储和传输。具体功能包括使用高斯滤波、中值滤波等方法去除图像中的噪声，提高图像的清晰度；通过边缘检测算法（如 Sobel 算子、Canny 算子）提取图像的边缘信息，增强图像的细节，使重要特征更加明显；应用直方图均衡化等技术提高图像的对比度和亮度，突出图像的关键信息；采用 JPEG、PNG 等无损或有损压缩技术，对图像数据进行编码，减少传输的数据量，提高存储和传输效率。通过对原始图像数据的去噪、滤波、图像增强和数据压缩编码，预处理单元能够显著提高图像质量和系统处理效率，为后续视觉计算模块进行特征提取和深度分析提供坚实基础。

1.2.4 视觉计算模块

视觉计算模块是机器人视觉系统的核心组成部分，主要由硬件计算单元和视觉算法组成，其主要功能是对视觉信息进行深度分析和理解，以完成机器人自运动估计、地图构建、目标识别、目标位姿估计等任务。

1. 硬件计算单元

硬件计算单元是视觉计算模块的硬件保障，负责执行各种计算任务，以支持视觉信息的深度分析和处理。硬件计算单元主要包括处理器和存储单元两个部分。在处理器方面，中央处理器（CPU）负责执行通用计算任务，处理系统控制和数据管理，适合顺序操作和轻量级任务；图形处理单元（GPU）专门用于处理并行计算任务，特别适用于深度学习和图像处理等需要大量并行计算的应用，具有显著优势；现场可编程门阵列（FPGA）用于加速特定计算任务，提供灵活的硬件加速能力，在低延迟和高性能计算任务中表现出色；专用集成电路（ASIC）用于特定应用的硬件加速，具有高效和低功耗的特点，适用于需要高度优化和大规模应用的场景。在存储单元方面，随机存取存储器（RAM）或 GPU 的显存主要用于临时存储正在处理的数据和中间结果，确保计算过程的高效性和流畅性；外部存储设备则包括固态硬盘（SSD）和机械硬盘（HDD），用于存储大量的训练数据、训练模型等。硬件计算单元为机器人视觉系统提供了强大的计算能力和数据处理能力。

2. 视觉算法

在机器人视觉系统中，视觉算法代表了视觉系统的智能化水平，其主要负责对视觉信息进行计算并得到需要的结果。机器人视觉算法主要包括图像分析、深度估计、机器人位姿估计、机器人同时定位与建图、目标识别、目标位姿估计等方面。详细的算法将在后续章节中进行介绍，此处不再展开。

1.3 机器人视觉任务分类

在机器人视觉系统中，视觉任务通常可以根据其功能属性分为两大类：空间感知和类别感知。这两类任务分别对应人类视觉通路中的 where 通路和 what 通路，各自处理空间信息和类别信息。

1.3.1 空间感知任务

空间感知任务主要关注机器人在运动过程中对三维空间的理解和定位，包括机器人位姿估计、同时定位与地图构建（Simultaneous Localization and Mapping，SLAM）等。完成这些视觉任务可帮助机器人在复杂环境中进行准确的导航定位和空间理解，确保其能够准确感知周围环境并自主做出正确的决策。

1. 机器人位姿估计任务

机器人位姿估计又称自运动估计（Ego-motion Estimation），是指机器人根据自身携带的视觉传感器实时获取环境的测量数据，并估计自身在三维空间中的位置和姿态变化。它是机器人自主能力的基础，也直接影响机器人的轨迹规划和避障能力。

常用的算法包括状态估计、视觉里程计和多传感器数据融合等。状态估计算法通过检测机器人视场中的不变特征点，并将这些特征点在连续帧中进行匹配，最后结合 PnP（Perspective-n-Point）等算法计算出机器人位姿变化。状态估计算法是视觉里程计其中一个部分。视觉里程计通过分析连续图像帧之间的位姿变化来估计机器人的运动轨迹，一般可利用特征点匹配或光流法来计算相对位姿。在多传感器数据融合算法中，视觉信息进一步融合惯性测量单元（IMU）数据提供的加速度和角速度信息，可提高机器人位姿估计的精度和鲁棒性。

2. SLAM 任务

SLAM 是机器人视觉任务中的一个重要概念，指机器人在未知环境中同时进行自身定位和环境地图构建的过程。SLAM 的目标是机器人在移动过程中，利用自身携带的传感器数据（如摄像头、激光雷达、IMU 等）实时增量地构建环境地图，并确定机器人在地图中的位置。

在 SLAM 过程中，机器人通过视觉传感器获取环境的测量信息，结合机器人运动模型和观测模型，并使用滤波算法（如扩展卡尔曼滤波 EKF、粒子滤波 PF 等）或优化方法（如图优化）进行位姿估计，实时地计算自身在环境中的位置和姿态，即位姿。同时，机器人利用传感器测量数据，进一步构建出环境的二维或三维地图，以描述周围空间的几何结构和障碍物分布。常见的地图表示方法包括栅格地图、特征地图和稀疏点云地图等，也可通过多传感器数据融合，生成同时带有温度、颜色、纹理、几何点云的复合地图。

SLAM 技术的核心包括数据关联、计算实时性和环境适应性。

（1）数据关联问题是指如何将时序关键帧的信息进行前后匹配，或者将传感器获取的观测数据与地图中的已知特征进行匹配。

（2）SLAM 需要实时处理大量数据并进行复杂的计算，因此 SLAM 的计算实时性是一大挑战。一般机器人需要在运动中实时地定位和构建地图，因此计算效率非常关键，即运算的帧率必须达到一定的要求才能适应机器人应用。

（3）环境适应性指机器人在动态环境、光照变化和传感器噪声等因素影响下，如何鲁棒地进行定位和建图。

主流的 SLAM 任务包括视觉 SLAM、激光 SLAM 和多传感器融合 SLAM 等。视觉 SLAM 是利用视觉传感器（如单目相机、双目相机或 RGB-D 相机）进行定位和建图，常见算法有 ORB-SLAM、VINS-Mono、VINS-Fusion 等。激光 SLAM 则使用激光雷达进行定位和建图，代表性算法包括 LOAM、LIO-SAM、GMapping 等。多传感器融合 SLAM 任务则结合激光雷达、视觉传感器、IMU 和 GPS 等多种传感器的数据，进一步提高 SLAM 系统的精度和鲁棒性，以适应复杂多变的环境。

1.3.2 类别感知任务

类别感知任务主要涉及对环境中物体的识别和理解，包括目标分类、目标检测、目标分割、目标跟踪和目标位姿估计等。这些任务使机器人能够识别和处理环境中的各类物体，从而为实现与环境的交互和操作提供感知基础。

1. 目标分类任务

目标分类任务旨在识别图像中的物体类别。这项任务使得机器人能够理解和解释其周围环境中的不同物体，并将其归类为已知类别。目标分类是许多高级视觉任务的基础。

目标分类任务通常依赖于深度学习技术，特别是卷积神经网络（Convolutional Neural Networks, CNN）。CNN 通过多层卷积和池化操作，从图像中提取特征，并利用全连接层进行分类。CNN 的基础结构包括输入层、卷积层、池化层和全连接层，其中卷积层负责提取图像中的特征，池化层用于降维和减少计算量，全连接层用于输出分类结果。常见的 CNN 模型有 LeNet-5、AlexNet、VGG 和 ResNet 等。LeNet-5 是最早的 CNN 模型之一，成功应用于手写数字识别；AlexNet 在 ImageNet 竞赛中取得了突破性成绩，推动了深度学习的发展；VGG 通过增加网络深度，进一步提高了分类精度；ResNet 通过引入残差连接，解决了深层网络的梯度消失问题。

2. 目标检测任务

目标检测任务需要识别图像中的多个目标，并确定它们的位置和边界。因此，这项任务不仅要识别物体的类别，还需要通过给出边界框来确定每个物体在图像中的位置。基于目标检测，机器人能够在复杂环境中实时感知和处理多个物体，从而支持自主导航、避障和交互等高级功能。

目标检测任务也依赖于深度学习技术，如 CNN 和 Transformer 等网络。其中，YOLO（You Only Look Once）模型将目标检测问题转换为回归问题，通过单阶段网络实现目标检测，具有速度快、适合实时应用的优点，但对小物体的检测精度较低。Faster R-CNN 在 R-CNN 和 Fast R-CNN 的基础上加入了区域建议网络（Region Proposal Network，RPN），通过生成候选区域进行目标检测，检测精度高但计算复杂度较高。SSD（Single Shot MutiBox Detector）通过不同尺度的特征图进行检测，能够同时处理不同大小的物体，兼具速度和精度，但对小物体的检测效果不如 Faster R-CNN。

3. 目标分割任务

目标分割任务是指将图像中的目标区域精确地分割出来，不仅要识别出目标物体，还要给出目标每一个像素的位置，使其从背景中分离出来。目标分割在图像处理中具有重要意义，是机器人高级视觉任务的基础。通过目标分割，机器人可以更加精准地获取环境中物体的轮廓，增强了环境感知和交互能力。

主流的目标分割任务也是依赖于深度学习框架来完成的。常用的方法包括语义分割和实例分割。

（1）语义分割将图像中的像素分类为不同的类别，但不区分同一类别中的不同实例，例如将所有的车辆像素标注为一个类别，不区分具体的车辆类型或品牌。常见的语义分割模型有 FCN（Fully Convolutional Network）、U-Net 和 SegNet。FCN 将全连接层替换为卷积层，实现对输入图像的逐像素分类。U-Net 是一种用于生物医学图像分割的网络，通过对称的编码器-解码器结构实现精细的像素级分割。SegNet 基于 FCN 改进，采用编码器-解码器架构，用于高效的语义分割。

（2）实例分割任务不仅要区分类别，还要区分同一类别中的不同实例。常见的实例分割模型有 Mask R-CNN 和 PANet 等。Mask R-CNN 在 Faster R-CNN 的基础上增加了分割分支，能够同时进行目标检测和实例分割。PANet 则通过路径聚合网络进一步提高了分割精度，特别是边界区域的分割效果。

4. 目标跟踪任务

目标跟踪任务需要在连续视频帧中实时跟踪目标物体的位置变化。这项任务不仅需要检测目标物体，还要在连续的帧中保持对目标物体的追踪，并使其能够适应目标物体的移动和环境变化。目标跟踪在机器人视觉系统中具有重要意义，广泛应用于自动驾驶、监控系统、运动分析等领域。通过目标跟踪，机器人可以持续监控和跟踪移动的目标，增强其感知能力。

目标跟踪任务可利用传统计算机视觉算法或深度学习技术进行解决。以下是一些常用的技术。

（1）基于检测的跟踪。Deep SORT（Simple Online and Realtime Tracking with a Deep Association Metric）结合了目标检测和相关滤波器，通过深度学习模型提取目标特征，并

使用卡尔曼滤波和匈牙利算法进行目标关联,具有高效的实时跟踪能力。其优点在于能够处理遮挡和目标重现问题,提高了跟踪的鲁棒性和准确性,可广泛应用于监控系统和自动驾驶等需要高实时性和鲁棒性的场景。

(2)基于相关滤波的跟踪。KCF(Kernelized Correlation Filters)使用相关滤波器在目标区域进行特征匹配,通过一系列技巧提高匹配效率,适用于实时跟踪。其优点是计算效率高,能够在低计算资源环境中实现实时跟踪,但对目标快速变化和遮挡的鲁棒性较差,适用于机器人导航和简单的运动分析。

(3)深度学习跟踪。Siamese Network(孪生网络)通过训练一个对比损失函数,将目标和搜索区域进行相似性匹配,实现目标跟踪。常见的模型有 SiamFC、SiamRPN 等。它在处理目标形变和背景干扰方面表现良好,适用于复杂环境中的目标跟踪,但计算复杂度较高,需要较大的计算资源,广泛应用于无人机跟踪、自动驾驶和复杂场景监控等。

5. 目标位姿估计任务

目标位姿估计任务旨在确定目标物体在三维空间中的位姿。这不仅包括目标的三维坐标,还包括其三个自由度的姿态角。目标位姿估计相关技术广泛应用于机器人抓取、装配等需要精确目标定位的任务。通过目标位姿估计,机器人可以精确地理解和处理三维目标物体的状态,有利于增强操作和交互能力。目标位姿估计任务通常依赖于深度学习技术、计算机视觉算法和几何推理等方面。

(1)直接法。通过从图像中提取三维特征点,并使用这些特征点来计算物体的位姿。例如,PoseNet 利用卷积神经网络(CNN)直接从单张图像中估计相机位姿,能够处理单目视觉的位姿估计问题。DensePose 则将密集的人体姿态估计问题转化为像素到表面坐标的映射,适用于复杂的人体姿态估计。

(2)间接法。通过从图像中提取二维特征点,然后使用这些特征点与已知的三维模型进行匹配,计算物体的位姿。常见方法包括 PnP(Perspective-n-Point)算法和 ICP(Iterative Closest Point)算法。PnP 算法通过已知的三维点和其在图像中的二维投影,结合相机内参,计算相机的位姿。ICP 算法通过最小化两组点云之间的距离,迭代计算物体的相对位姿,适用于点云配准和物体跟踪。

(3)检测框模型法。通过计算 3D 检测框来确定目标位姿。主要包括 3D 检测模型和多模态融合模型。3D 检测模型(如 Deep3DBox、3D-RCNN 等)通过融合 RGB 图像和深度信息,直接输出目标的三维边界框和位姿。Deep3DBox 结合 2D 检测和 3D 几何约束,从单目图像中预测三维边界框。3D-RCNN 扩展传统的 RCNN,通过 3D 提案生成和 3D 回归,进行精确的三维目标检测和位姿估计。多模态融合模型如 FusionNet,则通过结合 RGB-D 相机、激光雷达等多种传感器的数据进行位姿估计,提升鲁棒性和精度。

1.4 机器人视觉的应用领域

机器人视觉技术已经广泛应用于工业制造、智能交通、医疗健康和农业等多个领域,正推动各行业的自动化和智能化发展。以下是机器人视觉的典型应用领域。

1.4.1 工业制造

机器人视觉技术在工业制造领域的应用较为广泛，极大地提升了生产效率、产品质量和工作环境的安全性。以下是机器人视觉在工业制造中几个主要的应用方向。

1. 自动化检测和质量控制

（1）自动化检测。机器人视觉系统广泛用于生产线上产品的自动化检测。高分辨率摄像头和先进的视觉处理算法可以快速检测出产品的表面缺陷、尺寸偏差和装配错误。例如，在电子产品制造中，视觉系统可以检测电路板上的焊接缺陷、元器件错位等问题，确保产品的质量和一致性。

（2）质量控制。在产品质量控制应用中，机器人视觉系统可以提供实时的检测和反馈，减少人工干预和人为错误。机器人视觉系统通过拍摄产品图像并进行比对，可以识别出瑕疵并自动剔除不合格产品。例如，在食品包装行业，机器人视觉系统可以检测包装袋的完整性和标签的正确性，确保每一个产品符合质量标准。

2. 生产线自动化

（1）装配线视觉引导。机器人视觉技术在装配线上的应用非常广泛。通过视觉引导，机器人可以精确地抓取、定位和组装零部件。例如，在汽车制造过程中，机器人视觉系统可以识别和定位车身上的螺孔，并引导机器人准确地进行螺栓安装。机器人视觉系统的精确定位能力极大地提高了装配效率。

（2）自动分拣。在物流和分拣中心，机器人视觉系统可以实现自动化分拣。通过摄像头捕捉和分析包裹的条形码、尺寸和形状，机器人视觉系统能够快速分类和分拣包裹。例如，在电商仓库中，搭配了视觉系统的机器人可以高效地处理大量订单，提高物流速度和准确性。

3. 过程监控与优化

（1）生产过程监控。机器人视觉系统可以实时监控生产过程，检测和报告异常情况。例如，在钢铁制造过程中，机器人视觉系统可以监测钢材表面的温度和颜色变化，及时调整生产参数，确保产品质量。此外，机器人视觉系统还可以检测生产设备的状态，预防设备故障，提高生产线的稳定性和效率。

（2）生产过程优化。通过对生产过程中的视频数据进行分析，机器人视觉系统可以识别生产瓶颈和效率低下的问题，并提出优化方案。例如，在注塑成型过程中，机器人视觉系统可以监测每个生产环节的时间和质量，通过数据分析优化生产流程，减少废品率和能耗。

4. 安全保障

（1）员工安全监控。机器人视觉系统可以用于监控生产线上的员工操作行为，确保他们遵循安全操作规程。例如，机器人视觉系统可以检测员工是否穿戴了必要的防护装备，如安全帽和护目镜，并在发现违规操作时发出警报，防止安全事故的发生。

（2）危险区域监控。在存在潜在危险的生产环境中，机器人视觉系统可以监控危险区域，确保只有授权人员进入。例如，在化工厂中，机器人视觉系统可以检测进入特定区域的人员身份，防止无关人员误入危险区域，确保生产安全。

总之，机器人视觉技术在工业制造领域的应用极大地提升了生产效率、产品质量和工作环境的安全性。通过自动化检测和质量控制、生产线自动化、过程监控与优化以及安全保障，机器人视觉系统成为现代工业不可或缺的重要技术，为制造业的智能化和自动化发展提供了强有力的支持。

1.4.2 智能交通

机器人视觉在智能交通领域的应用也较为广泛，从自动驾驶到智能交通监控系统，再到行人安全和交通基础设施管理，机器人视觉技术极大地提升了交通系统的智能化水平和安全水平。以下是机器人视觉在智能交通领域几个主要的应用方向。

1. 自动驾驶

（1）环境感知。在自动驾驶汽车中，机器人视觉系统通过摄像头实时捕捉周围环境的图像，结合激光雷达、毫米波雷达等传感器数据，形成全面的环境感知。机器人视觉系统可以识别和分类道路标志、车道线、行人、车辆和其他障碍物，为车辆的路径规划和决策提供重要信息。例如，先进的目标检测算法如 YOLO 和 Faster R-CNN 可以实时检测和识别道路上的多种目标物体。

（2）车道保持和变道辅助。机器人视觉系统通过图像处理算法检测车道线的位置和形状，辅助车辆保持在正确的车道内行驶。在变道时，机器人视觉系统可以识别相邻车道的车辆和障碍物，提供安全的变道辅助。例如，特斯拉的完全自动驾驶（Full-Self Driving，FSD）系统使用视觉传感器和计算机视觉算法来实现车道保持和自动变道。

（3）交通标志识别。自动驾驶汽车需要识别和理解各种交通标志，以遵守交通规则并确保行车安全。机器人视觉系统通过快速准确地识别交通标志，并将信息传递给驾驶系统。例如，卷积神经网络（CNN）被广泛应用于交通标志的识别和分类。

2. 智能交通监控

（1）交通流量监控。机器人视觉技术在城市交通管理中用于实时监控道路流量。通过摄像头捕捉和分析交通流量数据，机器人视觉系统可以识别交通拥堵、交通事故和道路状况，并提供实时交通信息，帮助交通管理部门优化交通信号和调度资源。例如，许多城市采用智能交通系统（Intelligent Traffic System，ITS）来监控和管理城市交通流量。

（2）违章行为检测。智能交通监控系统利用机器人视觉技术实时检测和记录交通违章行为，如闯红灯、超速、逆行等。机器人视觉系统通过摄像头捕捉车辆的行驶状态，识别车牌信息并记录违章行为，为交通执法提供可靠的证据。

3. 行人安全

（1）行人检测和避让。在智能交通系统中，行人检测和避让是一个关键应用。机器人视觉系统通过摄像头实时检测行人的位置和移动方向，预测可能的碰撞风险，并采取避让措施。例如，自动驾驶汽车和智能交通信号系统可以检测行人的出现，并采用一定的措施优先保护行人的安全。

（2）智能斑马线。智能斑马线利用机器人视觉技术检测行人穿越马路的情况，并实时调节交通信号灯。例如，机器人视觉系统通过摄像头捕捉到行人进入斑马线区域的图像，自动控制红绿灯的切换，确保行人在斑马线上安全通过。智能斑马线在减少交通事故和保护行人安全方面发挥了重要作用。

4. 交通基础设施管理

（1）道路维护和检测。机器人视觉技术可应用于道路基础设施的维护和检测。通过摄像头和视觉处理算法，机器人视觉系统可以检测道路上的裂缝、坑洞和其他损坏情况，并及时报告给维护部门进行修复。例如，可通过无人机或车辆配备视觉系统，自动巡检和监测道路状况，提高道路维护的效率和准确性。

（2）交通设施管理。智能交通系统通过机器人视觉技术管理交通设施，如交通信号灯、标志牌和护栏等。机器人视觉系统可以监控这些设施的状态，检测故障和损坏，并自动生成维护计划，确保交通设施的正常运行和安全。

综上，机器人视觉在智能交通领域的应用大大提升了交通系统的智能化和安全性。从自动驾驶到智能交通监控、行人安全和基础设施管理，机器人视觉系统通过实时环境感知、目标识别和数据分析，为智能交通系统提供了强有力的技术支持。随着技术不断发展，机器人视觉将在智能交通领域发挥越来越重要的作用，为建设智慧城市和提升交通管理水平做出更大贡献。

1.4.3 医疗健康

机器人视觉在医疗健康领域的应用日益广泛，不仅推动了医疗服务的智能化和自动化，还提高了医疗诊断准确性、手术精度和患者护理水平。以下是机器人视觉在医疗健康领域几个主要的应用方向。

1. 医疗影像分析

（1）病变检测与诊断。机器人视觉系统在医疗影像分析中起着重要的辅助作用。通过对 X 光片、CT、MRI 等医学影像的自动分析，机器人视觉系统能够检测和诊断各种病变，如肿瘤、结节、动脉硬化等。利用深度学习算法，特别是卷积神经网络，可以从大量的影像数据中学习特征并进行分类。例如，U-Net 模型在医疗影像分割和肿瘤检测方面表现出色。

（2）辅助诊断与治疗。机器人视觉系统不仅能检测病变，还能辅助医生进行诊断和治疗。例如，在肺癌筛查中，机器人视觉系统可以自动检测肺结节并评估其恶性程度，辅助医生做出准确的诊断。通过结合病史和其他检查结果，机器人视觉系统还可以提供个性化的治疗方案建议，提高诊疗效果。

2. 手术机器人

（1）手术导航。手术机器人可利用视觉系统实现精确的手术导航。在手术过程中，机器人视觉系统通过实时捕捉手术部位的图像，并与预先获取的三维模型进行匹配，辅助医生进行精确操作。例如，达芬奇手术机器人系统通过多摄像头视觉系统提供高分辨率的三维视图，帮助外科医生在微创手术中进行精细操作。

（2）手术器械引导。机器人视觉系统可以实时监控和引导手术器械的位置和运动轨迹，确保手术的精确性和安全性。通过与机器人控制系统的协作，机器人视觉系统能够自动调整手术器械的位置，避免损伤健康组织。例如，在骨科手术中，机器人视觉系统可以引导机器人精确地定位和安装人工关节，提高手术成功率和恢复效果。

3. 患者监护与护理

（1）患者状态监测。机器人视觉系统可以实时监测患者的状态，提供持续的健康监护。例如，机器人视觉系统可以通过摄像头监控患者的面部表情、体位和活动情况，检测异常行为（如跌倒）并自动报警，及时通知医护人员进行干预，这在老年护理和病房监护中尤为重要。

（2）智能护理机器人。智能护理机器人利用视觉系统识别和跟踪患者，提供个性化的护理服务。例如，护理机器人可以识别患者的面部表情，判断其情绪和需求，并通过与患者的互动提供心理支持和医疗指导。

综上，机器人视觉在医疗健康领域的应用不仅提高了诊断和治疗的精度，还增强了患者监护和护理的智能化水平。随着技术不断发展，机器人视觉在医疗影像分析、手术导航、患者护理和疫情防控等方面的应用将更加广泛和深入，必将提升了医疗服务的智能化和精准化水平。

1.4.4 农业

机器人视觉技术在农业领域的应用迅速发展，为农业生产的智能化和精细化管理提供了强有力的支持。以下是机器人视觉在农业领域几个主要的应用方向。

1. 农作物监测

（1）农作物生长监测。搭载了视觉系统的无人机或地面机器人可实时监测农作物的生长状况。通过特定的摄像头获取作物的图像数据，结合图像处理和分析算法，能够识别农作物的生长阶段、健康状况和病虫害情况等。例如，使用多光谱和高光谱成像技术，机器人视觉系统可以检测农作物的叶绿素含量、氮含量等，进而评估农作物的生长情况。

（2）病虫害检测。病虫害是农业生产中的重大威胁。机器人视觉系统可以通过图像分析快速检测农作物上的病虫害症状，如叶片上的斑点、变色和虫洞等。利用深度学习模型，如卷积神经网络等，可以准确识别各种病虫害类型，辅助农民进行及时防治。

2. 自动化采摘

（1）果实识别与采摘。机器人视觉系统在果实识别和采摘中起着重要作用。通过图像处理和模式识别技术，机器人视觉系统能够识别果实的成熟度和位置，并引导机器人进行精准采摘。例如，苹果、橙子和草莓等水果的采摘机器人已经成功应用于农业生产中，提高了采摘效率和质量。

（2）采摘路径规划。在自动化采摘过程中，机器人需要规划最佳的采摘路径，以提高效率并减少对作物的损伤。机器人视觉系统通过实时捕捉和分析果园环境图像，生成三维地图，并结合路径规划算法，计算最优采摘路径，确保机器人能够高效、安全地采摘。

3. 精准农业

（1）精准施肥与灌溉。机器人视觉系统在精准农业中的应用极大地提高了资源利用效率。通过图像分析，机器人视觉系统可以检测作物的营养状况和土壤湿度，精确计算施肥和灌溉的需求量。例如，使用高光谱成像技术，可以识别土壤中氮、磷、钾等养分的分布，指导农民进行精准施肥。

（2）无人机喷洒。无人机配备视觉系统可用于农药和肥料的精准喷洒。机器人视觉系统实时监测作物生长情况和病虫害分布，确定喷洒区域和剂量，避免过度喷洒和环境污染。例如，在葡萄园中，无人机可以检测葡萄叶片的病害区域，精准喷洒农药，提高防治效果。

4. 土地管理与规划

（1）地形勘测。机器人视觉技术在农业土地管理中也有重要应用。通过无人机或地面机器人进行地形勘测，获取高分辨率的地形图和三维模型，辅助土地规划和农田设计。例如，利用激光雷达和视觉系统，无人机可以生成精确的地形图，指导农田的水利工程和排水系统设计。

（2）农田管理。机器人视觉系统还可以用于农田管理中的杂草检测和除草作业。通过图像分析，机器人视觉系统能够识别农田中的杂草，并指引除草机器人进行精准除草，减少对作物的影响。例如，利用视觉系统的识别算法，可以区分不同种类的杂草，并指导除草机器人选择合适的除草方式。

综上，机器人视觉在农业领域的应用涵盖了农作物监测、自动化采摘、精准农业和土地管理与规划等多个方面。通过提高农业生产的智能化和精细化水平，机器人视觉技术不仅提高了生产效率和产品质量，还减少了资源浪费和环境污染，为可持续农业发展提供了坚实的技术支撑。

1.4.5 安防

机器人视觉技术在安防领域的应用日益广泛，为安全监控、自动巡逻和异常行为检测等方面提供了先进的技术支持。以下是机器人视觉在安防领域几个主要的应用方向。

1. 智能监控系统

（1）实时监控与报警。机器人视觉系统可通过摄像头实时监控特定区域，捕捉和分析视频图像，识别可疑行为并自动报警。例如，在银行、机场和商场等公共场所，智能监控系统能够检测到非法入侵、打架斗殴和可疑包裹等异常情况，并及时通知安保人员进行处理。

（2）人脸识别。人脸识别技术是智能监控系统中的重要组成部分。通过高分辨率摄像头和深度学习算法，视觉系统能够准确识别人脸特征并进行身份验证。例如，在出入口控制和考勤管理中，视觉系统可以快速识别员工和访客的身份，防止未经授权人员进入敏感区域。

（3）行为分析。智能监控系统还可以进行复杂的行为分析，通过分析视频中的人体动作和行为模式，识别异常行为。例如，在车站和地铁等公共场所，视觉系统可以检测到滞留、奔跑、徘徊等异常行为，提高公共安全管理的效果。

2. 智能门禁系统

（1）自动身份验证。智能门禁系统通过人脸识别、虹膜识别和指纹识别等视觉技术，实现自动身份验证和授权管理。视觉系统能够快速捕捉和分析生物特征,判断人员的身份和访问权限。例如,在高安全级别的实验室和数据中心,智能门禁系统可以确保只有授权人员才能进入。

(2)访客管理。智能门禁系统还可以对访客进行管理,通过摄像头捕捉并验证访客的图像,进行身份验证和访客登记。系统可以自动生成访客通行证,并记录访客的进出时间,提升安全管理的规范性和便捷性。

3. 自动巡逻机器人

(1)区域巡逻。配备了机器人视觉系统的自动巡逻机器人,可以在特定区域进行自主巡逻,实时监控和记录环境状况。例如,在工业园区和物流仓库,巡逻机器人可以检测到异常情况,如火灾、泄漏和设备故障等,并及时发出警报。

(2)危险环境监控。在危险环境中,自动巡逻机器人可以代替人类进行巡逻和监控,确保安全。例如,在化工厂和核电站,巡逻机器人可以通过一些广义视觉传感器并结合相应的算法,检测有毒气体泄漏、辐射超标等情况,减少人员暴露。

4. 智能家居安防

(1)家庭安全监控。智能家居安防系统可通过机器人视觉技术实现家庭安全监控。系统可以实时监控家庭内部和周围环境,检测异常情况,如入侵、火灾和漏水,并通过手机应用程序通知房主。

(2)老人和儿童看护。具有视觉功能的智能家居安防系统还可以用于老人和儿童的看护。通过视觉系统,家长可以远程监控家中儿童的活动情况,确保他们的安全。同样,系统也可以检测老人的活动情况,及时发现跌倒或突发疾病等状况,并自动通知家人或急救中心。

总之,机器人视觉技术在安防领域的广泛应用显著提升了安全监控和管理的智能化水平。在智能监控系统、智能门禁系统、自动巡逻机器人和智能家居安防等方面,机器人视觉技术通过实时监控、自动识别和异常检测,为各类安全保障提供了强有力的技术支持。

1.4.6 服务机器人

机器人视觉在服务机器人领域也有广泛而深入的应用,极大地提升了机器人在家庭、商业、教育等领域的智能化服务水平。以下是机器人视觉在服务机器人领域几个潜在的应用方向。

1. 家庭服务机器人

(1)家务清洁。家庭服务机器人利用视觉系统实现高效的家务清洁工作。通过摄像头和传感器,清洁机器人可以识别和避开障碍物,规划最优的清洁路径。例如,扫地机器人通过视觉系统检测地面的脏污区域,进行重点清扫,并自动避开家具和楼梯,防止碰撞和跌落。

(2)物体识别与操作。家庭服务机器人可以通过视觉系统识别和操作各种家居物品。例如,机器人可以识别并分类垃圾,进行垃圾分类投放;识别家中的各类物品,并根据用户需求进行取放;识别家中的电器和开关,帮助用户控制家电设备。

2. 商业服务机器人

（1）客户服务。商业服务机器人通过视觉系统为客户提供个性化的服务。例如，在酒店和商场，服务机器人可以识别和迎接顾客，提供导引和咨询服务。视觉系统可以识别顾客的面部表情和手势，提供自然的和人性化的互动体验。

（2）配送机器人。配送机器人利用视觉系统在复杂的商业环境中进行自主导航和物品配送。例如，在餐厅和办公楼，配送机器人可以通过视觉系统识别路径和障碍物，将食物和包裹准确送达指定位置。视觉系统可确保配送过程的安全性。

3. 教育与娱乐机器人

（1）互动教学。教育机器人可通过视觉系统实现与学生的互动教学。视觉系统可以识别学生的面部表情和手势，判断学生的学习状态和情绪，提供个性化的教学内容和反馈。例如，教育机器人可以通过视觉系统识别学生的听课状态，进行自动提醒和教学反馈。

（2）娱乐互动。娱乐机器人可通过视觉系统提供丰富的互动娱乐体验。视觉系统可以识别用户的动作和姿态，与用户进行互动游戏和表演。例如，娱乐机器人可以通过视觉系统识别用户的行为动作，与用户进行行为交互，从而提供沉浸式的娱乐体验。

综上，机器人视觉在服务机器人领域的潜在应用可以显著提升机器人在家庭、商业、教育与娱乐等领域的智能化水平。从家务清洁、客户服务、互动教学和娱乐互动，机器人视觉系统通过实时监控、自动识别等功能，为服务机器人的智能化和自主性提供了有效支撑。

1.5 机器人视觉未来挑战与发展趋势

未来的机器人视觉系统将面临诸多挑战，同时会迎来重大的发展机遇。其未来挑战和趋势主要体现在以下几个方面。

1. 仿生眼系统的构建

建立完整的仿生眼系统是机器人视觉发展的重要方向之一。仿生眼系统需要模拟人眼的变焦机制，通过设计具有不同驱动模式和物理状态的灵活变焦镜头，使机器人能够在不同距离和光照条件下清晰成像。此外，模拟人眼的虹膜调节机制，研究虹膜仿生技术，可以显著提高仿生视觉光学系统的成像性能。基于视网膜视锥细胞和视杆细胞的分布和生理特征，对感光芯片和成像机制进行仿生研究，有助于提升机器人的视觉信息获取能力。

2. 灵敏的眼动装置

参考人类眼球的运动机制，研究开发灵敏的眼动装置，使机器人能够更快速和准确地跟踪和识别目标物体。这一挑战涉及复杂的机械设计和控制算法，需要结合精密机械工程和神经控制技术，实现机器人视觉系统的快速响应和高精度位姿控制。

3. 生物神经控制机制

通过模拟生物神经控制机制，实现机器人头部和眼睛的协调操作，这是未来的重要挑战。这样的系统要求高度复杂的神经网络和控制算法，以便在机器人头部和视觉系统之间实现实时、协调的交互。这一技术将有助于机器人在复杂环境中进行灵活操作和导航。

4. 类脑仿生导航与定位

基于神经元芯片的类脑仿生导航定位与建图技术，将使机器人具备更强的自主导航和环境理解能力。这种技术依赖于先进的类脑计算模型和硬件，实现高效的定位和三维环境理解。研究方向包括开发更高效的神经元芯片和优化类脑计算模型，以实现更智能的导航定位功能。

5. 高实时低功耗目标识别与跟踪

在实际应用中，机器人需要在动态环境中实时识别和跟踪目标。基于脉冲神经元网络的高实时低功耗目标识别与跟踪技术，可以显著提升机器人在复杂环境中的实时处理能力，并降低计算功耗。这一挑战涉及优化神经网络结构和提高硬件效率，以实现低功耗和高性能的目标识别和跟踪。

6. 感知、规划与控制一体化

未来的机器人视觉系统需要将视觉任务与操作任务实现高度耦合，通过感知、规划和控制一体化的端到端大模型，使机器人能够更加智能和高效地执行复杂任务。此类模型需要处理大量的多模态数据，进行长期而复杂的模型训练，确保机器人在复杂环境中的适应性和泛化性。

7. 跨环境鲁棒性

机器人视觉系统需要在多种不同的环境条件下保持高性能，包括变化的光照、天气和应用场景。开发具有高鲁棒性的视觉算法，使其能够适应多变的环境条件，这是一个重要的研究方向。通过增强机器视觉系统的泛化能力，确保其在不同环境下都能可靠工作。

1.6 本书的内容安排

本书旨在帮助读者深入理解机器人视觉系统的组成和功能，全面介绍了机器人视觉的基础原理和相关核心技术，以及最新的研究成果和未来前沿发展趋势。全书共9章，下面是对各章内容的简单概述。

第1章绪论，首先介绍机器人视觉的基本概念，对本书的范围进行界定。详细介绍了机器人视觉的软硬件组成，并从传感器、视觉相机数量、功能等角度进行分类介绍。然后，综述国内外在机器人视觉方面的主流工作和前沿进展。最后，重点介绍机器人视觉在工业制造、智能交通、医疗健康、农业、安防等领域的应用场景和需求，并从需求出发，介绍目前机器人视觉面临的挑战和难题。

第2章相机成像和投影理论，首先介绍图像的成像原理，并基于此介绍相机成像的数学建模，定义相机的内外参概念。进一步介绍相机的内参标定方法（如张正友标定算法），解析求解与数值优化的典型视觉问题解决思想及工具箱。然后详细介绍投影理论，解释图像平面与三维世界中点-线、线-面的关系，以及基于该理论的纯图像测量方法。

第3章机器人视觉图像处理基础，首先介绍数字图像的表示及存储方式。然后介绍图像变换、灰度变换和直方图均衡化等图像的基本操作，用于改变图像大小、形状和灰度值。进一步介绍图像滤波和图像锐化技术，用于改善或提高数字图像的质量、清晰度、对比度和亮度等，并引入微分算子的相关概念，介绍常用的图像特征检测方法。最后，介绍一些常用的图像分割方法，包括基于灰度值的阈值分割、区域生长算法、分水岭算法等。

第4章双目视觉和对极几何，首先介绍双目相机的视差形成测距原理，基于此介绍双目系统的数学建模，定义额外的内参——左右目相对位姿。介绍双目相机系统的标定方法，并详细解释三维世界中一点到左右图像平面的数学建模，引出对极几何。进一步介绍双目矫正确保极线平行的方法，最后介绍矫正后的左右目立体匹配及基于匹配的深度恢复方法及误差分析。

第5章特征提取与匹配，首先介绍相对位姿未知的图像匹配问题，提出特征点概念，既避免混淆，又提升匹配效率，并介绍特征点提取方法，如Harris角点。分析特征点在平移、旋转、光照、尺度等因素下的不变性，以确保特征点的重复性。介绍基于角点周围图像块的描述子构建方法，以及典型描述子提取工具MOPS和SIFT。最后，介绍基于描述子距离的特征点匹配方法，以及在典型重复纹理情况下避免错误的方法。

第6章机器人位姿估计，主要介绍以视觉里程计为代表的机器人位置与姿态估计方法。首先介绍机器人位姿估计的基本概念及其在机器人理论与技术中的重要地位，并给出机器人位姿估计问题的数学表示。其次，介绍视觉里程计的总体框架和计算方法，包括特征点法和直接法两类。在特征点法中，重点介绍2D-2D、2D-3D以及3D-3D的位姿求解方法；在直接法中，重点介绍光流和光度一致性原理，并介绍直接法求解机器人位姿的流程与方法。最后，介绍关键帧的概念，阐述什么样的视觉帧信息可以作为关键帧。

第7章机器人视觉同时定位与建图，主要介绍视觉SLAM方法。首先介绍SLAM的基本概念和框架。然后从前端设计、后端优化、闭环检测、全局地图构建与表示等方面详细介绍视觉SLAM方法。前端设计面向机器人应用，从传感器选型、布局及里程估计方法选择等方面进行介绍。后端优化主要介绍基于滤波和图优化的机器人全局位姿优化方法。闭环检测从概念、词袋模型及相似度计算方法等方面进行阐述。全局地图构建主要介绍面向机器人应用的地图如何表达和存储，并介绍栅格地图、八叉树地图、隐式地图几类典型的地图表示方法。

第8章机器人目标识别，对目标识别的基本任务和分类进行概述。介绍目标识别的三个子任务：目标分类、目标检测和目标分割，以及其常用方法。重点介绍基于深度学习的方法，包括用于目标分类的卷积神经网络（CNN）、递归神经网络（RNN）、生成对抗网络（GAN）等；用于目标检测的R-CNN系列、YOLO和SSD等；用于目标分割的全卷积神经网络、U-Net、DeepLab和SegNet等深度网络模型。进一步介绍基于Transformer架构的机器人视觉处理模型。

第9章机器人目标位姿估计，探讨机器人目标位姿估计，包括其应用背景、目标3D位姿表示与描述、基于特征点匹配的位姿估计及基于深度学习的方法。重点讨论机器人在各种场景中的目标定位与抓取任务的基本概念和框架，讨论常用的位姿表示方式，如旋转矩阵和四元数，以及特征点匹配方法的原理和应用。此外，深入探讨近年来备受关注的基于深度学习的3D位姿估计技术及其挑战和发展趋势。

综上，本书全面系统地介绍了机器人视觉的理论基础和核心技术，紧紧围绕机器人视觉主题，并按照理论发展和知识体系的先后关系，对每一章节都经过精心设计，以确保读者能够深入理解和掌握机器人视觉技术的原理、方法和应用。通过学习本书，读者将获得在机器人视觉领域的全面知识，为未来的研究和应用打下坚实基础。

习题与思考题

1. 请简述机器人视觉与人类视觉在光学过程、生物电化学过程和神经处理三大过程中的结构和功能对比。
2. 描述机器人视觉系统的组成部分，以及各部分的主要功能。
3. 描述机器人视觉任务的分类，并简述深度学习技术在其中的应用。
4. 在自动驾驶应用中，机器人视觉的主要作用是什么？
5. 简述当下机器人视觉领域存在的挑战，及其未来的发展趋势。

参考文献

[1] TREICHLER D G. Are you missing the boat in training aids[J]. Film and AV Communication, 1967, 1: 14-16.

[2] WANG J, ZHOU T, QIU M, et al. Relationship between ventral stream for object vision and dorsal stream for spatial vision: An fMRI+ ERP study[J]. Human Brain Mapping, 1999, 8 (4): 170-181.

[3] SCARAMUZZA D, FRAUNDORFER F. Visual odometry [tutorial][J]. IEEE Robotics & Automation Magazine, 2011, 18 (4): 80-92.

[4] FRAUNDORFER F, SCARAMUZZA D. Visual odometry: Part ii: Matching, robustness, optimization, and applications[J]. IEEE Robotics & Automation Magazine, 2012, 19 (2): 78-90.

[5] DURRANT-WHYTE H, BAILEY T. Simultaneous localization and mapping: part I[J]. IEEE Robotics & Automation Magazine, 2006, 13 (2): 99-110.

[6] BAILEY T, DURRANT-WHYTE H. Simultaneous localization and mapping (SLAM): Part II[J]. IEEE Robotics & Automation Magazine, 2006, 13 (3): 108-117.

[7] MUR-ARTAL R, MONTIEL J M M, TARDOS J D. ORB-SLAM: a versatile and accurate monocular SLAM system[J]. IEEE Transactions on Robotics, 2015, 31 (5): 1147-1163.

[8] MUR-ARTAL R, TARDÓS J D. Orb-slam2: An open-source slam system for monocular, stereo, and rgb-d cameras[J]. IEEE Transactions on Robotics, 2017, 33 (5): 1255-1262.

[9] CAMPOS C, ELVIRA R, RODRÍGUEZ J J G, et al. Orb-slam3: An accurate open-source library for visual, visual-inertial, and multimap slam[J]. IEEE Transactions on Robotics, 2021, 37 (6): 1874-1890.

[10] QIN T, LI P, SHEN S. Vins-mono: A robust and versatile monocular visual-inertial state estimator[J]. IEEE Transactions on Robotics, 2018, 34 (4): 1004-1020.

[11] QIN T, SHEN S. Online temporal calibration for monocular visual-inertial systems[C]//2018 IEEE/RSJ International Conference on Intelligent Robots and Systems (IROS). IEEE, 2018: 3662-3669.

[12] ZHANG J, SINGH S. LOAM: Lidar odometry and mapping in real-time[C]//Robotics: Science and systems. 2014, 2 (9): 1-9.

[13] SHAN T, ENGLOT B, MEYERS D, et al. Lio-sam: Tightly-coupled lidar inertial odometry via smoothing and mapping[C]//2020 IEEE/RSJ International Conference on Intelligent Robots and Systems (IROS). IEEE, 2020: 5135-5142.

[14] GRISETTI G, STACHNISS C, BURGARD W. Improved techniques for grid mapping with rao-blackwellized particle filters[J]. IEEE Transactions on Robotics, 2007, 23 (1): 34-46.

[15] GRISETTI G, STACHNISS C, BURGARD W. Improving grid-based slam with rao-blackwellized particle filters by adaptive proposals and selective resampling[C]//Proceedings of the 2005 IEEE International Conference on Robotics and Automation. IEEE, 2005: 2432-2437.

[16] LECUN Y, BOTTOU L, BENGIO Y, et al. Gradient-based learning applied to document recognition[J]. Proceedings of the IEEE, 1998, 86(11): 2278-2324.

[17] KRIZHEVSKY A, SUTSKEVER I, HINTON G E. Imagenet classification with deep convolutional neural networks[J]. Advances in Neural Information Processing Systems, 2012, 25.

[18] SIMONYAN K, ZISSERMAN A. Very deep convolutional networks for large-scale image recognition[J]. arXiv preprint arXiv:1409.1556, 2014.

[19] HE K, ZHANG X, REN S, et al. Deep residual learning for image recognition[C]//Proceedings of the IEEE Conference on Computer Vision and Pattern Recognition. 2016: 770-778.

[20] REDMON J, DIVVALA S, GIRSHICK R, et al. You only look once: Unified, real-time object detection[C]//Proceedings of the IEEE Conference on Computer Vision and Pattern Recognition. 2016: 779-788.

[21] REN S, HE K, GIRSHICK R, et al. Faster r-cnn: Towards real-time object detection with region proposal networks[J]. Advances in Neural Information Processing Systems, 2015, 28.

[22] GIRSHICK R, DONAHUE J, DARRELL T, et al. Rich feature hierarchies for accurate object detection and semantic segmentation[C]//Proceedings of the IEEE Conference on Computer Vision and Pattern Recognition. 2014: 580-587.

[23] GIRSHICK R. Fast r-cnn[C]//Proceedings of the IEEE International Conference on Computer Vision. 2015: 1440-1448.

[24] LIU W, ANGUELOV D, ERHAN D, et al. Ssd: Single shot multibox detector[C]//Computer Vision-ECCV 2016: 14th European Conference, Amsterdam, The Netherlands, October 11-14, 2016, Proceedings, Part I 14. Springer International Publishing, 2016: 21-37.

[25] LONG J, SHELHAMER E, DARRELL T. Fully convolutional networks for semantic segmentation[C]//Proceedings of the IEEE Conference on Computer Vision and Pattern Recognition. 2015: 3431-3440.

[26] RONNEBERGER O, FISCHER P, BROX T. U-net: Convolutional networks for biomedical image segmentation[C]//Medical Image Computing and Computer-Assisted Intervention–MICCAI 2015: 18th International Conference, Munich, Germany, October 5-9, 2015, Proceedings, Part III 18. Springer International Publishing, 2015: 234-241.

[27] BADRINARAYANAN V, KENDALL A, CIPOLLA R. Segnet: A deep convolutional encoder-decoder architecture for image segmentation[J]. IEEE Transactions on Pattern Analysis and Machine Intelligence, 2017, 39(12): 2481-2495.

[28] HE K, GKIOXARI G, DOLLÁR P, et al. Mask r-cnn[C]//Proceedings of the IEEE International Conference on Computer Vision. 2017: 2961-2969.

[29] LIU S, QI L, QIN H, et al. Path aggregation network for instance segmentation[C]//Proceedings of the IEEE Conference on Computer Vision and Pattern Recognition. 2018: 8759-8768.

[30] WOJKE N, BEWLEY A, PAULUS D. Simple online and realtime tracking with a deep association metric[C]//2017 IEEE International Conference on Image Processing (ICIP). IEEE, 2017: 3645-3649.

[31] HENRIQUES J F, CASEIRO R, MARTINS P, et al. High-speed tracking with kernelized correlation filters[J]. IEEE Transactions on Pattern Analysis and Machine Intelligence, 2014, 37(3):

583-596.

[32] BERTINETTO L, VALMADRE J, HENRIQUES J F, et al. Fully-convolutional siamese networks for object tracking[C]//Computer Vision-ECCV 2016 Workshops: Amsterdam, The Netherlands, October 8-10 and 15-16, 2016, Proceedings, Part II 14. Springer International Publishing, 2016: 850-865.

[33] LI B, YAN J, WU W, et al. High performance visual tracking with siamese region proposal network[C]//Proceedings of the IEEE Conference on Computer Vision and Pattern Recognition. 2018: 8971-8980.

[34] KENDALL A, GRIMES M, CIPOLLA R. Posenet: A convolutional network for real-time 6-dof camera relocalization[C]//Proceedings of the IEEE International Conference on Computer Vision. 2015: 2938-2946.

[35] GÜLER R A, NEVEROVA N, KOKKINOS I. Densepose: Dense human pose estimation in the wild[C]//Proceedings of the IEEE Conference on Computer Vision and Pattern Recognition. 2018: 7297-7306.

[36] MOUSAVIAN A, ANGUELOV D, FLYNN J, et al. 3d bounding box estimation using deep learning and geometry[C]//Proceedings of the IEEE Conference on Computer Vision and Pattern Recognition. 2017: 7074-7082.

[37] KUNDU A, LI Y, REHG J M. 3d-rcnn: Instance-level 3d object reconstruction via render-and-compare[C]//Proceedings of the IEEE Conference on Computer Vision and Pattern Recognition. 2018: 3559-3568.

[38] YE Y, PARK H. FusionNet: An End-to-End Hybrid Model for 6D Object Pose Estimation[J]. Electronics, 2023, 12(19): 4162.

第 2 章　相机成像和投影理论

2.1　成像原理简介

相机是视觉的核心传感器，能感知发光强度，并且角度测量精度较高，分辨率也高，所以它是机器人应用中非常常见的传感器。主要有两方面原因：一方面，发光强度信息能够给出测距传感器无法给出的纹理信息，这对于物体识别等应用非常重要；另一方面，由于纹理信息的存在，如果将其看作一种特定的模式，那么可以通过运动获取两帧相机数据，在两者间构成一组时间上的三角测量，结合运动信息可以恢复出距离。这使得相机传感器能够通过算法弥补距离测量本身原理上的不足，且能够利用发光强度赋予识别类任务更多的信息。因此，充分利用相机数据是近年来机器人领域算法研究的重点，在一些应用中已经有可能取代部分距离传感器，如激光等，对于机器人的应用推广有重要意义。另外，由于视觉是人类最重要的感知方式，所以相机应当还有很大的潜力和前景，是构筑机器人人类级别感知的重要途径。

相机包含镜头（透镜）、光圈和感光器件三个部分，其中感光器件决定了图像平面。根据光学原理，透镜存在聚焦平面，透镜和聚焦平面的距离为焦距，由透镜决定。如图 2-1 所示，物距 z、焦距 f、图像平面与透镜的距离 e 之间，存在

$$\frac{1}{f} = \frac{1}{z} + \frac{1}{e} \tag{2-1}$$

由式（2-1）可以知道，对于物距为 z 的物体，其成像清晰的要求是将图像平面调整到符合式（2-1）的 e 处，也就是在焦点稍后的位置。如果图像平面稍前或稍后，该物距的物体就无法聚焦成一点，导致模糊。相应的，在确定了图像平面距离后，如果物体变远和变近，也会导致模糊。所以，在实际应用中，需要预估机器人作业对象的物距范围，或在实际作业场景下调整图像平面，从而获得对作业对象的清晰成像。换言之，对于一组调整固定的参数，不可能所有物距上的物体都清晰。

在相机中，图像平面所在的位置其实是一个感光器件阵列，称为 CCD 或 CMOS 芯片。这个阵列中的每个像素能够将发光强度转化成数字信号，进而像素阵列就能生成一个阵列的反映发光强度的数字信号，即形成一张数字图片。

事实上，像素虽小，但包含的信息很丰富。首先，基于成像原理，可以根据图片中像素位置，计算所对应的物体点相对于相机的角度。考虑到相机的分辨率，也就是阵列中的

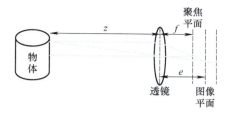

图 2-1 相机成像原理

像素个数通常很高,那么相机就可以精准测量某个点的角度。此外,像素所对应的发光强度能够反映出对应物体点的材质和颜色,因此密集的像素点能够反映一个区域的材质和颜色,也就是纹理。这部分信息往往无法被测距传感器所感知,解释了为何视觉信息能够为语义理解提供重要信息。这两点在原理上解释了视觉如何承担两大基本任务,并揭示了后续章节要完成这两个任务,就要从图像中的发光强度信息和像素位置信息来入手。

2.2 相机模型

在实际视觉问题中,z 通常是米级,而 f 和 e 在镜头内部,显然是毫米级,两者相差极大,所以在分析物体层面的内容时,可以认为 e 和 f 相等,也就是图像平面在聚焦平面上。此时的相机模型如图 2-2 所示,该模型是一个小孔成像模型,其中透镜中心被称为光心 C,垂直于图像平面且穿过光心的轴称为光轴。该模型大大简化了相机的建模和后续的分析,也是目前领域内普遍采用的相机模型。习惯上通常把图像平面转移到光心前进行分析,以避免成倒像,从而简化建模。以光心为原点,光轴为 z 轴,原点向右为 x 轴,向下为 y 轴,称为相机坐标系。x 和 y 轴决定了图像的横轴和纵轴。如图 2-2 所示,定义相机坐标系下的物体点为 $\boldsymbol{P}=(x,y,z)$。以图像平面与光轴的交点为原点,与光心坐标系坐标轴平行的坐标系为图像平面中心坐标系,该坐标系下的物体点 $\boldsymbol{P}$ 投影为 $\bar{\boldsymbol{U}}=(\bar{u},\bar{v})$,这就是物体点在图像上的成像点。根据相似三角形,存在如下几何关系。

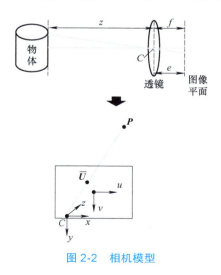

图 2-2 相机模型

$$\frac{f}{z} = \frac{\bar{u}}{x} \tag{2-2}$$

$$\frac{f}{z} = \frac{\bar{v}}{y} \tag{2-3}$$

考虑到图像通常采用像素坐标的习惯，定义像素在图像平面中心坐标系下的宽度和高度分别为 κ_x 和 κ_y；定义图像左上角为原点，横轴纵轴和相机的 x 轴和 y 轴定义方向一致，建立图像坐标系，如图 2-3 所示。注意，该坐标系与图像中心坐标系度量不同，该坐标系下的点以像素坐标度量。进一步定义图像坐标系与图像平面中心坐标系的距离为 $\bar{C} = (\bar{c}_x, \bar{c}_y)$，注意该值表示在距离度量下。那么存在

$$u\kappa_x = \frac{fx}{z} + \bar{c}_x = \frac{fx}{z} + c_x\kappa_x \tag{2-4}$$

$$v\kappa_y = \frac{fy}{z} + \bar{c}_y = \frac{fy}{z} + c_y\kappa_y \tag{2-5}$$

式中，u、v、c_x 和 c_y 是图像坐标系下的物体投影成像点和图像中心点。对式（2-4）和式（2-5）两边同除以 κ_x 和 κ_y，可得

$$u = \frac{fx}{\kappa_x z} + c_x \triangleq \frac{f_x x}{z} + c_x \tag{2-6}$$

$$v = \frac{fy}{\kappa_y z} + c_y \triangleq \frac{f_y y}{z} + c_y \tag{2-7}$$

式中，f_x 和 f_y 分别是用像素的宽度和高度度量的焦距。整理上式，构成矩阵形式。

$$z\boldsymbol{U} \triangleq \begin{pmatrix} zu \\ zv \\ z \end{pmatrix} = \begin{pmatrix} f_x & 0 & c_x \\ 0 & f_y & c_y \\ 0 & 0 & 1 \end{pmatrix} \boldsymbol{P} \triangleq \boldsymbol{KP} \tag{2-8}$$

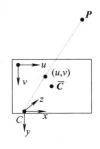

图 2-3 图像坐标系定义

式中，$\boldsymbol{K}$ 是内参矩阵；$\boldsymbol{U}$ 的前两个元素是 $\boldsymbol{P}$ 在图像中的坐标，第三个元素为 1。式（2-8）描述了相机坐标系中一个三维点如何在图像中形成投影的过程，关联了一个点的像素位置和空间位置，对于通过相机测量点具有重要意义。进一步考虑到，通常物体点会定义在

一个世界坐标系下，定义点 P 在某个世界坐标系 $\mathbb{W}$ 下的点为 $P^{\mathbb{W}}$，根据坐标系变换关系，存在

$$z\boldsymbol{U} = \boldsymbol{K}(\boldsymbol{R}_{\mathbb{C}}^{\mathbb{W},\mathrm{T}}(\boldsymbol{P}^{\mathbb{W}} - \boldsymbol{t}_{\mathbb{C}}^{\mathbb{W}})) \tag{2-9}$$

式中，$\mathbb{C}$ 是相机坐标系；$\boldsymbol{R}_{\mathbb{C}}^{\mathbb{W}}$ 和 $\boldsymbol{t}_{\mathbb{C}}^{\mathbb{W}}$ 一起称为相机在世界坐标系下的位姿。这样，式（2-9）就构成了相机对世界坐标系中一个点的观测模型，也被称为相机模型，或相机投影方程。除了 $\boldsymbol{K}$ 以外，实际相机中因为透镜的存在，还有畸变问题，如图 2-4 所示。

a) 无畸变图像　　b) $k_1 > 0$ 畸变　　c) $k_1 < 0$ 畸变

图 2-4　图像畸变

为了建模该效果，采用一个径向畸变函数，该模型的输入是 $\boldsymbol{U}$，输出是 $\boldsymbol{U}_d = (u_d, v_d)$，也就是从无畸变的投影图像点到有畸变的实际图像点的过程。该函数可以表示为

$$\begin{pmatrix} u_d \\ v_d \end{pmatrix} = (1 + k_1 r^2 + k_2 r^4) \begin{pmatrix} u - c_x \\ v - c_y \end{pmatrix} + \begin{pmatrix} c_x \\ c_y \end{pmatrix} \tag{2-10}$$

式中，

$$r = \sqrt{\left(\frac{u - c_x}{f_x}\right)^2 + \left(\frac{v - c_y}{f_y}\right)^2} \tag{2-11}$$

畸变函数中的 k_1 和 k_2 被称为径向畸变参数，简单地统一记为 k。在实际操作中，有些视野大的复杂镜头需要更高阶的多项式参数，或其他畸变模型来建模镜头畸变的影响。本书主要面向常见的机器人视觉应用，不再介绍更复杂的去畸变参数。

2.3　相机标定

在构建完相机模型以后，就可以基于该模型来分析几何测量问题。但在分析之前，需要解决如何获得 $\boldsymbol{K}$ 矩阵中的参数以及 k。针对一台相机，估计 $\boldsymbol{K}$ 和 k，甚至更多畸变参数的过程，称为相机内参标定。本节介绍一种常用的相机标定方法，即张正友标定法，是张正友博士于 1998 年提出的基于黑白棋盘格标定板的标定方法。该方法可以分为三个步骤，在第一个步骤中，需要在相机的视野中以不同的姿态摆放棋盘格标定板，形成多张图片，并从中提取棋盘格上的角点；在第二个步骤中，利用棋盘格角点分布求解相机的内参矩阵 $\boldsymbol{K}$ 和畸变参数 k_1；在第三个步骤中，利用非线性优化对 $\boldsymbol{K}$ 和 k_1 进行联合优化，进一步提升对 $\boldsymbol{K}$ 和 k_1 的估计精度，作为最终的标定参数。

2.3.1 棋盘格定义和检测

选用棋盘格的目的主要是可以清晰地在棋盘格上定义坐标系，其次是容易获取并且容易检测到棋盘格上的特征点。首先介绍棋盘格的坐标系定义，选择整个棋盘格的角点为原点（通常为左上角），并沿着棋盘格的黑白边缘定义 x 轴和 y 轴，由右手定则导出 z 轴，建立坐标系。基于该坐标系，棋盘格上所有的角点因为都在棋盘格平面上，所以都具有 $z=0$ 的特性，如图 2-5 所示。棋盘格每个正方形格子的边长为 s，角点的 x 和 y 坐标也可以相应导出。至此，可以将棋盘格坐标系看做世界坐标系，棋盘格上的角点集合看做世界坐标系下的点的集合。

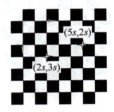

图 2-5 棋盘格坐标系定义

如前文所述，不停地调整棋盘格的位姿，并用相机记录图片，就可以得到一系列棋盘格的图像。如图 2-6 所示，由于运动是相对的，所以这个过程可以想象为，棋盘格保持静止，不停地移动相机，从而获得大量关于棋盘格的图像，下文都以这个思路来解释该过程。根据式（2-9），可以构建出一组世界坐标系的点集 $\{P^W\}$，一系列不同位姿的相机 $\{R_{Cj}^W, t_{Cj}^W\}$。需要注意的是，前者已知，后者是未知数；其次，所有这些位姿不同的相机，它们的内参和畸变参数是一样的，因为这些相机本质是同一台静止相机。

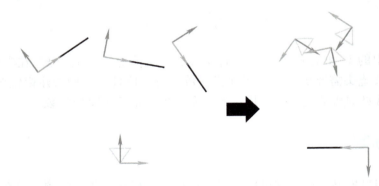

图 2-6 棋盘格与相机俯视图的相对关系转化示意图

对收集到的图像集合进行处理，在第 j 张图上通过棋盘格角点检测可以获得棋盘格上一系列角点 $\{P^W\}$ 投影成像的像素坐标位置 U_j。注意，这里成像点总共的个数是棋盘格上角点个数和相机个数的乘积，因为同一个角点在不同位姿的相机下所成像的像素位置显然不同。棋盘格角点检测目前已经是领域内很成熟的技术，会在后续的章节进行介绍。由于标定是人工过程，所以可以在人机交互的情况下帮助计算机找到棋盘格点，而无需必须自动化，当然现在的技术已经完全足够支撑自动化的棋盘格角点检测。

2.3.2 相机位姿、内参和畸变参数求解

在获得所有图像下的投影点数据（即 $\{U_j\}$）之后，需要根据事先建模的 $\{P^W\}$ 求解相机的内参 K 和畸变参数 k。但这些参数在未知相机位姿 $\{R_{Cj}^W, t_{Cj}^W\}$ 的情况下无法求解，所以需要同时求解相机的位姿。基于收集的数据，先假设图像不存在畸变，那么对于一张图片的一个角点，就存在一个式（2-9）的关系。这里用 R_W^C 和 t_W^C 表达，可以写为

$$zU = K(R_W^C P^W + t_W^C) \tag{2-12}$$

考虑到 P^W 的第三个元素为零，式（2-12）可以写为

$$zU = K\begin{pmatrix} r_1 & r_2 & t_W^C \end{pmatrix}\begin{pmatrix} x^W \\ y^W \\ 1 \end{pmatrix} \triangleq H \begin{pmatrix} x^W \\ y^W \\ 1 \end{pmatrix} \tag{2-13}$$

式中，r_1 和 r_2 是 R_W^C 的前两列；H 是一个 3×3 的矩阵。由于 z 的存在，H 和 z 同时乘以一个系数，放大或缩小等式都能满足。因此，通过该式只能确定 H 的 8 个自由度，具体操作时可以将 H 中的一个元素，比如右下角元素置为 1，然后估计 8 个参数，该过程是一个线性方程组求解过程。考虑到一个角点能够产生 2 个方程，那么对于一张图片，取 4 个角点，也就是 $\{P^W\}$ 中的 4 个点，和这些点在第 j 张图片下投影成像的像素坐标位置 U_j 中的 4 个点，就能够解得 H_j。如果取更多，则可以求得最小二乘解更为准确。注意，由于 H 包含了位姿，所以对应每张图片和棋盘格点构成的方程组都有一个 H_j，彼此不同，总共的数量和图像张数一致。但需要注意，H_j 由内参和相机位姿组成，其中的内参部分是一致的。

有了 $\{H_j\}$ 以后，需要进一步恢复出内参和位姿，对于一个解得的 H_j，存在

$$H = \frac{1}{\gamma} K \begin{pmatrix} r_1 & r_2 & t_W^C \end{pmatrix} \tag{2-14}$$

这里省略下标简化符号，其中 γ 是尺度因子。因为在之前的步骤中，简单地控制 H 的元素避免了尺度问题，所求的 H 并不一定是真实尺度，所以这里要考虑尺度。进一步可得

$$r_1 = \gamma K^{-1} h_1 \tag{2-15}$$

$$r_2 = \gamma K^{-1} h_2 \tag{2-16}$$

$$t_W^C = \gamma K^{-1} h_3 \tag{2-17}$$

式中，h_1、h_2 和 h_3 分别是 H 的三个列向量。由于 r_1 和 r_2 分别是旋转矩阵的列，所以具有正交性，可得

$$h_1^T K^{-T} K^{-1} h_2 \triangleq h_1^T B h_2 = 0 \tag{2-18}$$

$$h_1^T K^{-T} K^{-1} h_1 = h_2^T K^{-T} K^{-1} h_2 = h_1^T B h_1 = h_2^T B h_2 = 1 \tag{2-19}$$

式中，B 由内参矩阵 K 中的 4 个未知数构成，但这个构成是非线性的。为了方便求解，B 因为构造方法又具有对称性质，并注意到内参的结构可以使 B 中有两个元素必为 0，所以可以当做具有 5 个未知元素的矩阵，从而将式（2-18）和式（2-19）看做 B 的元素组成的线性方程组。这里要注意的是，对于所有的图片 B 都是一致的，因为其只有一致的内参构成。给定一张图片，确定一个 H_j，构成 2 个方程。那么要求解所有 5 个元素，就需要 3 张以上图片。更多的图片同样可以求解最小二乘，以提高解的精度。

在得到 B 后，需要注意由于求解的是齐次方程，同样具有尺度不定的问题，所以本质上是求解了

$$B = \gamma K^{-T} K^{-1} \tag{2-20}$$

式中，γ 表示尺度因子，注意与前式的尺度因子并不同。如果采用大量的符号表示尺度因子，则会导致符号混乱，因此用同样的符号表示意义一致的符号。当获得了 B 以后，可以将式（2-20）写成关于内参矩阵中 f_x、f_y、c_x 和 c_y 及一个缩放因子的关系的非线性方程，即

$$B = \gamma \begin{pmatrix} \dfrac{1}{f_x^2} & 0 & -\dfrac{c_x}{f_x^2} \\ 0 & \dfrac{1}{f_y^2} & -\dfrac{c_y}{f_y^2} \\ -\dfrac{c_x}{f_x^2} & -\dfrac{c_y}{f_y^2} & \dfrac{c_x^2}{f_x^2} + \dfrac{c_y^2}{f_y^2} + 1 \end{pmatrix} \tag{2-21}$$

因为有尺度因子的存在，所以求解需要注意利用相除消去尺度因子，得到

$$c_x = -B_{13} / B_{11} \tag{2-22}$$

$$c_y = -B_{23} / B_{22} \tag{2-23}$$

$$\gamma = B_{33} + c_x B_{13} + c_y B_{23} \tag{2-24}$$

$$f_x = \sqrt{\gamma / B_{11}} \tag{2-25}$$

$$f_y = \sqrt{\gamma / B_{22}} \tag{2-26}$$

利用上述解得的物理参数代入到内参矩阵即可获得 K，然后可以配合每张图片的 H_j，将其代入式（2-15）、式（2-16）和式（2-17），进而得到所有相机位姿 $\{R_{Cj}^W, t_{Cj}^W\}$。

由于检测误差存在，以及假设了所有的检测点不含有畸变，所以当用解得的位姿 $\{R_{Cj}^W, t_{Cj}^W\}$ 和内参 K，将棋盘格点 $\{P^W\}$ 根据式（2-12）重投影到每张图片时，并不会和图片中检测得到的角点 $\{U_j\}$ 重合。利用这些重投影点和检测点之间的偏差，基于式（2-10）和式（2-11）就可以解得畸变参数 k。

2.3.3 非线性优化标定

在第二个步骤中,所有未知量都被估计,但这个分步的估计过程存在大量的误差累积,因此最后的精度无法达到最优。对于累积,比如求得的 H_j 必然带有误差,然后在后续的步骤中,这个带误差的 H_j 又被作为方程的系数,用于其他变量的求解。那么求解得到的变量必然在 H_j 的误差的基础上进一步放大。所以,为了克服这种误差,需要引入非线性优化技术,直接优化检测误差,不假设部分变量已知,估计另一部分变量。

众所周知,非线性优化难度极大,存在局部极值的问题。为了获得好的结果,需要很好的初值赋予迭代优化器进行搜索,进而使非线性优化进入到更好的极值中。不过由于前面的步骤中已经存在 K 和 k 的估计,尽管精度不佳,但作为初值引导非线性优化进一步提高精度已经足够。

给定一个图像,所有的未知数包括位姿 6 个参数,内参 4 个参数,畸变 2 个参数。基于相机模型式(2-9)和畸变模型式(2-10),可以构造 $2K$ 个方程,K 是角点的个数,每个角点有 2 维。假设总共收集 N 张图片,那么内参和畸变参数不变,位姿有 $6N$ 个,总共包括 $6N+6$ 个未知数。相应的,总共可以形成 $2KN$ 个方程。借助该关系,只要方程个数大于未知数的个数,就可以进行非线性优化。如果方程个数越多,理论上能够获得方差更小的解,也就是内参和畸变。具体来说,可以将相机模型式(2-9)和畸变模型式(2-10)写成非线性函数 f,即

$$\begin{pmatrix} u_d \\ v_d \end{pmatrix} = f(K, k, R_{Cj}^W, t_{Cj}^W) + n \tag{2-27}$$

式中,n 是各类噪声。这是因为实际中不可能获得完美的角点,求解的参数形成的棋盘格角点重投影必然和检测得到的角点位置有偏差。通常认为噪声应当很小,所以引出非线性优化问题。

$$\min_{K, k, R_{Cj}^W, t_{Cj}^W} \left\| \begin{pmatrix} u_d \\ v_d \end{pmatrix} - f(K, k, R_{Cj}^W, t_{Cj}^W) \right\|^2 \tag{2-28}$$

该问题的意义就是寻找一组最优的内参、畸变参数和相机位姿,使构成的投影和畸变模型能够将棋盘格角点投影到各个像平面,与实际检测的角点之间误差量最小。当求解了这个优化问题,通常可以认为得到了最优的标定。

由于本书不聚焦于非线性优化,所以这里不详细展开如何求解式(2-28),但简要介绍求解该问题可用的方法及大致思路。在视觉问题中,常用的非线性优化方法一般是高斯-牛顿算法(Gauss–Newton)或 Levenberg–Marquardt 算法(简称 LM 算法)。这两种方法的思路都是对非线性方程 f 进行线性化展开,并舍弃高次项,从而使式(2-28)变成一个线性问题。这里将所有的未知数记为 x,当前的展开点为 $\bar{x}$,可得

$$\min_x \left\| \begin{pmatrix} u_d \\ v_d \end{pmatrix} - f(\bar{x}) - \frac{df}{dx}(x - \bar{x}) \right\|^2 \tag{2-29}$$

显然这是一个线性最小二乘问题,求解可得 x。可以将这个优化的结果作为下一步优化的线性化点,进一步展开,重复上述过程,可以逐渐减少误差量。显然,有一个问题是

第一步在哪里展开？这个问题就是前面所述的初值。可以用前文所介绍的解，作为第一个展开点，然后不断重复上述的过程，实现非线性优化标定。该思路可以认为是在非凸的误差曲面上，根据 $\bar{x}$ 展开一个二次曲面，利用二次曲面拟合局部的误差曲面，并根据二次曲面的顶点作为 x，也就是当前步骤的更新值，同时是下一次展开的值，如图 2-7 所示。从图 2-7 也可以看到，这种方法不一定能保证算法找到全局最优解。

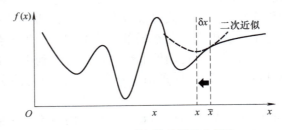

图 2-7　高斯 – 牛顿算法的优化思路

LM 算法相比于高斯 – 牛顿算法，主要是为了解决当线性化误差较大时，也就是在不能舍弃高次项的情况下舍弃高次项，会引起求得的 x 反而导致了更大的误差问题。在这种情况下，就需要一种机制来修正 x。在 LM 算法中，其修正的思想是改变 $x-\bar{x}$ 的方向。将其逐渐地改变到梯度反方向。众所周知，一个函数曲面的梯度方向是使函数值上升最快的方向。换言之，如果沿着梯度的反方向就可以下降最快。在梯度反方向上结合一个步长因子，即可控制误差的下降水平。通常，梯度方向的下降比求解线性化的式（2-29）更慢，所以 LM 算法的思想就是尽可能使用高斯 – 牛顿算法，但在高斯 – 牛顿算法效果不好时采用梯度，实现稳定的最优化搜索。

2.3.4　工具箱

本节介绍了相机的标定，对于利用相机进行测量任务具有重要的意义。标定有三个步骤，首先是数据的收集，其次是根据数据解析求解出内参和畸变，最后利用解析解作为初值进一步用非线性优化标定，寻找最优的内参和畸变。

一些步骤如检测棋盘格、非线性优化等，没有进一步深入细节。原因在于，相机标定目前已经有很多成熟的软件包能够通过十分友好的交互界面完成整套标定流程，输出标定结果，比如知名的计算机视觉软件包 OpenCV，或者著名的加州理工相机标定工具箱 Caltech Camera Calibration Toolbox 等。通过本节的讲述，主要希望读者可以从模型的层面来理解标定结果好坏的原因，进而能够有一定的手段来调整软件包的标定结果。比如当畸变严重时，可以引入更多的畸变参数来减少误差；当结果方差较大时，可以采集更多图像，覆盖更多的标定板位置和姿态，来提升标定性能。模型部分是本节最关键的部分，是后续建模相机几何测量任务的核心。

2.4　投影理论

基于前文的分析，获得了空间中的一个点到图像中的一个点之间的成像原理以及模型，并通过标定可以把模型中和相机参数有关的物理量确定。这就意味着可以将该模型应用到任意其他空间点或图像点的分析。为了分析方便，定义 $\bar{P}^W \triangleq [P^{W,T}, 1]^T$，称为齐次表示，相应的 U 其实也是一种齐次表示。这样，针对式（2-9）可以给出更一般的形式，见式（2-30），其中 A 是一个 3×4 的矩阵，称为投影矩阵。

$$zU = K\left(R_C^{W,T} - R_C^{W,T} t_C^W\right)\bar{P}^W \triangleq A\bar{P}^W \tag{2-30}$$

可以看到等式的左右两边差了一个深度 z，可以理解为一个尺度因子。引入齐次变换表示为

$$U \cong A\bar{P}^W \tag{2-31}$$

式中，符号 $\cong$ 表示两边在归一化以后完全相等，也就是说两边的量相差一个尺度因子，这里不深入展开。根据式（2-31），可以理解为 $A\bar{P}^W$ 描述了世界坐标系下从相机中心到 $\bar{P}^W$ 的一条射线，而这条射线上的所有点都能够产生同一个图像点 U。这个特性使图像上的每个点都表征了世界坐标系中的一条从光心出发的射线，但无法确定该点到底在射线的哪个位置。换言之，图像是一个降维的世界，损失了距离，在公式中就体现在相差尺度因子，都满足式（2-31）。这会导致在图像上无法直接测量距离，因此会出现一些错觉现象。如图 2-8 所示，由于无法直接测量距离，在左图中会产生女性的身材很小的错觉，但实际上从右图可以看到，其实是因为女性坐得更远。从公式上来解释，就是图像上的一点实际上表征了世界坐标系中的一条线，而远处的真实身材的女性上的点和近处的小身材女性错觉上的点，在同一条射线上，因此产生了一样的投影，这也就解释了为什么会产生错觉。

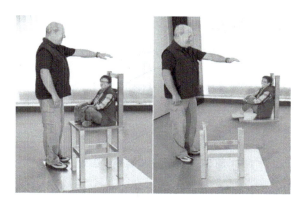

图 2-8 相机的降维获取导致了错觉现象

由于降维的存在，要根据一张图像对三维空间进行解释是不可能的，因为存在无数种可能。为什么在人类看图像时很少会产生错觉呢？因为人类具备对三维空间的先验知识，可以利用大量先验知识对图像所表征的三维空间进行约束，从而减少了很多混淆，这也是后续利用图像进行测量的关键。

2.4.1 平面几何

在介绍利用视觉进行测量之前，首先介绍齐次坐标下的平面几何。给定图像上一个像素点的齐次坐标 U，经过该点的一条线应当满足如下方程。

$$l^T U = 0 \tag{2-32}$$

这是二维平面几何中的标准直线方程。在投影几何中用 l 表示一条直线。当 l 放大或缩小一个尺度因子时，由于等式右边为 0，所以 U 仍然在这条直线上，表征的仍是同一条直线，因此也具有齐次性。从另一个角度，式（2-32）也可以理解为 l 与 U 互相垂直，l 垂直于直线上所有的点。

在二维平面上，给定两个点可以确定一个方程。通常这个步骤用解直线方程来实现。在引入齐次坐标表示后，将两个给定点的齐次坐标记为 U_1 和 U_2，所确定的直线 l 应当满足

$$l^T U_1 = 0 \tag{2-33}$$

$$l^T U_2 = 0 \tag{2-34}$$

这意味着 l 应同时垂直于 U_1 和 U_2，因此方便求得直线的齐次表达。

$$l = U_1 \times U_2 \tag{2-35}$$

从另一个角度，U_1 和 U_2 对应了空间中的两条射线，且两条射线都源于光心，此时可以理解 l 是两条射线所构成的平面的法向量。显然，这个平面的法向量与该平面上的所有直线都垂直。考虑到 U_1 和 U_2 显然在该平面上，所以所定义的直线必然在该平面上，因此平面的法向量和直线上所有点都垂直，满足式（2-32）的定义。这个关系如图 2-9 所示，从图中可以看到，平面上的点对应了射线，而平面上的线对应了一个与平面相交且经过该直线的另一个平面。从降维的角度想，该平面上所有的线，都会在平面上形成同一条线，显然也是因为缺少距离观测导致的。

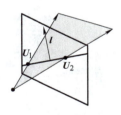

图 2-9　两点构成直线示意图

由点定义了线以后，一个问题是如何通过给定两条线，反过来定义一个点。给定直线 l_1 和 l_2，两者在平面上交于一点，定义为 U。显然，该点满足既在直线 l_1 上，又在 l_2 上，因此存在

$$l_1^T U = 0 \tag{2-36}$$

$$l_2^T U = 0 \tag{2-37}$$

根据前面的分析，可以把 l_1 看作垂直于直线所在平面的法向量，l_2 同理，那么 U 与两个非共面的平面的法向量都垂直。这种情况下，U 只能是从光心到交点的射线，而根据前面的定义，这条射线正是平面上一点的齐次表达形式，如图 2-10 所示。根据上述分析，可以写出两线相交求交点的公式为

$$U = l_1 \times l_2 \tag{2-38}$$

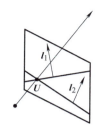

图 2-10　两线构成点示意图

需要注意的是，如果要将点对应到图像坐标，还需要将 U 进行尺度缩放。基于以上分析，可以看到在引入齐次坐标以后，平面几何和经过光心的三维几何形成了联系，并揭示了三维线面退化到二维点线的过程，这也是形成错觉的原因，因为有无数可能都对应同样的成像。

2.4.2　消失点理论

基于上文的分析，可知三维世界经过投影变换会造成维度下降，从而形成无穷解对同一个图像的情况，这也是形成错觉的主要原因。本节进一步分析常见的视觉现象，以及基于这类现象实现距离测量。前向拍摄是相机使用中最常见的方式，假设三维世界中有一条不通过光心的射线，从相机附近垂直于像平面远离到无穷远处，这条线会在图像中如何成像？如图 2-11 所示，根据前面的理论，这条直线上的点和光心之间会形成无数条射线，从而在图像中形成无数个点。可以想象，随着点在这条直线上不停地远离，其成像的点会不停地向光心靠近，当点趋于无穷，投影点会和中心重合。而该线的起点，可以是图像上的任意点。这就意味着，一条垂直于图像平面的三维射线，在图像中呈现出线段的效果，无穷远点可以在图像中成像，也就意味着有穷。这个无穷远点的成像点，在视觉上被称为消失点。

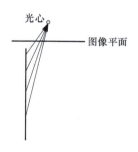

图 2-11　三维中的直线形成的投影

进一步分析，如果世界中存在另一条平行于该射线的射线，那么另一条射线成像的效果同样是一条图像中任意点到中心，也就是消失点的射线。所以两条三维中的平行射线，在图像中呈现为相交于消失点的线段，如图 2-12 所示。通过该理论可以发现，实际生活中拍摄道路、铁路等相片的时候，道路沿或铁路轨道呈现出这种相交于图像中并消失的现象。此外，还存在一个问题，在上文的分析中，出现了消失点和中心重合的现象，该现象是偶然的还是必然？以一条非垂直于光心的道路来考虑，在这种情况下，显然消失点不与中心重合。因此，消失点并不是中心，只是在垂直于图像平面时才呈现出这种现象。

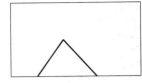
a) 相交于消失点的图像

b) 实际生活中的对应现象

图 2-12　相交的图像和实际世界中的对应现象（图片来自康奈尔大学 CS5670 的膜片）

基于上述的分析，显然可知图像中的消失点也不是唯一的。不如用图 2-13 的情形进行分析，可以看到两条三维世界中的非平行射线，随着远离图像平面，会在图像中形成两个消失点，如果对应实际中的场景，可以理解为十字路口的两条路，各自通向了两个不同消失点。

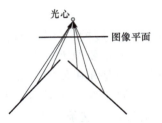

图 2-13　两个消失点的情形

正式引入消失点的数学推导过程，假定空间中射线的方程是

$$P = P_0 + \gamma n \tag{2-39}$$

式中，P_0 是射线的端点；n 是射线的方向；γ 是尺度因子且为正。当该点成像时，存在

$$U = \frac{1}{[P_0 + \gamma n]_3} K(P_0 + \gamma n) \tag{2-40}$$

式中，$[P_0 + \gamma n]_3$ 表示相机坐标系下点 P 的第三维。当 γ 趋于无穷时，可以表征空间中的无穷远点。此时可以分子分母同时除以 γ，并趋于无穷，可得

$$U = \frac{1}{[n]_3} K n \tag{2-41}$$

说明无穷远点和射线的端点无关，但和射线的方向有关，同时考虑到图像中一点对应一条射线，所以消失点实际表征了空间中的一条线，即从光心沿三维直线方向的一条射线。

在实际世界中，可以看到画面中有两条路通往两个消失点，如图 2-14 所示。两个消失点可以构成图像中的一条直线，称为消失线。那么这条直线具有什么含义呢？基于式（2-41）的结论，两个消失点对应了空间中的两条从光心沿着两条路方向的射线。由于两线交于光心，所以一定可以构成一个平面，该平面与图像平面的交线即为图像中两个消失点的连线。

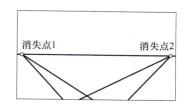

图 2-14 两个消失点形成一条消失线

那么这个平面的含义是什么呢？这里不做具体数学分析。不妨这样想，一条空间中的路，在趋于无穷时，端点的位置信息无须考虑，和消失点对应的射线具有同样的方向。那么类比到两条空间中的路，其趋于无穷时的连线，跟该平面与光心的距离也不再有关，且与消失点构成的平面法向量一致，正好对应了消失线的平面。因此，这条消失线对应的就是无穷远处的连线，也就是地平线，也解释了图像中能拍摄出地平线效果的原因。

因为消失点现象的存在，可以解释部分实际世界中形成错觉的原因。如图 2-15 所示，当画面中存在明显的消失点线索（路沿），人们会感觉远处的物体比近处更大，但实际上两个物体的图像尺寸一样大。换言之，因为人们已经习惯了在消失点线索下的近大远小，所以这个思维定式会让人们觉得同样图像大小的东西，远处的更大。

图 2-15 近大远小习惯下会产生错觉（图片来自康奈尔大学 CS5670 的膜片）

2.4.3 距离测量

消失点理论中非常重要的一个启发是，空间中的一对平行射线在趋向无穷远时，在图像中会相交于消失点，并且这个无穷远的消失点在图像中是有穷的。基于这一特点，可以利用视觉进行距离测量。考虑到三维世界中平行线之间的距离处处相等，设计如图 2-16 所示的方案，在空间找到一组共面的平行线，在平行线之间放置一把尺，与平行线垂直。使待测物体也垂直于这组平行线，一端与一条线重合。其中 A 和 B 为待测物体的两个端点，A 点与平行线重合，并且其对应到图像上的点可以标记出来，C 和 D 为尺的两端，也可以在图像上标出。需要注意的是，并不需要在实际空间中设计这组平行线，只需要能取上面的一个点 E，通常选择图像中可以标记出的一组平行线。

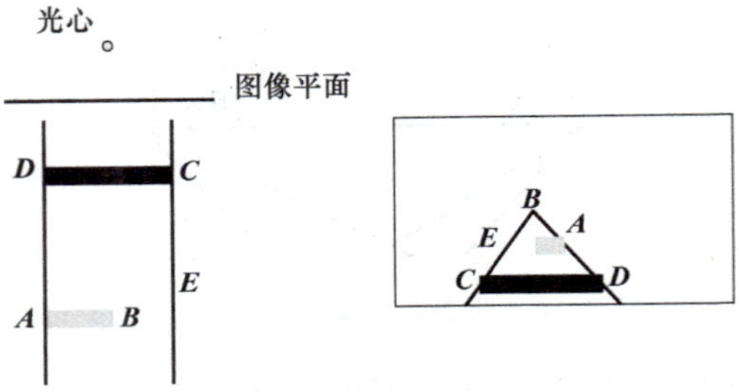

图 2-16 测量方案

根据式（2-35）和式（2-38），将消失点记为 V，其坐标为

$$V = (A \times D) \times (C \times E) \qquad (2\text{-}42)$$

现在，为了测量待测物体的距离，即求图 2-17 中的 F 点，这样根据 F 点在尺上的读数即可测得待测物体的宽度。

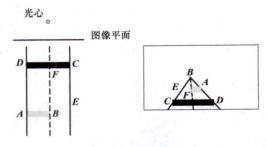

图 2-17 测量宽度转变为寻找 F 点

显然，在空间中 BF 必然垂直于 AD 和 CE，否则不能用 DF 的长度作为 AB 的长度。那么 BF 在图像中的成像必然经过消失点 V，必然经过 B 点，这样就确定了直线 BF 的表达，进而导出 F 点。

$$F = (V \times B) \times (C \times D) \qquad (2\text{-}43)$$

在求得 F 点以后，直接观察其在尺上所落的刻度，即可确定其宽度。可以看到，基于消失点理论，整个测量过程可以在图像上通过标记点和式（2-42）及式（2-43）完成。当然，在实际测量中，不一定图像中就存在一把这样的尺，所以也可以找其他的参照物作为替代，从而通过估计参照物，实现对待测物体的测量。比如，可以通过房间中的一些垂直墙相交处的线以及层高作为一把尺，然后根据墙和地面平的特性，测量房间中的各种物体的高度。

本章小结

本章首先介绍了相机的成像原理，然后基于成像原理给出了相机的建模，用一系列参数描述了相机的特性。为了估计这些参数，需要进行相机内参标定。棋盘格方法可以求解出解析解，然后进行非线性优化标定，可以直接使用已有的工具箱。在获得了相机模型以后，介绍了图像具有降维的问题，分析出图像中的点对应了空间中的线，线对应了空间中的面,因此对于一个图像,空间中有无穷的可能性。在这个特性下,专门介绍了空间中平行线的投影成像问题,通过消失点理论建模了无穷远点的成像,揭示了空间中互不相交的平行线在图像中交于消失点。借助这个特性,凭借图像中平行关系,以及图像中已知尺寸的物体,就能够实现对其他物体的测量。

习题与思考题

1. 三维世界中的一条线段,将其长度延长至两倍,在其他条件不变的情况下,在图像平面中它的长度将如何变化?

2. 三维世界中的平行直线,在图像平面中是何种关系?

3. 其他条件不变的情况下,若光心与投影平面的距离越小,则相机 FOV 是越大还是越小?若投影平面越来越小,则相机 FOV 是越大还是越小?

4. 相机在仅发生旋转的情况下,不考虑视野差异,旋转前后的图像是否可以无需知道图像深度,仅依赖旋转矩阵实现两者的变换?

5. 图像平面不变的情况下,相机 FOV 越大,对于在同一个三维世界位姿下拍摄的同一个物体,它在图像平面上看起来是越大还是越小?

参考文献

[1] ZHANG Z. A flexible new technique for camera calibration[J]. IEEE Transactions on Pattern Analysis and Machine Intelligence,2000,22(11):1330-1334.

[2] ZHANG Z. Flexible camera calibration by viewing a plane from unknown orientations[C]//Proceedings of the Seventh IEEE International Conference on Computer Vision. Kerkyra:IEEE,1999:666-673.

[3] MADSEN K,NIELSEN H B,TINGLEFF O. Methods for non-linear least squares problems[M]. 2nd ed. Lyngby:Technical University of Denmark,2004.

[4] BRADSKI G,KAEHLER A. Learning OpenCV:Computer vision with the OpenCV library[M]. Sebastopol:O'Reilly Media,Inc.,2008.

[5] BOUGUET J Y. Camera calibration toolbox for Matlab[EB/OL].(2022-05-04)[2024-09-11]. http://www.vision.caltech.edu/bouguetj/calib_doc/.

[6] HARTLEY R,ZISSERMAN A. Multiple view geometry in computer vision[M]. Cambridge:Cambridge University Press,2003.

第 3 章 机器人视觉图像处理基础

3.1 图像的表示和存储

3.1.1 图像的基本概念

图像是对视觉信息的表示,根据记录方式可分为两大类:模拟图像和数字图像。模拟图像是指用某种物理量的强弱变化来记录图像亮度信息,可以通过连续的函数 $I = F(x,y)$ 表示,其中 x 和 y 表示空间的平面坐标,其光照位置和强度是连续变化的。数字图像是由模拟图像数字化得到的,其光照位置和强度都是离散的,通常由数组或矩阵表示,可以用计算机存储和处理。数字图像的基本元素称为像素,用来记录图像上每个点的亮度信息。对一幅数字图像而言,若每行像素为 M 个,每列像素为 N 个,则图像大小为 $M \times N$ 个像素,该图像可以表示为 $I = A(M,N)$。

3.1.2 数字图像表示

1. 图像的数字化

图像的数字化是指将现实世界中的视觉信息转换为数字形式的过程。这个过程涉及对图像进行采样、量化和编码,以便计算机能够储存和处理图像数据。图像的数字化过程如图 3-1 所示。

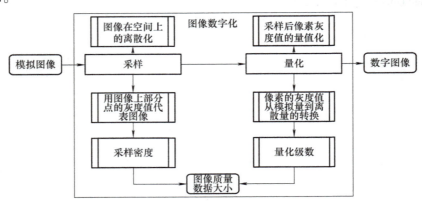

图 3-1 图像的数字化过程

（1）采样。采样是指将连续的视觉信号转换为离散的像素点。在数字图像中，图像被划分为网格，每个网格点对应一个像素，称为采样点，采样过程如图 3-2 所示。采样的密度决定了图像的分辨率，即图像中包含的像素数量，密集的采样可以提高图像质量和细节表现。

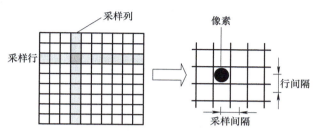

图 3-2　采样示意图

（2）量化。量化是将采样后得到的连续数值转换为离散的数字值的过程。在数字图像中，每个像素的亮度或颜色被量化为一个数字值，如图 3-3 所示。量化的精度决定了图像的色彩深度或灰度级别，通常以位数表示，如 8 位表示 256 级灰度或颜色，24 位表示真彩色（每通道 8 位）。

图 3-3　图像的量化

（3）编码。编码是将量化后的数字值以一定规则存储或传输的过程。常见的编码方式包括无损编码和有损编码。无损编码保持原始数据的完整性，如无损压缩算法（例如无损 PNG 格式）；有损编码通过舍弃部分信息来实现更高的压缩率，如 JPEG 格式。

2. 图像的空间分辨率

图像的空间分辨率是指图像中可见细节的能力或图像的清晰度水平。它是通过像素密度来描述的，即图像中每单位长度包含的像素数量。空间分辨率越高，图像中的细节就越丰富，清晰度越高。像素密度是指图像中每单位长度（如英寸）包含的像素数量。它是空间分辨率的主要衡量标准，通常以每英寸的像素数来表示，单位为每英寸点数（dots per inch，dpi）或每英寸像素数（pixels per inch，ppi）。像素密度决定了图像的细节表现能力和清晰度水平，高像素密度的图像具有更高的空间分辨率，可以显示更多的细节和更清晰的图像。

图像的空间分辨率受到多种因素的影响，包括摄像机或扫描仪的分辨率、图像尺寸、显示设备的分辨率等。摄像机或扫描仪的分辨率决定了原始图像的像素密度，而显示设备的分辨率影响了图像在屏幕上的显示效果。为了方便，在对不涉及像素的物理分辨率进行实际度量时，将一幅大小为 $M \times N$ 的数字图像空间分辨率称为 $M \times N$ 像素，即图像由 M 行 N 列共计 $M \times N$ 像素组成。一般来说，空间分辨率越大，空间采样越细，图像描述越清晰，图像在计算机中所占用存储空间越大。在相同画幅下，分辨率分别为 500 像素×333像素、250像素×167像素、125像素×84像素、63像素×42像素,分辨率越小,图像越模糊,如图3-4所示。

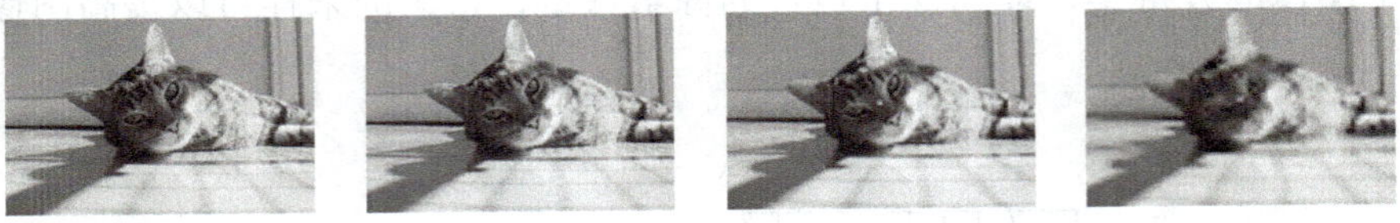

a) 500像素×333像素　　b) 250像素×167像素　　c) 125像素×84像素　　d) 63像素×42像素

图 3-4　不同分辨率下的图像展示

3. 图像的灰度级和深度

数字图像的灰度级和深度是图像处理中两个重要的概念,它们分别描述了图像的灰度范围和色彩深度。

灰度级是指图像中每个像素点的亮度级别,通常用来描述黑白图像或灰度图像的亮度变化范围。常见的灰度级数量是8位灰度,即256个灰度级别,从0(黑色)到255(白色)。更高的灰度级别可以提供更丰富的亮度变化,使图像看起来更细致、更真实。当然,灰度级越大,每个像素在计算机中所占用存储空间也越大。一般来说,一幅256级的单通道灰度图像需要8bit(1B)来表示一个像素,大小为128像素×128像素和256像素×256像素的图像,其数据量分别为16KB和64KB。如果采用12bit表示一个像素,则两幅图像的数据量分别为96KB和384KB。

深度是指图像中每个像素点所能表示的颜色或亮度的精度,也称为色彩深度或位深度。常见的深度包括8位深度、24位深度和32位深度。8位深度的图像可以表示256种颜色,24位深度的图像(通常称为真彩色)可以表示约1 600万种颜色,32位深度的图像(如ARGB格式)则包含了透明度信息。

灰度级和深度是密切相关的概念。例如,一个灰度图像的灰度级通常与其深度相同,比如8位灰度图像有256个灰度级,对应的深度是8位。而彩色图像的深度通常比灰度图像高,因为彩色图像需要同时考虑红、绿、蓝三个通道的颜色信息。在图像处理中,选择适当的灰度级和深度取决于应用的需要和实际情况。比如,对于需要高保真度的彩色图像,通常选择24位或32位深度;对于简单的灰度分析或边缘检测,8位灰度级已经足够。

3.1.3　图像的分类

1. 按灰度级和深度分类

根据图像的灰度级和深度,可以将图像分为二值图像、灰度图像、彩色图像和高深度图像等。图3-5展示了同一内容的二值图像、灰度图像和彩色图像。

(1)二值图像。二值图像的像素点只有两个可能的灰度级别,通常是黑色(表示为0)和白色(表示为255)。在生成二值图像时,常用的方法是通过应用阈值来将灰度图像转换为二值图像。二值图像常用于图像分割、形状检测、轮廓提取等任务。由于只有两种灰度级别,处理起来相对简单,能够有效地减少处理复杂度,并突出图像中感兴趣的区域或目标。

（2）灰度图像。与二值图像不同，灰度图像的灰度级别更多，通常是 256 个灰度级（8 位灰度）。每个像素点的亮度用一个灰度值表示，范围从 0（黑色）到 255（白色）。灰度图像常用于图像处理中的灰度分析、边缘检测、直方图均衡化等任务。

（3）彩色图像。彩色图像是具有多通道的图像，最常用的是红色、绿色和蓝色三个通道（RGB）。每个通道都有自己的灰度级和深度，通常是 8 位（0～255）。彩色图像可以通过组合不同通道的灰度级来表示丰富的颜色信息，常用于视觉识别、摄影和图像处理中需要色彩信息的应用。

（4）高深度图像。高深度图像指深度超过 8 位的图像，如 16 位、32 位深度的图像。这种图像能够表示更多的颜色或灰度级别，通常用于科学计算、医学图像处理、印刷等需要高精度的颜色或亮度表达的领域。

a）二值图像　　　　　b）灰度图像　　　　　c）彩色图像

图 3-5　二值图像、灰度图像和彩色图像

2. 按图像内容分类

图像按内容分类包括自然图像、人工图像和医学图像等。

（1）自然图像是指通过摄影或摄像技术获取的自然界各种景观、生物、地貌等视觉信息的图像资料，被广泛应用于生态学、地理学、气象学、环境科学等领域的研究与教育工作，用于分析自然环境变化、研究生物多样性、探索地理特征、预测气象变化等，对于推动自然科学的发展和人类对自然的认知具有重要意义。

（2）人工图像是指通过计算机图形学、数字艺术等技术手段创造的虚拟图像或艺术作品，包括数字绘画、计算机生成的 3D 图像、合成图像等。其特点是具有高度的创意性和表现力，常用于动画制作、特效设计、游戏开发、艺术创作等领域，为人类创造出各种想象力丰富的视觉体验和艺术作品。

（3）医学图像是指通过医学影像学技术获取的人体内部结构和病变信息的数字化图像资料，包括 X 光、CT、MRI、fMOST 等各种成像技术成像，广泛应用于临床诊断、医学研究和医学教育领域。这些图像具有高分辨率、多维度、非侵入性等特点，对于深入研究人体解剖学、疾病诊断与治疗、医学影像技术的发展与创新具有重要价值。

3.2　图像的基本操作

数字图像处理是指利用计算机技术对输入的图像进行各种操作和变换，以获得特定的视觉效果或者实现特定的目标。其中，基本操作包括图像变换、灰度变换等。

图像变换是通过对图像进行缩放、旋转、翻转、裁剪和平移变换，来改变图像的形状、大小和视角。这些变换常用于图像对齐、图像融合、图像增强等应用，能够有效改善图像质量和增强图像特征。

灰度变换是数字图像处理中重要的一部分，主要利用点运算来调整图像中像素的灰度值。常见的灰度变换包括对比度调整、亮度调整、伽马校正等，通过这些变换可以改善图像的明暗对比度，增强图像的细节和轮廓。直方图均衡化是一种常用的灰度变换方法，它通过调整图像的灰度分布来增强图像的对比度和视觉效果，特别适用于处理灰度分布不均匀的图像，如过曝或欠曝图像。

这些基本操作在数字图像处理中扮演着至关重要的角色，不仅可以改善图像质量和视觉效果，还能为后续的图像分析、识别和处理提供良好的基础。因此，对这些操作有一定的了解和掌握对于数字图像处理领域的学习和应用非常有帮助。

3.2.1 图像变换

1. 图像的缩放变换

图像缩放是改变图像的尺寸大小，可以将图像放大或缩小。缩放图像通常涉及重新分配像素以适应新的尺寸。常见的图像缩放算法包括最近邻插值、双线性插值和双三次插值等，如图 3-6 所示，可以根据对缩放图像质量和计算效率需求，选择合适的插值算法。

a) 原始图像　　b) 最近邻插值　　c) 双线性插值　　d) 双三次插值

图 3-6　不同插值方法将图像放大 4 倍的结果展示

（1）最近邻插值。最近邻插值是一种简单的图像缩放算法，其原理是将目标图像中每个像素的值设为原始图像中最接近它的像素的值。具体步骤如下。

①对于每个目标图像中的像素，找到原始图像中最近的像素。

②将目标图像中的像素值设置为找到的最近像素的值。

最近邻插值算法中像素值的计算可以用式（3-1）和式（3-2）表示。

$$src_x = dst_x / scale \tag{3-1}$$

$$src_y = dst_y / scale \tag{3-2}$$

式中 src_x、src_y 表示原始图像中的坐标；dst_x、dst_y 表示放大图像中的坐标；scale 表示缩放的倍数。

图 3-6b 所示为使用最近邻插值方法将图像放大 4 倍的效果。最近邻插值法的优点是计算量很小，算法简单，运算速度较快。但它仅使用离待测采样点最近的像素的灰度值作为该采样点的灰度值，而没考虑其他相邻像素点的影响，因而重新采样后灰度值有明显的不连续性，图像质量损失较大，会产生明显的马赛克和锯齿现象。

（2）双线性插值。双线性插值是使用最多的图像缩放方法，其通过线性计算来确定所需要插入的像素值，即使原始图像中的像素是离散的，双线性插值也能够增加像素之间的连续性。这种方法克服了最近邻插值灰度值不连续的特点，运算的速度和插值效果表现都很好。

在介绍双线性插值之前，首先要了解线性插值。线性插值是指使用连接两个已知量的直线来确定在这两个已知量之间的一个未知量的值的方法。在图3-7a中，已知直线上两点坐标分别为（x_1，y_1）和（x_2，y_2），那么点x在直线上的值y可以用式（3-3）表示。

$$y = \frac{x_2 - x}{x_2 - x_1}y_2 + \frac{x - x_1}{x_2 - x_1}y_1 \tag{3-3}$$

线性插值用到两个点来确定插值，双线性插值则需要4个点。在图像上采样中，双线性插值利用4个点的像素值来确定要插值的一个像素值，其本质上还是分别在x轴和y轴方向上分别进行两次线性插值。

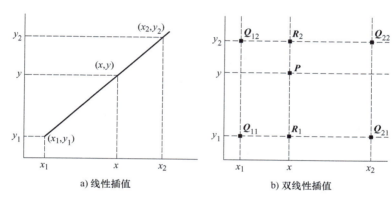

图3-7　线性插值和双线性插值示意图

在图3-7b中，Q_{11}-Q_{22}是已知数据点，点P是待插值点。假设Q_{11}为（x_1，y_1），Q_{12}为（x_1，y_2），Q_{21}为（x_2，y_1），Q_{22}为（x_2，y_2）。先在x轴方向上进行线性插值，求得R_1和R_2的值。根据线性插值公式，R_1和R_2的值可以由式（3-4）和式（3-5）计算。

$$f(R_1) = \frac{x_2 - x}{x_2 - x_1}f(Q_{21}) + \frac{x - x_1}{x_2 - x_1}f(Q_{11}) \tag{3-4}$$

$$f(R_2) = \frac{x_2 - x}{x_2 - x_1}f(Q_{22}) + \frac{x - x_1}{x_2 - x_1}f(Q_{12}) \tag{3-5}$$

得到R_1和R_2点坐标之后，便可继续在y轴方向进行线性插值。可得目标点P的插值公式为

$$f(P) = \frac{y_2 - y}{y_2 - y_1}f(R_2) + \frac{y - y_1}{y_2 - y_1}f(R_1) \tag{3-6}$$

图3-6c为使用双线性插值将图像放大4倍的效果实例，其效果要好于最近邻插值，基本克服了最近邻插值灰度值不连续的特点，因为它考虑了待测采样点周围4个直接邻点

对该采样点的相关性影响。但是，此方法仅考虑待测样点周围4个直接邻点灰度值的影响，而未考虑到各邻点间灰度值变化率的影响，因此导致缩放后图像出现一些不希望的细节柔化和锯齿效应边缘。

（3）双三次插值。与双线性插值相似，双三次插值也是通过在映射点的邻域内通过加权来得到缩放图像中的像素值。不同的是，双三次插值是通过三次多项式计算来获取插入的像素值，从而可以保留更多的图像细节，这使得双三次插值成为被广泛应用的一种高质量算法选择。

在图3-8中，假设待插点的坐标为 $P(x+u, y+v)$，其值为原图像中距离最近的16个像素点 a_{ij}（$i,j=0,1,2,3$）加权平均，各个像素点的权重由该点到待求插值点的距离确定。

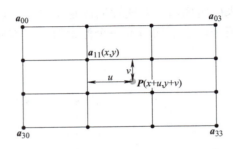

图3-8 双三次插值示意图

可以利用 BiCubic 函数来计算每个像素点的权重，如式（3-7）所示。

$$W(d) = \begin{cases} (a+2)|d|^3 - (a+3)|d|^2 + 1 & |d| \leq 1 \\ a|d|^3 - 5a|d|^2 + 8a|d| - 4a & 1 < |d| < 2 \\ 0 & |d| \geq 2 \end{cases} \quad (3-7)$$

式中，a 一般取 -0.5；d 表示水平或竖直方向上参考点到待插点的距离。例如 a_{11} 距离 $P(x+u, y+v)$ 的距离为 (u,v)，因此 a_{11} 的横坐标权重为 $W(u)$，纵坐标权重为 $W(v)$。以此类推，a_{ij} 的横坐标权重可以分别表示为 $W_{u0}=W(1+u)$，$W_{u1}=W(u)$，$W_{u2}=W(1-u)$，$W_{u3}=W(2-u)$；纵坐标权重为 $W_{v0}=W(1+v)$，$W_{v1}=W(v)$，$W_{v2}=W(1-v)$，$W_{v3}=W(2-v)$。P 点的像素值可以表示为

$$f(x+u, y+v) = \sum_{i=0}^{3}\sum_{j=0}^{3} a_{ij} \times W_{uj} \times W_{vi} \quad (3-8)$$

使用双三次插值放大4倍的效果如图3-6d所示。双三次插值不仅考虑到周围4个直接相邻像素点灰度值的影响，还考虑到它们灰度值变化率的影响。因此克服了前两种方法的不足之处，能够产生比双线性插值更平滑的边缘，计算精度很高，处理后的图像像质损失最少，效果是最佳的。在进行图像缩放处理时，应根据实际情况对3种算法做出选择，既要考虑时间方面的可行性，又要对变换后图像质量进行考虑，这样才能达到较为理想的权衡。

2. 图像的仿射变换

图像的仿射变换是一种通过线性变换和平移来改变图像形状和位置的方法。它是一

种二维坐标到二维坐标间的线性变换,保持了二维图形的"平直性"和"平行性"。任意的仿射变换都能表示成坐标乘以一个矩阵(线性变换),再加上一个向量(平移)的形式,如式(3-9)所示。

$$\begin{pmatrix} x' \\ y' \\ 1 \end{pmatrix} = \begin{pmatrix} a & b & c \\ d & e & f \\ 0 & 0 & 1 \end{pmatrix} \begin{pmatrix} x \\ y \\ 1 \end{pmatrix} \tag{3-9}$$

常见的仿射变换包括平移、旋转、缩放、剪切和翻转。这些变换可以用于许多图像处理任务,如图像校正、图像配准和图像合成等。下面是一些常见的仿射变换和它们对应的变换矩阵。

(1)图像的平移与旋转。图像的平移是指沿着图像的水平和垂直方向移动像素,通常用于调整图像的位置和对齐关系,可以将感兴趣的区域移动到合适的位置,或者进行图像对齐以便后续的图像分析和处理任务。通过构建平移矩阵并应用于图像,可以实现简单且有效的图像位置调整,从而提高图像处理和计算机视觉任务的效率和准确性。其变换公式如式(3-10)所示。

$$\begin{pmatrix} x' \\ y' \\ 1 \end{pmatrix} = \begin{pmatrix} 1 & 0 & t_x \\ 0 & 1 & t_y \\ 0 & 0 & 1 \end{pmatrix} \begin{pmatrix} x \\ y \\ 1 \end{pmatrix} \tag{3-10}$$

式中,x',y' 表示平移后新图像的像素坐标;x,y 表示原始图像的像素坐标;t_x,t_y 分别表示水平和垂直方向的平移量。

图像的旋转也是一种常见的图像处理操作,它可以改变图像的方向或角度,以适应不同的显示或处理需求。旋转可以是顺时针或逆时针的,通常以角度(度数)为单位进行描述。其变换公式如式(3-11)所示。

$$\begin{pmatrix} x' \\ y' \\ 1 \end{pmatrix} = \begin{pmatrix} \cos(\theta) & \sin(\theta) & 0 \\ -\sin(\theta) & \cos(\theta) & 0 \\ 0 & 0 & 1 \end{pmatrix} \begin{pmatrix} x \\ y \\ 1 \end{pmatrix} \tag{3-11}$$

式中,θ 表示旋转的角度。

(2)图像的缩放与剪切。图像的缩放是指按比例改变对象的大小。在二维空间中,缩放可以表示为将每个点(x, y)缩放到新的位置,然后可以使用前文中提到的插值方法,填充空白的位置的像素值。图像缩放的矩阵表达公式如式(3-12)所示。

$$\begin{pmatrix} x' \\ y' \\ 1 \end{pmatrix} = \begin{pmatrix} s_x & 0 & 0 \\ 0 & s_y & 0 \\ 0 & 0 & 1 \end{pmatrix} \begin{pmatrix} x \\ y \\ 1 \end{pmatrix} \tag{3-12}$$

式中,s_x 和 s_y 分别表示水平和垂直方向的缩放比例。

图像的剪切是指沿着某个方向对对象进行拉伸或压缩。在二维空间中,剪切可以表示为将每个点(x, y)沿着x轴或y轴方向分别移动到新的位置,其计算公式如式(3-13)所示。

$$\begin{pmatrix} x' \\ y' \\ 1 \end{pmatrix} = \begin{pmatrix} 1 & \tan\phi & 0 \\ \tan\psi & 1 & 0 \\ 0 & 0 & 1 \end{pmatrix} \begin{pmatrix} x \\ y \\ 1 \end{pmatrix} \tag{3-13}$$

（3）图像的翻转。图像的翻转是一种常见的操作，可以在水平或垂直方向上对图像进行翻转。在图像处理中，翻转操作可以通过仿射变换来实现。水平翻转（左右翻转）和垂直翻转（上下翻转）变换公式如式（3-14）和式（3-15）所示。

$$\begin{pmatrix} x' \\ y' \\ 1 \end{pmatrix} = \begin{pmatrix} -1 & 0 & 0 \\ 0 & 1 & 0 \\ 0 & 0 & 1 \end{pmatrix} \begin{pmatrix} x \\ y \\ 1 \end{pmatrix} \tag{3-14}$$

$$\begin{pmatrix} x' \\ y' \\ 1 \end{pmatrix} = \begin{pmatrix} 1 & 0 & 0 \\ 0 & -1 & 0 \\ 0 & 0 & 1 \end{pmatrix} \begin{pmatrix} x \\ y \\ 1 \end{pmatrix} \tag{3-15}$$

3. 图像的透视变换

图像透视变换的本质是将图像投影到一个新的视平面，用于校正图像的透视畸变或创建虚拟视角。透视变换可以通过一个 3×3 的透视变换矩阵 M 来描述，其中 M 的每一列代表新坐标系中的一个基向量。透视变换的公式如式（3-16）所示。

$$\begin{pmatrix} x' \\ y' \\ w' \end{pmatrix} = \begin{pmatrix} m_{11} & m_{12} & m_{13} \\ m_{21} & m_{22} & m_{23} \\ m_{31} & m_{32} & m_{33} \end{pmatrix} \begin{pmatrix} u \\ v \\ w \end{pmatrix} \tag{3-16}$$

式中，(u,v) 是原始图像中的坐标；m_{ij} 是透视变换矩阵 M 的元素，其中 $\begin{pmatrix} m_{11} & m_{12} \\ m_{21} & m_{22} \end{pmatrix}$ 表示线性变换，$(m_{31} \quad m_{32})$ 表示平移，$(m_{13} \quad m_{23})^T$ 用于产生透视变换，m_{33} 通常情况下可设为1。变换后的图像坐标 (x,y) 可以通过 (x',y') 除以 w' 得到，即 $(x,y) = (x'/w', y'/w')$。

在实际应用中，可以通过透视变换来校正畸变的图像。首先需要解出变换矩阵 M。通过上述描述可知，通常求解 M 只需要解出8个未知数，所以只需要找到4组映射点（透视变换前后的对应点）即可。得到 M 后，将原始图像与 M 的逆矩阵相乘，就可以得到校正后的图像。

图像的仿射变换和透视变换都可以表示为矩阵乘法形式，即使用一个变换矩阵来描述从原始图像到目标图像的映射关系，两者都不会改变图像中的像素值，只是对图像的坐标进行变换，从而改变了图像的形状、大小或者位置，图 3-9 为不同图像变换的效果图展示。仿射变换主要用于校正图像的平移、旋转、缩放、剪切和翻转等几何变换，常见于图像配准、纹理映射等领域。透视变换主要用于处理三维场景的投影到二维图像平面上，常见于全景图像拼接、摄像头校正、增强现实等领域。

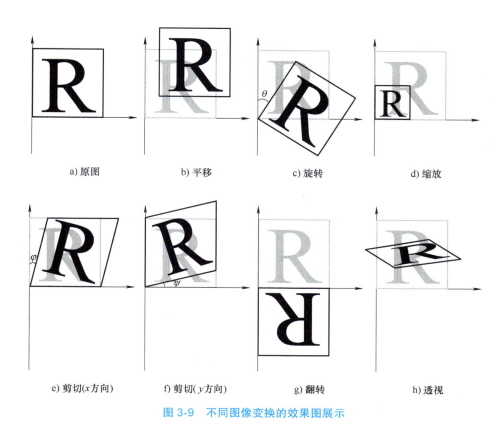

图 3-9 不同图像变换的效果图展示

3.2.2 灰度变换

灰度变换是指对图像的灰度级别进行变换，从而改变图像的对比度、亮度或者其他视觉特征的过程。灰度变换通常用于图像增强、色彩转换或者图像分析等领域。常见的灰度变换包括线性灰度变换和非线性灰度变换。

1. 线性灰度变换

线性灰度变换是一种简单且有效的图像处理技术，通过线性函数对图像的灰度级进行变换，常用于调整图像的对比度和亮度。这种变换可以分为灰度拉伸、灰度压缩和灰度反转三种基本形式。

（1）灰度拉伸与压缩。灰度拉伸与压缩是最常见的线性灰度变换之一，它通过线性函数将图像的原始灰度范围映射到更大或更小的范围内。具体而言，设原始图像灰度范围为 $[a,b]$，目标范围为 $[c,d]$，则灰度拉伸与压缩的数学表达式可以表示为

$$g(x,y) = \frac{(d-c)}{(b-a)}[f(x,y) - a] + c \tag{3-17}$$

式中，$f(x,y)$ 是原始图像的灰度值；$g(x,y)$ 是变换后的灰度值。

灰度拉伸会将原始的灰度范围映射到更大的范围内，用于调整图像的对比度，使得

图像中的细节更加明显。将原图的灰度范围从 [73,244] 拉伸到 [0,255] 后，图像细节变得更加明显，如图 3-10b 所示。灰度压缩则相反，会将原始的灰度范围映射到更小的范围内，用于调整图像的亮度范围，使得图像更加明亮或更加暗淡。将原图的灰度范围从 [73,224] 压缩到 [90,180] 后，图像的亮度明显增加，如图 3-10c 所示。

（2）灰度反转。灰度反转也是一种简单的线性灰度变换技术，通过将图像的灰度级取反来实现。这意味着较暗的像素变得更亮，而较亮的像素变得更暗。例如，在一张黑白图像中，灰度值越高的区域会变得更暗，而灰度值越低的区域会变得更亮。这种变换可以增强图像的对比度，使得图像中的细节更加清晰突出，常用于图像增强、特效处理以及一些特定的图像分析任务，其数学表达式为

$$g(x,y) = L - 1 - f(x,y) \tag{3-18}$$

式中，$f(x,y)$ 表示原始图像灰度值；$g(x,y)$ 表示变换后的灰度值；L 是图像的最大灰度级，通常为 256（对于 8 位灰度图像）或者 65 536（对于 16 位灰度图像）。灰度反转效果如图 3-10d 所示，对比于原图，图像的部分轮廓和细节明显增强。

a) 原图　　b) 灰度拉伸　　c) 灰度压缩　　d) 灰度反转

图 3-10　不同线性灰度变换效果示意图

2. 非线性灰度变换

非线性灰度变换是一种通过非线性函数对图像的灰度值进行变换的方法，常用于调整图像的对比度、亮度和色调等特征。这种变换不同于线性灰度变换，它的变换函数不是简单的线性关系，而是使用非线性函数进行变换。以下是一些常见的非线性灰度变换方法。

（1）对数变换。对数变换是一种常见的非线性灰度变换方法，通过对数函数对图像的灰度值进行变换。对数变换能够扩展图像中较暗区域的对比度，使得细节更加清晰可见，适用于一些暗部细节丰富的图像处理任务，其数学表达式如式（3-19）所示。

$$g(x,y) = c \cdot \log(1 + f(x,y)) \tag{3-19}$$

式中，$f(x,y)$ 表示原始图像的灰度值；$g(x,y)$ 表示变换后的灰度值；c 是一个常数，用于调整变换幅度。图 3-11b 所示为对数变换后的图像，整体图像变得更亮，使得图像中原本难以区分的细节变得更加明显。

（2）幂律变换。幂律变换是一种通过幂律函数对图像的灰度值进行变换的方法。这种变换可以调整图像的亮度分布，增强或减弱特定灰度级的对比度，常用于增强图像的局部对比度或者调整图像的整体亮度和暗度，其数学表达式如式（3-20）所示。

$$g(x,y) = c[f(x,y)]^{\gamma} \tag{3-20}$$

式中，$f(x,y)$ 表示原始图像的灰度值；$g(x,y)$ 表示变换后的灰度值；c 和 γ 是常数，γ 控制变换的斜率，c 用于调整变换的幅度。对比原图，幂律变换后的图像的整体对比度升高了，如图 3-11c 所示。

（3）S 形曲线变换。S 形曲线变换是一种通过 S 形曲线函数对图像的灰度值进行变换的方法。这种变换可以调整图像的对比度和亮度分布，常用于调整图像的整体色调和对比度。S 形曲线变换可以使用不同的 S 形曲线函数，如式（3-21）所示。

$$g(x,y) = \frac{1}{1+e^{-c(f(x,y)-b)}} \tag{3-21}$$

式中，$f(x,y)$ 表示原始图像的灰度值；$g(x,y)$ 表示变换后的灰度值；c 和 b 是常数，用于调整曲线的形状和位置。S 形曲线变换后，图像的对比度被拉伸了，使中间灰度值区域的对比度得到显著提升，同时压缩极端灰度值（即非常亮和非常暗的区域），形成对比度更高的图像，如图 3-11d 所示。

a) 原图　　b) 对数变换　　c) 幂律变换　　d) S形曲线变换

图 3-11　不同非线性灰度变换效果示意图

3.3　图像的滤波和增强

图像的滤波和增强是图像处理中常见的操作，用于改善图像质量或突出图像中的特定信息。图像滤波通过在图像上应用各种滤波器来改变图像的外观和特征，是图像预处理中不可缺少的操作，其处理效果的好坏直接影响到后续图像处理和分析的有效性和可靠性。图像增强是指通过各种算法和技术，改善或提高数字图像的质量、清晰度、对比度、亮度、颜色等方面的处理过程，从而使图像更易于观察和分析。

3.3.1　图像的滤波

图像滤波包括空间域滤波和频域滤波，其主要目的是消除图像中混入的噪声，以及为进一步图像处理抽取出图像特征。本节主要介绍空间域滤波，其通过在图像上应用各种滤波器来改变图像的外观和特征。空间域滤波又可分为线性滤波和非线性滤波，常用的线性滤波有均值滤波和高斯滤波；常用的非线性滤波有中值滤波和双边滤波。

1. 均值滤波

均值滤波是将目标像素替换为邻域内像素的平均值，计算简单，易于实现，通常用于平滑图像和降低噪声。

下面以 3×3 的滤波器为例，介绍均值滤波的过程。如图 3-12 所示，均值滤波是将 P_5

点的像素值替换为灰色区域所有像素的平均值，可表示为

$$P_5 = \frac{1}{9}\sum_{i=1}^{9} P_i \tag{3-22}$$

从图 3-12 中可以看出，均值滤波减小了像素值直接的差距，从而能够有效地降低噪声，但是图像去噪的同时破坏了图像的细节部分，从而使图像变得模糊。

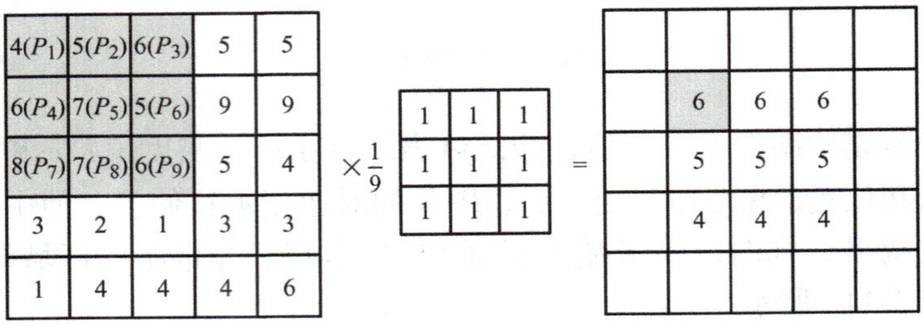

图 3-12　均值滤波计算示意图

2. 高斯滤波

高斯滤波（Gauss Filter）基于二维高斯核函数。用一个模板（或称卷积、掩膜）扫描图像中的每一个像素，用模板确定的邻域内像素的加权平均灰度值去替代模板中心像素点的值。高斯滤波主要用来去除高斯噪声。

假设模板的大小为 $(2k+1)\times(2k+1)$，模板中各个元素的值的计算公式如式（3-23）。

$$H_{i,j} = \frac{1}{2\pi\sigma^2} e^{-\frac{(i-k-1)^2+(j-k-1)^2}{2\sigma^2}} \tag{3-23}$$

式中，σ 表示高斯分布的标准差 σ，代表着数据的离散程度。如果 σ 较小，那么生成的模板的中心系数较大，而周围的系数较小，这样对图像的平滑效果就不是很明显；反之，σ 较大，则生成的模板的各个系数相差就不是很大，比较类似均值模板，对图像的平滑效果比较明显。高斯滤波具有在保持细节的条件下进行噪声滤波的能力，因此广泛应用于图像降噪中，但其效率比均值滤波低。

3. 中值滤波

与均值滤波和高斯滤波不同，中值滤波是一种常用的非线性滤波器，也是一种统计排序滤波器。它将像素的值替换为邻域像素的中值，让周围的像素值接近真实值，从而消除孤立的噪声点。

中值滤波可以有效地去除椒盐噪声和斑点噪声，因为这些噪声会将像素值偏离其真实值。中值滤波可以取到所有像素值中的中间值，因此可以排除这些偏离值的干扰，保留图像的细节信息。但相比于均值滤波，中值滤波的计算成本较高，特别是在处理大图像和大窗口时需要大量计算资源，如图 3-13 所示。

4. 双边滤波

上述的滤波方法在对图像进行处理时容易模糊图像的边缘细节，对于高频细节的保护效果并不明显。相比较而言，双边滤波（Bilateral filter）可以很好地保护边缘，即去噪的

同时保护图像的边缘特性。

4(P_1)	5(P_2)	6(P_3)	5	5
6(P_4)	7(P_5)	5(P_6)	9	9
8(P_7)	7(P_8)	6(P_9)	5	4
3	2	1	3	3
1	4	4	4	6

中值滤波 →

	6	6	5	
	6	5	5	
	4	4	4	

图 3-13　中值滤波结果展示

双边滤波是一种非线性的滤波方法，是结合图像的空间邻近度和像素值相似度的一种折衷处理，同时考虑空域信息和灰度相似性，达到保边去噪的目的。它具有简单、非迭代、局部的特点，如图 3-14 所示。

a) 原图　b) 均值滤波　c) 中值滤波

d) 高斯滤波(σ=5)　e) 高斯滤波(σ=10)　f) 双边滤波

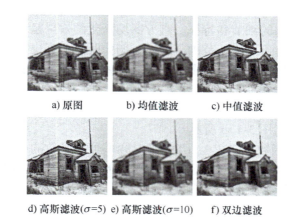

图 3-14　不同滤波算法效果展示

双边滤波器之所以能够做到在平滑去噪的同时还能够很好地保存边缘，是由于其滤波器的核由两个函数生成：空间域核和值域核。空间域核是由像素位置的欧几里得度量来决定模板的对应位置的权值 w_d，其模板中每个元素的值可以表示为

$$w_d(i,j,k,l)=\exp\left(-\frac{(i-k)^2-(j-l)^2}{2\sigma_d^2}\right) \tag{3-24}$$

式中，(i,j) 为模板中元素的坐标；(k,l) 为模板窗口的中心坐标点。

值域核是由像素值的差值来决定模板的权值 w_r，其可表示为

$$w_r(i,j,k,l)=\exp\left(-\frac{\|f(i,j)-f(k,l)\|}{2\sigma_r^2}\right) \tag{3-25}$$

式中，$f(i,j)$ 表示图像在点 (i,j) 处的像素值。

最后，将上述两个模板相乘就得到了双边滤波器的模板权值。

3.3.2 图像的增强

图像增强是指通过各种算法和技术，改善或提高数字图像的质量、清晰度、对比度、亮度、颜色等方面的处理过程。它可以通过调整图像的像素值来改善图像的可视化效果，使图像更易于观察和分析。图像增强广泛应用于医学影像诊断、监控、遥感、数字图像处理等领域。常见的图像增强方法包括灰度变换、直方图均衡化、滤波、锐化、颜色增强等。灰度变换和滤波技术已经在前文中介绍过了，本节将重点介绍直方图均衡化。

图像灰度直方图用于反映图像中各个灰度级别的分布情况，横坐标代表图像的灰度级，纵坐标代表每一灰度值在图像中出现的次数或者频率。通过观察直方图，可以了解图像的亮度分布情况，从而对图像进行分析和处理。直方图的分布范围越广，表示图像的对比度越高；反之，分布范围越窄，则对比度越低。通过分析直方图，可以为图像处理算法提供重要的信息，例如用于图像增强、分割、压缩等。

直方图均衡化旨在提高图像的对比度和视觉效果。该方法通过重新分配图像的灰度级别，使得图像的直方图变得更加均匀，以此来调节图像亮度、增强动态范围偏小的图像的对比度，从而增强图像中的细节和特征。直方图均衡化的效果是使图像原本分布集中的像素值，均衡地分布到所有可取值的范围。这样，图像既有明亮也有灰暗，对比度和亮度就得到了改善，本质上是根据直方图对图像进行线性或非线性灰度变换。

直方图均衡化的步骤如下：

（1）统计原始图像的直方图。对原始图像（图 3-15a）计算其灰度直方图，统计各个灰度级别的像素数量，如图 3-15b 所示。

（2）计算累积分布函数（CDF）。CDF 是对频率分布函数的积分，它表示每个像素值在原始图像中出现的概率。CDF 可以通过对频率分布函数进行累加计算得到。对于一个灰度值 i，CDF 的计算公式如式（3-26）。

$$\mathrm{CDF}(i) = \sum_{j=0}^{i} P(j) \tag{3-26}$$

式中，$P(j)$ 表示灰度值为 j 的像素在图像中出现的频率。

（3）计算灰度映射函数。将 CDF 进行线性拉伸，映射到期望的灰度级别范围内，从而得到一个灰度级别的映射函数。这个映射函数可以通过式（3-27）计算。

$$H(i) = \mathrm{Round}\left(\frac{\mathrm{CDF}(i) - \mathrm{CDF}(i_{\min})}{M \times N - 1} \times (L-1)\right) \tag{3-27}$$

式中，$H(i)$ 表示映射后的像素值；M 和 N 分别表示图像的宽度和高度；L 表示图像灰度级的范围；$i_{\min}$ 表示原始图像中的最小像素值。图 3-15b 所示的直方图经过映射后得到的直方图，如图 3-15d 所示。

（4）生成均衡化后的图像。使用映射函数将原始图像中的每个像素的灰度级别映射到新的灰度级别上，从而得到均衡化后的图像，如图 3-15c 所示。

尽管直方图均衡化是一种简单且有效的图像增强算法，但它也存在一些缺陷。首先，直方图均衡化是一种全局变换方法，它将整个图像的直方图都变成了均匀分布的直方图，这可能会导致一些像素值的细节信息丢失或被模糊化。其次，直方图均衡化的映射函数是非线性的，这意味着它会改变像素值之间的距离，从而可能导致一些图像特征的失真。除此之外，直方图均衡化的计算复杂度较高，且对噪声敏感。因此，在实际应用中，直方图均衡化算法可能需要结合其他方法进行优化或改进。

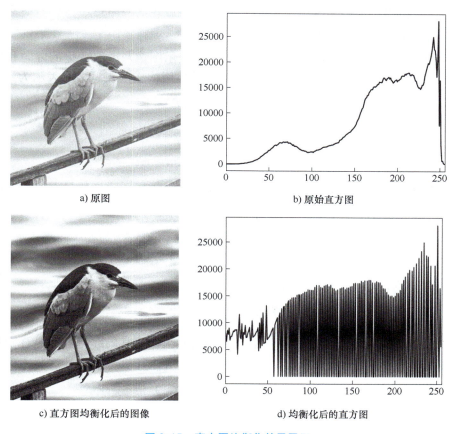

图 3-15 直方图均衡化效果展示

3.4 图像的检测与分割

3.4.1 图像的检测

图像检测是计算机视觉领域中常见的特征检测任务，用于识别图像中的结构信息，如边缘、角点、直线段、圆、孔等，对图像分析有重要作用。边缘是图像中灰度变化较大的地方，通常表示物体的边界或纹理的变化，因此可以通过计算图像中像素值的梯度或二阶导数来寻找边缘。常用的边缘检测算法包括 Canny 边缘检测、Sobel 算子、Laplacian 算子等。角点是图像中具有明显角度变化的位置，通常表示物体的角落或拐点。角点检测算法通过计算图像中像素局部区域的灰度变化来定位角点。常用的角点检测算法包括 Harris 角点检测、SIFT 角点检测等。除此之外，图像中还有一些特殊的形状结构，如圆、椭圆和孔等，这些结构可以通过霍夫变换（Hough Transform）来检测，即通过在参数空间中累加圆心和半径的可能组合来检测圆。

这些特征检测方法在计算机视觉中有广泛的应用。边缘检测常用于图像分割、边缘提取等任务；角点检测可用于图像配准、物体跟踪等；圆检测常用于目标检测、图像分析等。这些方法可以单独使用，也可以结合其他计算机视觉算法进行更复杂的任务。

1. 图像梯度的概念

图像梯度是图像处理中的一个重要概念，用于表示图像灰度值变化的方向和速率。对于连续函数 $f(x,y)$，其梯度 $G(x,y)$ 是由其一阶偏导数所构成的矢量，可表示为

$$G(x,y) = \begin{pmatrix} f'_x \\ f'_y \end{pmatrix} = \begin{pmatrix} \dfrac{\partial f}{\partial x} \\ \dfrac{\partial f}{\partial y} \end{pmatrix} \tag{3-28}$$

梯度包括两个部分：方向和幅值。函数的梯度方向为其一阶导数最大值的方向，即其函数变化最快的方向，可表示为

$$\theta(x,y) = \arctan\left(\frac{f'_x}{f'_y}\right) \tag{3-29}$$

幅值表示函数在该方向上的最大变化率，即

$$|G(x,y)| = \sqrt{f'^2_x + f'^2_y} \tag{3-30}$$

对于二维图像 $f(x,y)$，可以看做一个二元的离散函数，其局部特性的显著变化也同样可以用梯度来检测。对于离散函数，可以使用差分运算来计算梯度，计算公式如下：

$$\nabla f_x = f(x+1,y) - f(x,y) \tag{3-31}$$

$$\nabla f_y = f(x,y+1) - f(x,y) \tag{3-32}$$

对于图像而言，梯度的幅值表示图像中的亮度变化强度，而梯度的方向表示亮度变化的方向。图像边缘部分两侧灰度值相差较大，即梯度值较大，由此可以使用图像的梯度来体现图像的边缘信息，梯度的幅值反映了边缘的强度，梯度的方向反映了边缘的方向。

2. 一阶微分算子锐化与边缘检测

图像边缘（Edge）是图像最基本的特征之一，指图像中像素灰度有阶跃变化或屋顶状变化的那些像素的集合，包括灰度级的突变、颜色的突变、纹理结构的突变等。图 3-16a 所示是一个理想边缘图像，图 3-16b 是其水平扫描线的灰度分布函数，可以看到在边缘处灰度值发生了突变。

边缘存在于目标与背景以及目标与目标之间，与图像亮度或图像亮度的一阶导数的不连续性有关，可以提供图像中丰富的语义与形状信息。边缘检测在机器视觉和图像处理中具有十分重要的作用。

边缘有方向和幅度两个特性，通常沿边缘走向的幅度变化较平缓，而垂直于边缘走向的幅度变化较剧烈。如图 3-16c 所示，边缘处的一阶导数会出现极值，极值的正或负表示边缘

处是由暗变亮还是由亮变暗。利用这两个特性，可以使用一阶微分算子来检测图像边缘。

a) 理想边缘　b) 水平扫描线的灰度分布函数　c) 灰度分布函数的一阶导数

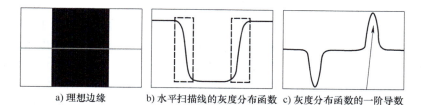

图 3-16　理想边缘及其灰度分布特征

（1）水平微分算子和垂直微分算子。由上述内容可以引出水平微分算子［式（3-33）］和垂直微分算子［式（3-34）］，从水平和垂直两个方向上来提取边缘信息。

$$\frac{\partial f}{\partial x}=f(x+1,y)-f(x,y) \tag{3-33}$$

$$\frac{\partial f}{\partial y}=f(x,y+1)-f(x,y) \tag{3-34}$$

水平微分算子和垂直微分算子可以获得图像在水平以及垂直方向上的变化率，它们也可用卷积模板表示，如图 3-17 所示。所有的这些导数运算都可以通过相应的卷积模板对图像进行滤波操作来实现。

a) 水平微分算子　b) 垂直微分算子　c) 3×3的图像块(*a*项为灰度值)

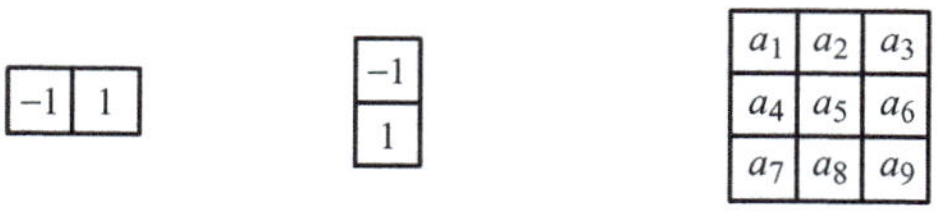

图 3-17　微分算子及 3×3 的图像块示例

（2）Roberts 算子。Roberts 算子是一种利用局部差分算子寻找边缘的算子，由 Roberts 于 1965 年提出。它是一个 2×2 的梯度算子，为计算梯度幅值提供了一种简单的近似方法，其数学表达式为

$$g(x,y)=|f(x,y)-f(x+1,y+1)|+|f(x,y+1)-f(x+1,y)| \tag{3-35}$$

与水平微分算子和垂直微分算子类似，其可以表示为卷积模板的形式，如图 3-18 所示。

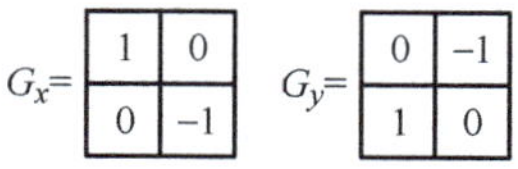

图 3-18　Roberts 算子卷积模板

将 Roberts 算子沿水平和垂直两个方向分解，可得到

$$g_x=a_5-a_9$$

$$g_y=a_8-a_6 \tag{3-36}$$

$$g(x,y)=|g_x|+|g_y|$$

由此可以看出 Roberts 算子具有对角优势，能够较好地增强对角线方向的边缘，即当图像边缘方向接近于 45° 或 135° 时，该算法处理效果更理想。

但 Roberts 算子通常会在图像边缘附近的区域内产生较宽的响应，且对噪声敏感，所以采用 Roberts 算子检测的边缘图像常需要细化处理，且边缘定位的精度不高。

（3）Prewitt 算子。为在锐化边缘的同时减少噪声的影响，Prewitt 于 1970 年提出了 Prewitt 算子。其从加大边缘增强算子的模板大小出发，将算子模板大小从 2×2 扩大到 3×3，这样的模板考虑了中心点对称数据的性质，并携带更多有关于边缘方向的信息，其卷积模板如图 3-19a 所示，所以其数学表达式如下：

$$\begin{cases} g_x = (a_7 + a_8 + a_9) - (a_1 + a_2 + a_3) \\ g_y = (a_1 + a_4 + a_7) - (a_3 + a_6 + a_9) \end{cases} \tag{3-37}$$

相较于 Roberts 算子，Prewitt 算子的边缘检测结果在水平方向和垂直方向均更加明显，且由于 Prewitt 算子对图像进行平均滤波，所以对于噪声具有一定的抑制作用。

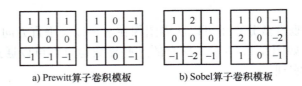

a) Prewitt 算子卷积模板　　b) Sobel 算子卷积模板

图 3-19　Prewitt 算子和 Sobel 算子卷积模板示意图

（4）Sobel 算子。Sobel 边缘算子也是边缘检测中常用的算法之一，由 Sobel 于 1970 年提出，其卷积模板如图 3-19b 所示。Sobel 算子的数学表达式（3-38）与 Prewitt 算子基本相同，只是在中心像素点上加了一个权值 2，从而使得算子把重点放在接近于模板中心的像素点。

$$\begin{cases} g_x = (a_7 + 2a_8 + a_9) - (a_1 + 2a_2 + a_3) \\ g_y = (a_1 + 2a_4 + a_7) - (a_3 + 2a_6 + a_9) \end{cases} \tag{3-38}$$

Sobel 算子在 Prewitt 算子的基础上增加了权重的概念，使用加权平均滤波来更好地抑制噪声，认为相邻点的距离远近对当前像素点的影响是不同的，距离越近的像素点对应当前像素的影响越大，从而实现图像锐化并突出边缘轮廓。

（5）Kirsch 算子。Kirsch 算子是 Kirsch 于 1971 年提出来的，它是一种用于检测图像边缘的算法，是一种非线性边缘检测器。相较于 Sobel 算子和 Prewitt 算子只计算垂直和水平两个方向的梯度值 g_x 与 g_y，Kirsch 算子使用 8 个卷积模板（图 3-20）在 8 个特定方向上找到最大边缘强度，所有模板响应中的最大值作为边缘幅度图像的输出，最大响应模板的序号作为边缘方向的编码。

Kirsch 算子的数学表达式为

$$g(x, y) = \max(|g_1|, |g_2|, |g_3|, |g_4|, |g_5|, |g_6|, |g_7|, |g_8|) \tag{3-39}$$

式中，g_i 为图像块与 M_i（$i=1,2,3,4,5,6,7,8$）的卷积，表示图像在该方向上的响应值，最大响应所对应的标号 i 表示该点的边缘方向。由上述内容可知，Kirsch 算子在计算边缘强度的同时可以得到边缘的方向，且各方向之间的夹角均为 45°。

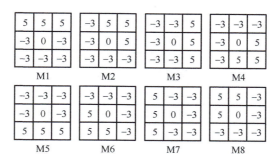

图 3-20　Kirsch 算子卷积模板

图 3-21 为使用不同的算子对同一幅图进行边缘提取的结果展示。除了 Roberts 算子是 2×2 算子，其他三个算子都是 3×3 算子。从图 3-21 中可以看出，Roberts 算子在陡峭的边缘处响应最好，但容易受噪声的影响。其他的算子在图像灰度变化缓慢和噪声较多的区域效果要优于 Roberts 算子。

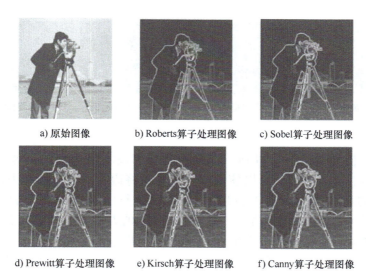

图 3-21　不同算子提取图像边缘的效果展示

3. Canny 边缘检测算法

使用上述一阶微分算子来提取边缘图像虽然原理简单，易于实现，但是在实际图像信号中存在噪声，直接使用上述一阶微分算子提取的边缘图像中会存在由噪声引起的伪边缘点。为解决这个问题，下面介绍 Canny 边缘检测算法，其先对图像进行平滑滤波去除噪声，然后使用一阶微分算子提取边缘图像。

首先，对于原始图像 $f(x,y)$，选择一个滤波算子 $h(x,y)$ 对其进行滤波操作，得到去噪后的图像 $g(x,y)$，可表示为

$$g(x,y) = f(x,y) \otimes h(x,y) \tag{3-40}$$

通常情况下，使用高斯滤波器对原始图像进行滤波操作，来抑制图像噪声。一个 5×5 的高斯滤波器模板如图 3-22 所示。

$$G = \begin{bmatrix} 0.0030 & 0.0133 & 0.0219 & 0.0133 & 0.0030 \\ 0.0133 & 0.0596 & 0.0983 & 0.0596 & 0.0133 \\ 0.0219 & 0.0983 & 0.1621 & 0.0983 & 0.0219 \\ 0.0133 & 0.0596 & 0.0983 & 0.0596 & 0.0133 \\ 0.0030 & 0.0133 & 0.0219 & 0.0133 & 0.0030 \end{bmatrix}$$

图 3-22 高斯滤波器模板

然后，使用 Sobel 算子提取边缘图像。经过滤波操作之后，虽然能够在一定程度上抑制噪声，但会使图像变得模糊，从而导致提取的边缘具有一定的宽度，如图 3-23b 所示。为此，对边缘图像进行非极大值抑制（Non-Maximum Suppression，NMS）来使得边缘变细。这种方法的思想是保留局部最大值，抑制其他值。在 Canny 边缘检测算法中，对于边缘图像沿着梯度方向（垂直于边缘方向）对幅值进行非极大值抑制，比较邻接像素的梯度幅值，并除去比邻域处小的梯度幅值，从而使边缘变细，如图 3-23c 所示。

a) 原始图像　　b) Sobel 算子提取边缘图像　c) 非极大值抑制图像　　d) 边缘连接图像

图 3-23　Canny 边缘检测算法效果展示

完成非极大值抑制后，会得到一个以梯度局部极小值构成的图像，在图像上显示的就是有许多离散的点，因此可以使用双阈值算法将边缘的点连接起来，同时去除孤立的噪声点产生的假边缘，如图 3-23d 所示。双阈值算法设置了两个阈值 TL 与 TH，且 $TH \approx 2TL$，对于每一个边缘像素存在三种情况，像素值大于 TH，则确定为边缘像素；像素值小于 TL，则抛弃该点；当像素值在两者之间时，判断该像素邻域内是否存在边界，若存在，则保留该点，反之则抛弃该点。综上，Canny 边缘检测算法可以归纳为以下四个步骤。

（1）用高斯滤波器平滑图像。
（2）用一阶偏导的有限差分来计算梯度的幅值和方向。
（3）对梯度幅值进行非极大值抑制。
（4）用双阈值算法检测和连接边缘。

4. 二阶微分算子

使用一阶微分算子提取边缘，首先是利用一阶微分算子计算图像梯度，然后设定一个阈值，将高于阈值的点看做边缘，这会导致边缘点不唯一，如图 3-24 所示。由前面的叙述可知，边缘点是一阶导数的局部最大值，其二阶导数为零。对于图像的阶跃边缘，其边缘点两旁的二阶导数异号，即零交叉现象（zero crossing），于是可以通过这一个特性，使用二阶微分算子，进一步精确提取图像边缘。

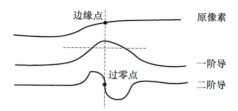

图 3-24 边缘灰度变化及其导数

（1）Laplacian 算子。Laplacian 算子是一种二阶导数算子，且具有旋转不变性，可以满足不同方向的图像边缘检测的要求，是图像处理中常用的一种边缘检测和特征增强算子。对于一个连续的二元函数 $f(x,y)$，其 Laplacian 运算定义为

$$\nabla^2 f(x,y) = \frac{\partial^2}{\partial x^2} f(x,y) + \frac{\partial^2}{\partial y^2} f(x,y) \tag{3-41}$$

其表示 x 方向与 y 方向的二阶导数之和。对于离散图像 $f(x,y)$，可以用差分的形式来实现 Laplacian 运算：

$$\nabla^2 f[i,j] = f[i+1,j] + f[i-1,j] + f[i,j+1] + f[i,j-1] - 4f[i,j] \tag{3-42}$$

与一阶微分算子类似，二阶微分算子也可以用模板表示。Laplacian 算子常用模板如图 3-25 所示。通过模板可以发现，当邻域内像素灰度相同时，模板的卷积运算结果为 0；当中心像素灰度高于邻域内其他像素的平均灰度时，模板的卷积运算结果为正数；当中心像素的灰度低于邻域内其他像素的平均灰度时，模板的卷积运算结果为负数。由此，当图像与 Laplacian 算子模板进行卷积操作后，输出的图像出现过零点时就表明有边缘存在。

图 3-25 Laplacian 算子常用模板

需要注意的是，边缘过零点而不是零点，这要求边缘点两旁的 Laplacian 响应值异号，如图 3-26 所示。其中，图 3-26c 经过 Laplacian 算子处理后，结果中包含零点，但显然不是边缘。而对于阶跃边缘可以用其左侧或者右侧像素值来表示。

Laplacian 算子具有各向同性、线性以及位移不变性，对于图像中的阶跃边缘的检测具有较高的精确度。但是其对噪声非常敏感，且会丢失边缘方向信息，常产生双像素边缘，所以使用时，通常需要先进行去噪处理。

（2）LoG 算子。基于上述 Laplacian 算子对噪声敏感的缺点，Marr 和 Hildreth 于 1980 年将 Laplacian 算子与高斯低通滤波相结合，提出了 LoG 算子，并证明了其能够在任意尺寸上起作用。LoG 算子的表达式如下：

$$\nabla^2 \boldsymbol{G}(x,y)=\left[\frac{x^2+y^2-2\sigma^2}{\sigma^4}\right]e^{-\frac{x^2+y^2}{2\sigma^2}} \tag{3-43}$$

1	1	1	4	7	7	7
1	1	1	4	7	7	7
1	1	1	4	7	7	7
1	1	1	4	7	7	7
1	1	1	4	7	7	7

a) 包含垂直斜坡边缘图像

1	1	1	7	7	7
1	1	1	7	7	7
1	1	1	7	7	7
1	1	1	7	7	7
1	1	1	7	7	7

b) 包含垂直阶跃边缘图像

1	1	1	1	1	1
1	1	1	1	1	1
1	1	1	1	1	1
1	1	1	1	1	1
1	1	1	1	1	1

c) 不包含边缘的图像

0	4	0	−3	0
0	4	0	−3	0
0	4	0	−3	0

d) 垂直斜坡边缘图像

0	6		−6	0
0	6		−6	0
0	6		−6	0

e) 垂直阶跃边缘图像

0	0	0	0	0
0	0	0	0	0
0	0	0	0	0

f) 处理不包含边缘的图像

图 3-26　Laplacian 算子提取垂直边缘图像

LoG 算子的过零点出现在 $x^2+y^2=\sigma^2$ 处，其为一个圆心位于原点，半径为 $\sqrt{2}\sigma$ 的圆，如图 3-27 所示。LoG 算子的近似模板如图 3-27d 所示，在实际操作中常使用其的负模板。

值得注意的是，LoG 算子的高斯部分会模糊图像从而消除噪声，其中 σ 是一个尺度参数，其值越大，去除噪声的效果越好，图像越模糊，边缘位置精度降低；反之，边缘位置精度提高，但噪声增多。

由卷积的性质式（3-44），在使用 LoG 算子进行计算时，可以先对图像使用高斯滤波器，然后将平滑的结果与 Laplacian 算子进行卷积计算，得到最终的边缘图像。

$$g(x,y)=[\nabla^2 \boldsymbol{G}(x,y)\otimes f(x,y)]=\nabla^2[\boldsymbol{G}(x,y)\otimes f(x,y)] \tag{3-44}$$

综上所述，实现 LoG 算子的主要步骤归纳如下：

①对图像进行高斯滤波。

②使用 Laplacian 算子对滤波后的图像进行卷积计算。

③将②所得图像的零交叉点作为边缘。

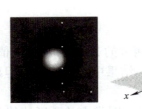

a) 真实图像的负LoG图　b) 负LoG三维函数模型　c) 图3-27b的截面图

0	0	−1	0	0
0	−1	−2	−1	0
−1	−2	16	−2	−1
0	−1	−2	−1	0
0	0	−1	0	0

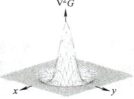

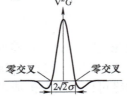

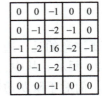

d) LoG算子的近似模板

图 3-27　LoG 算子示意图

（3）DoG 算子。在实际中，LoG 算子常用高斯差分（DoG）来近似计算，通过两次高斯平滑的结果相减来近似 LoG 的效果，如下所示。

$$\mathrm{DoG}(x,y)=\boldsymbol{G}(x,y,\sigma_1)-\boldsymbol{G}(x,y,\sigma_2)=\frac{1}{2\pi\sigma_1^2}e^{-\frac{x^2+y^2}{2\sigma_1^2}}-\frac{1}{2\pi\sigma_2^2}e^{-\frac{x^2+y^2}{2\sigma_2^2}} \tag{3-45}$$

其中 $\sigma_1 > \sigma_2$。通常情况下，取两者的比值为 1.75 或者 1.6，前者比较契合人的视觉系统，后者是对 LoG 函数更接近"工程"的近似，可以更好地保持一些基本特性。

图 3-28 为分别使用 LoG 与 DoG 对图像操作得到的结果。在对 LoG 与 DoG 进行对比时，应使两者具有相同的零交叉，故 LoG 中的 σ 应满足式（3-46）。因此，在图 3-28 中，LoG 与 DoG 两者过零点相同，只是幅度大小不同。

$$\sigma^2 = \frac{\sigma_1^2 \sigma_2^2}{\sigma_1^2 - \sigma_2^2} \ln\left(\frac{\sigma_1^2}{\sigma_2^2}\right) \tag{3-46}$$

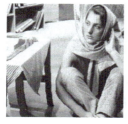  

a) 原图　　　b) LoG 算子提取的边缘图像　　　c) DoG 算子提取的边缘图像

图 3-28　LoG 与 DoG 对图像操作得到的结果

5. 角点的概念与检测

图像中的角点（也称为拐点）是重要的图像特征，是指图像中具有高曲率的点。它是由景物目标边缘曲率较大的地方或两条、多条边缘的交点所形成。角点检测也是获取图像特征的一种重要方法。角点检测被广泛应用于运动检测、图像匹配、视频跟踪、三维重建和目标识别等任务，通常通过使用加权函数（窗口函数）在图像上滑动，并进行卷积计算，角点所在区域图像的灰度值会有较大变化。

（1）Harris 角点检测。Harris 角点检测算法由 Chris Harris 等人提出，通过计算图像中每个像素周围窗口内的灰度值变化来识别角点。其数学表达式为

$$E(u,v) = \sum_{(x,y)\in W} \omega(x,y)[I(x+u,y+v) - I(x,y)]^2 \tag{3-47}$$

式中，u, v 分别代表窗口在竖直和水平方向上的偏移；$\omega(x,y)$ 为不同位置像素灰度值的权重；$I(x,y)$ 和 $I(x+u,y+v)$ 为窗口移动前后位置的灰度值。

将 $I(x+u,y+v)$ 在 $I(u,v)$ 泰勒展开，可得

$$\begin{aligned} I(x+u,y+v) &\approx I(x,y) + \frac{\partial x}{\partial y}u + \frac{\partial I}{\partial y}v \\ &\approx I(x,y) + \begin{pmatrix} I_x & I_y \end{pmatrix} \begin{pmatrix} u \\ v \end{pmatrix} \end{aligned} \tag{3-48}$$

其中 I_x 和 I_y 是一阶方向微分，则为

$$E(u,v) = \sum_{(x,y)\in W} \omega(x,y)\left(\begin{pmatrix} I_x & I_y \end{pmatrix} \begin{pmatrix} u \\ v \end{pmatrix} \right)^2 \tag{3-49}$$

转换为矩阵的形式，则为

$$E(u,v) = (u \quad v)\boldsymbol{M}\begin{pmatrix} u \\ v \end{pmatrix} \tag{3-50}$$

其中 $\boldsymbol{M} = \sum\limits_{(x,y) \in W} \omega(x,y) \begin{pmatrix} I_x^2 & I_x I_y \\ I_y I_x & I_y^2 \end{pmatrix}$，称为自相关矩阵。

自相关矩阵 $\boldsymbol{M}$ 代表窗口中心点邻域的变化，其有两个特征值 λ_1 和 λ_2，有以下三种情形出现。

① λ_1 和 λ_2 两个特征值都很小，这意味着图像在检测点处平坦，即在该点没有边缘或角点。

② λ_1 很小，λ_2 很大，局部邻域呈脊状，检测点处于图像边缘处。

③ λ_1 和 λ_2 都很大，此时检测点为一个角点。

Harris 角点检测器对旋转、尺度和亮度变化具有不变性，并且计算量相对较小，是一种有效的角点检测算法，能够在图像中找到局部区域内的角点，对于图像特征提取和匹配具有重要意义。

（2）SIFT 角点检测。SIFT 角点检测最初由 David Lowe 提出，用于检测图像中具有尺度不变性、旋转不变性和光照不变性的关键点。SIFT 算法广泛应用于图像配准、目标识别、三维重建和图像拼接等领域，在计算机视觉和图像处理领域有着重要的地位。

SIFT 即尺度不变空间变换，它的关键在于构建尺度空间，检测到其中的极值后，留下合适的极值点作为特征点。SIFT 算子把图像中检测到的特征点用 128 维特征向量进行描述，即 SIFT 特征描述子。SIFT 特征描述子具有不变性和辨别力强的特点。不变性是指集尺度不变、旋转不变、光变不敏感等优点于一身，而辨别力强是指特征之间相互区分的能力强，有利于图像匹配。

SIFT 角点检测的基本思想包括以下步骤。

① 尺度空间极值检测。SIFT 算法首先利用高斯差分金字塔来发现图像中的尺度空间极值点，即在不同尺度下的局部极值点，这些极值点可能对应于图像中的角点或者边缘。

② 关键点定位。通过对尺度空间极值点的精确定位，使用拟合二次曲线的方法确定关键点的位置、尺度和方向。

③ 关键点描述。对每个关键点周围的邻域进行方向直方图统计，构建关键点的描述子，用于后续的特征匹配。

尽管 SIFT 算法在图像处理领域表现出色，但由于其较高的计算复杂度，对于实时性要求较高的应用可能存在一定的挑战。因此，后续 FAST、ORB 等角点检测算法被提出，用于解决 SIFT 算法速度过慢的缺点。

（3）FAST 与 ORB 角点检测算法。FAST 是一种用于快速关键点检测的算法，最初由 Edward Rosten 等人提出。FAST 算法的目标是快速且准确地检测图像中的显著角点，以用作特征提取和特征匹配的基础。

FAST 算法的基本思想是通过比较像素点与其周围邻域内的像素值来判断是否为角点。其主要步骤如下。

① 选择中心像素点。在图像上选择一个像素点作为中心点。

②设定阈值。设定一个阈值 T，用于判断中心点与其周围像素之间的灰度差是否足够大。

③判断角点。通过比较中心点与其相邻像素的灰度差，依次判断像素是否为角点。如果有 n 个连续的像素灰度差都超过阈值 T，或者有 n 个连续的像素灰度差都低于阈值 T，则中心点被认为是角点。

④非极大值抑制。对于被判定为角点的像素，进行非极大值抑制操作，只保留具有最大响应的角点。

FAST 算法具有速度快、鲁棒性强和易于实现等优点，适用于需要实时性和较低计算复杂度的应用场景，如实时目标跟踪、图像拼接和三维重建等。然而，FAST 算法也存在一些限制。FAST 算法对噪声比较敏感，且不具备尺度不变性，对于不同尺度的图像可能需要调整阈值来适应检测。

Ethan Rublee 等人结合了 FAST 和 BRIEF 算法，提出了 ORB 角点检测算法，为 FAST 特征点添加了方向，从而使得关键点具有了尺度不变性和旋转不变性。ORB 角点检测的基本思想包括以下步骤。

①关键点检测。ORB 算法首先使用 FAST 算法来检测图像中的特征点。

②方向分配。对于每个特征点，计算以特征点为圆心，半径为 r 的圆形邻域内的灰度质心位置，将从特征点位置到质心位置的方向作为特征点的主方向，以实现旋转不变性。

③ BRIEF 描述子生成。在确定了关键点的方向之后，ORB 算法使用 BRIEF 描述子来描述每个特征点周围的局部特征。BRIEF 描述子具有二进制形式，可实现高效的特征匹配。

④关键点匹配。利用 BRIEF 描述子进行关键点匹配，使用汉明距离或其他相似性度量来评估描述子之间的相似程度，从而实现特征匹配。

ORB 角点检测的优点在于融合了 FAST 关键点检测的速度和 BRIEF 描述子的效率，同时具有旋转不变性。因此，ORB 算法适用于对实时性要求较高的应用场景，如移动机器人导航、实时目标跟踪等。

6. Hough 变换

霍夫（Hough）变换是利用图像全局特性对特定目标结构进行检测的一种方法，用于检测图像中的几何形状（如直线、圆等）或参数化曲线。Hough 变换的基本思想是将图像空间中的点映射到参数空间中，并通过统计参数空间中的投票来确定图像中的几何形状。

霍夫变换的具体步骤如下。

（1）边缘检测。首先对图像进行边缘检测，使用如 Canny 边缘检测算法等，以便在 Hough 变换中处理边缘点。

（2）参数空间定义。确定要检测的几何形状的参数空间范围。

（3）参数空间累加。对于每个边缘点，在参数空间中进行投票，增加与该边缘点相对应的参数值的计数。

（4）参数空间分析。分析参数空间中的计数，确定具有最大投票数的参数值，即表示图像中可能存在的几何形状。

（5）反投影。将参数空间中的最大投票值反投影回图像空间，以得到检测到的几何形状。

以直线检测为例，对于 xy 平面上过点 (x,y) 的一条直线 l 可以表示为 $y=ax+b$，且存在无数条过点 (x,y) 的直线对应 a,b 的不同取值，由此可以将直线 l 映射到 ab 平面（参数空间）上的一个点，如图 3-29a 所示。

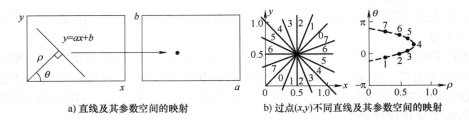

a) 直线及其参数空间的映射　　　　b) 过点(x,y)不同直线及其参数空间的映射

图 3-29　xy 平面到参数平面的变换

由于斜率存在无穷大（即直线垂直于 x 轴）的情况，所以常用极坐标 (ρ,θ) 来表示直线，其中 ρ 表示原点到直线的距离，θ 表示直线法线与 x 轴的夹角，则直线 l 可以表示为

$$x\cos\theta + y\sin\theta = \rho \tag{3-51}$$

则 xy 平面上所有过点 (x,y) 的直线可以映射成 $\rho\theta$ 空间中的一条曲线，如图 3-29b 所示。

设 xy 平面上的一条直线经过 (x_1,y_1) 与 (x_2,y_2)，可得：

$$\begin{cases} x_1\cos\theta + y_1\sin\theta = \rho \\ x_2\cos\theta + y_2\sin\theta = \rho \end{cases} \tag{3-52}$$

所有经过 (x_1,y_1) 或 (x_2,y_2) 两点的直线在参数空间中的映射为两条曲线。显然，同时经过两点直线在参数空间上的映射即为 (x_1,y_1) 与 (x_2,y_2) 所对应的曲线的交点，如图 3-30 所示。由此，可以对 (ρ,θ) 平面的每个点经过的曲线进行计数，当结果超过某一个阈值时，即可表示在 xy 平面中改直线存在。

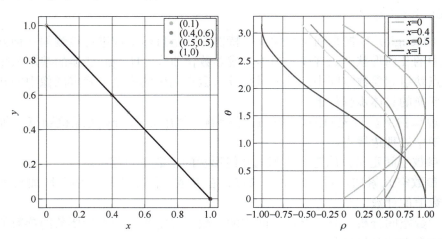

图 3-30　xy 平面上过两点的直线到参数平面的变换

同理，可以用霍夫变换检测圆、椭圆、抛物线等参数方程较简单的曲线。以圆的检测

为例，xy 平面上过点 (x,y) 的半径为 r 的圆可以表示为

$$(x-a)^2+(y-b)^2=r^2 \tag{3-53}$$

其可以对应一个三维参数空间 (a,b,r) 上的一点，即所有过点 (x,y) 的圆对应参数空间的一条曲线，所以 xy 空间圆上 n 个点对应参数空间 n 条相交于一点的曲线。通过统计每一个点经过的曲线数量，找到数量超过阈值的点，从而找到对应的圆。图 3-31 为使用霍夫变换检测圆的实例。

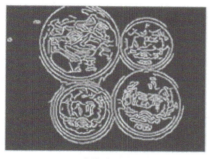

a）边缘检测图像　　　　　　　　　　b）霍夫变换效果

图 3-31　霍夫变换检测圆的实例

霍夫变换的优点在于其对于图像中的噪声和局部不连续性具有较好的鲁棒性，能够有效地检测到几何形状。然而，霍夫变换需要遍历参数空间，并对每个边缘点进行投票，因此算法的计算复杂度较高。除此之外，参数空间的选择对于检测结果非常重要，不同参数空间的选择可能导致结果的差异。

3.4.2　图像的分割

图像分割是图像分析的第一步，是机器视觉的基础，是图像理解的重要组成部分，也是图像处理中困难的问题之一。所谓图像分割是指根据灰度、彩色、空间纹理、几何形状等特征把图像划分成若干个互不相交的区域，使得这些特征在同一区域内表现出一致性或相似性，而在不同区域间表现出明显的不同。简单地说就是在一幅图像中，把目标从背景中分离出来。对于灰度图像来说，区域内部的像素一般具有灰度相似性，而在区域的边界上一般具有灰度不连续性。

图像分割的挑战在于不同场景和应用需要不同的分割方法，并且受到噪声、光照变化、物体遮挡等因素的影响。因此，选择合适的分割算法并进行参数调整对于获得准确的分割结果非常重要。图像分割在许多领域都有广泛的应用，如医学图像分析、自动驾驶、图像检索、视频处理等。它为后续的图像分析和理解提供了重要的数据基础，对于实现智能图像处理和理解具有重要意义。

1. 基于灰度值的阈值分割

基于灰度值的阈值分割算法的基本思想是基于图像的灰度特征来计算一个或多个灰度阈值，并将图像中每个像素的灰度值与阈值作比较，最后将像素根据比较结果分到合适的类别中。其操作变换可由式（3-54）表示，其中 T 表示阈值；通常情况下，将 $g(x,y)=1$

的点称为对象点，反之，称为背景点。综上，该方法最关键的一步就是得到一个合适的阈值 T。

$$g(x,y) = \begin{cases} 1 & f(x,y) \geq T \\ 0 & f(x,y) < T \end{cases} \tag{3-54}$$

（1）全局阈值分割。

①基本的全局阈值处理。全局阈值是指整幅图像使用同一个阈值进行分割处理，适用于背景和前景有明显对比的图像。在实际应用中，不同的图像之间的灰度值会有较大的差异，所以需要对每一幅图进行全局阈值的计算，其基本思路如下。

a. 设定一个初始阈值 T。

b. 使用阈值 T 将图像像素分成两类。
$G_1 = \{f(x,y) | f(x,y) < T\}$，$G_2 = \{f(x,y) | f(x,y) \geq T\}$

c. 分别计算 G_1 与 G_2 的平均值 m_1 和 m_2。

d. 得到一个新的阈值：$T = \frac{1}{2}(m_1 + m_2)$。

e. 重复步骤 b 至 d，直到前后两次阈值差距小于设置的 ∇T。

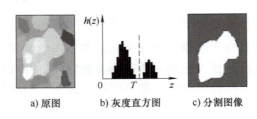

a）原图　　b）灰度直方图　　c）分割图像

图 3-32　全局阈值分割的实例

图 3-32 为全局阈值分割的实例。其中，选取 $\nabla T = 0$，多次迭代后可得到如图 3-32b 所示的全局阈值 T，最后得到分割图像如图 3-32c 所示。

②用 Otsu 方法的最佳全局阈值处理。Otsu 方法又称为最大类间方差法，是一种确定图像二值化分割最佳阈值的算法，由日本学者大津于 1979 年提出。其基本思想是求得一个阈值 T，使得前景与背景图像的类间方差最大。方差是灰度分布均匀性的一种度量，背景和前景之间的类间方差越大，说明构成图像的两部分的差别越大。因此，使类间方差最大地分割出的前景与背景差别最大，即分割最准确。Otsu 方法计算简单，不受图像亮度和对比度的影响，在数字图像处理上得到了广泛的应用。

Otsu 方法的具体步骤如下。

a. 计算图像（大小为 $M \times N$）的归一化直方图。统计各灰度级含有的像素数量，用 n_i 表示灰度级为 i（$i=0,1,2,\cdots,L-1$）的像素数，计算每个灰度级所占比例 $p_i = n_i / MN$。

b. 计算灰度值的累计和 $P(k) = \sum_{i=0}^{k} p_i$，以及累计均值 $m(k) = \sum_{i=0}^{k} i p_i$。

c. 计算图像的全局灰度平均值 m_G。

d. 计算类间方差 $\sigma_B^2(k)$：

$$\sigma_B^2(k) = \frac{[m_G P(k) - m(k)]^2}{P(k)[1 - P(k)]} \tag{3-55}$$

e. 当 k^* 满足条件式（3-56）时，则为 Otsu 阈值。若存在多个 k^* 满足条件，则取其平均值作为 Otsu 阈值。

$$\sigma_B^2(k*) = \max_{0 \leq k \leq L-1} \sigma_B^2(k) \tag{3-56}$$

图 3-33 为基本全局阈值算法与 Otsu 方法分割结果对比，从结果中可以看出 Otsu 方法分割结果分割更加精确。虽然 Otsu 方法比基本全局阈值算法分割效果更好，但是其也有较大的局限性，只有在直方图呈现双峰的时候才会有一个很好的效果，在直方图单峰或多峰的情况下效果欠佳。

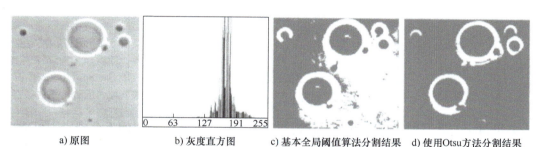

a）原图　　　　b）灰度直方图　　　c）基本全局阈值算法分割结果　　d）使用Otsu方法分割结果

图 3-33　基本全局阈值算法与 Otsu 方法分割结果对比

除了使用 Otsu 方法提升全局阈值的分割效果外，还可以通过图像平滑去除噪声或者加入边缘信息来提升全局阈值的分割效果。全局阈值分割的优点是计算简单、运算效率较高、速度快，适用于重视运算效率的场合。但是这种方法只考虑像素本身的灰度值，一般不考虑空间特征，因而对噪声很敏感，鲁棒性不高。而且当物体和背景的对比度在图像中的各处不一样时，很难用一个统一的阈值将物体与背景分开。

（2）局部阈值分割。局部阈值分割也称为可变阈值分割或者自适应阈值分割，是为了解决当物体和背景的对比度在图像中的各处不一样时，难以用一个统一的全局阈值将物体与背景分开的问题。图 3-34a、b 所示的图像各个部分像素分布不均匀，直方图存在多个波峰，若使用单一全局阈值对图像进行分割，则会出现错误，如图 3-34c 所示。

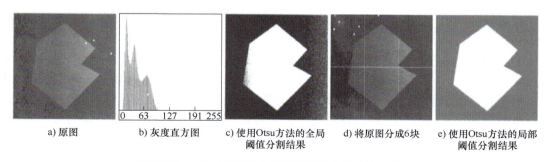

a）原图　　b）灰度直方图　　c）使用Otsu方法的全局　　d）将原图分成6块　　e）使用Otsu方法的局部
　　　　　　　　　　　　　　阈值分割结果　　　　　　　　　　　　　　　　　阈值分割结果

图 3-34　全局阈值算法与局部阈值算法分割结果对比

为此，通过对图像分块（图 3-34d），在较小的范围内（像素分布近似均匀）找到一个合适的阈值对图像进行分割，从而得到更加精确的分割结果，如图 3-34e 所示。对每一个小块的直方图进行分析，如图 3-35 所示，两类像素之间存在较深的波谷，易于找到一个阈值将图像分成两类。

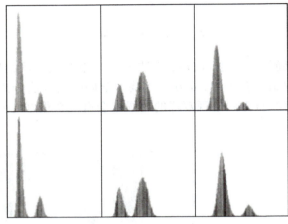

图 3-35　图 3-34e 中 6 副子图的直方图

如果目标与背景所占区域分布不均匀或者两者所占区域大小比例不合理，则可能会出现某个子图不存在目标或者背景，就无法使用上述方法进行分割。为此，可以通过进一步缩小每一个阈值对应子块大小，当对每一个点选取一个阈值进行分割时，就能有效解决上述问题。

通过计算图像的标准差和均值，可以确定每一个像素点的阈值。对于图像 $f(x,y)$ 上每一个点 (x,y)，计算其邻域 S_{xy} 所包含像素集合的标准差 σ_{xy} 与整个图像的均值 m_G，则该点的阈值为

$$T_{xy} = a\sigma_{xy} + bm_G \tag{3-57}$$

式中，a 和 b 为非负常数；分割后的图像 $g(x,y)$ 计算如下：

$$g(x,y) = \begin{cases} 1 & f(x,y) > T_{xy} \\ 0 & f(x,y) \leqslant T_{xy} \end{cases} \tag{3-58}$$

通过局部阈值分割可以获得更加精准的分割结果，下面介绍几种其他的局部阈值分割算法。

① Niblack 局部阈值分割算法。Niblack 算法是一种用于局部阈值分割图像的算法，通过将图像分成小的局部区域，然后计算每个区域的灰度均值和标准差来确定阈值。然后，根据这些统计数据，将每个像素分为前景（目标）和背景（非目标）。这个算法的主要思想是根据局部区域的灰度特性来确定每个像素的阈值，这对于具有不均匀照明或背景噪声的图像尤其有效。其基本公式如下：

$$T(x,y) = \mu(x,y) + k\sigma(x,y) \tag{3-59}$$

式中，$T(x,y)$ 是像素 (x,y) 处的局部阈值；$\mu(x,y)$ 是以像素 (x,y) 为中心的局部区域灰度

均值；$\sigma(x,y)$ 是以像素 (x,y) 为中心的局部区域的灰度标准差；k 是一个常数，用于控制阈值的灵敏度。

一旦计算出局部阈值，就可以将图像中的每个像素与相应的局部阈值进行比较，从而将像素分为前景和背景。Niblack 算法的关键在于其能够根据局部区域的统计信息自适应地确定阈值，从而对不同区域的图像能够有更好的适应性，如图 3-36b 所示。尽管 Niblack 算法是一种简单且有效的局部阈值分割方法，但它对于背景噪声较多或背景灰度变化较大的图像可能会产生较差的分割结果。此外，由于它是基于局部区域的统计信息来确定阈值的，因此在处理较大图像时，算法的计算复杂度可能会较高。

② Sauvola 局部二值化算法。常见的图像二值化算法大致可分为全局阈值方法与局部阈值方法两种类型。其中 Otsu 算法是全局阈值的代表，而 Sauvola 算法是局部阈值方法的标杆。Sauvola 算法是一种用于局部二值化的算法，与全局阈值法相比，局部二值化方法在处理光照不均匀或包含复杂背景的图像时表现更好，如图 3-36c 所示。

Sauvola 算法的核心思想是根据局部区域的灰度特性来确定每个像素的阈值。与 Niblack 算法类似，Sauvola 算法也利用了局部区域的灰度均值和标准差，但它引入了一个额外的参数 R，用于控制阈值的动态范围。该算法的基本公式为

$$T(x,y) = \mu(x,y)\left(1 + k\left(\frac{\sigma(x,y)}{R} - 1\right)\right) \qquad (3\text{-}60)$$

式中，$T(x,y)$ 是像素 (x,y) 处的局部阈值；$\mu(x,y)$ 是以像素 (x,y) 为中心的局部区域的灰度均值；$\sigma(x,y)$ 是以像素 (x,y) 为中心的局部区域的灰度标准差；k 和 R 是一个常数，前者用于控制阈值的灵敏度，后者用于控制阈值的动态范围。

Sauvola 算法的优点之一是它能够自适应地调整阈值范围，因此在不同区域的图像上表现更加稳健。此外，通过调整 R 和 k 两个参数，用户可以对算法的性能进一步优化，以适应不同类型的图像和应用场景。

a) 原图　　　　　　b) 使用 Niblack 算法的分割结果　　　　　　c) 使用 Sauvola 算法的分割结果

图 3-36　Niblack 算法和 Sauvola 算法的分割结果

2. 区域生长算法

区域生长（Region Growth）算法是一种基于区域的分割算法，根据预先定义的规则将像素或者子区域聚合成更大区域的过程。其基本思想是从一组种子点开始，将与该种子点性质相似的相邻像素或者区域与种子点合并，形成新的生长区域，重复此过程直到满足

终止条件为止。种子点和相似区域的相似性判断依据可以是灰度值、纹理、颜色等图像信息。综上所述，区域生长算法关键有三个。

（1）选择合适的种子点。种子点是区域生长算法中的一个关键概念，是在图像中选择的起始点或初始像素。这些种子点被用来启动区域生长过程，通过比较周围像素的特征与种子点的特征来逐步扩展并合并相似的像素，从而形成一个区域或分割出一个目标。

当选择种子点时，应该考虑到它们周围像素的特征与目标区域的相似性。这可能涉及颜色、灰度、纹理等方面的特征。一种常见的方法是在图像上随机选择几个点，并根据它们的特征相似性来确定哪些点最适合作为种子点；另一种方法是通过图像分析或者预处理技术来自动选择种子点，比如在医学图像中可以利用预先定义的阈值来自动确定病变区域的种子点。

（2）确定相似性规则，即生长规则。生长规则的确定涉及定义像素合并的条件和方式。首先，需要选择适当的特征相似性度量方法，比如欧几里得度量、灰度差异等，以及确定合并像素时考虑的邻域范围，如 4 邻域或 8 邻域。其次，需要设定合适的生长停止条件，比如达到预设的相似性阈值、区域大小达到一定限制、到达图像边界无法继续扩展等。此外，还需要考虑多类别分割时的生长方向，可以根据目标区域的特点或者先验知识来选择不同的生长方向。

（3）确定生长终止条件。生长终止条件的确定需要综合考虑算法的准确性和效率性。通常会基于相似性度量阈值来判断像素是否应该合并为一个区域，当像素之间的特征差异小于设定的阈值时，停止生长并将其合并入当前区域。此外，还可以设定区域的最大尺寸限制或者基于图像边界的判断来终止生长。合理设置生长终止条件可以避免过度生长或者停止不足，确保得到准确而可控的区域生长结果。

区域生长算法的一般步骤如下。

（1）选择种子点。从图像中选择一个或多个种子点作为初始种子。

（2）定义相似性准则。确定像素相似性的度量准则，如像素的灰度值之差、颜色差异等。

（3）初始化区域。将初始种子点作为一个区域，将其加入区域集合。

（4）迭代生长。在每一次迭代中，从区域集合中选择一个区域，并遍历该区域的邻域像素。

（5）像素相似性判断。对于邻域像素，根据相似性准则判断其与区域的相似性。如果满足相似性条件，则将该像素添加到该区域中，并将其标记为已分类。

（6）更新区域集合。如果有新的像素被添加到区域中，则更新区域集合。

（7）重复迭代。重复步骤（4）～（6），直到所有的像素都被分类或者没有新的像素可以添加到区域中。

图 3-37 所示为采用区域生长算法得到的分割图像。需要注意的是，区域生长算法的性能很大程度上依赖于种子点的选择和相似性准则的定义。恰当选择种子点和合适的相似性准则可以获得良好的分割结果，而不当的选择可能导致过分分割或欠分割的情况。因此，在实际应用中需要根据具体问题进行调整和优化。

3. 分水岭算法

分水岭算法也是一种图像分割算法，用于将图像分成多个不同的区域或对象。它基于图像的灰度或颜色信息，并利用图像中的梯度信息来确定对象的边界。这种算法的名称源自地形学中的分水岭概念，其中高地形成分水岭，并将水流分隔成不同的流域。在图像中，梯度高的地方被视为潜在的分割边界，而梯度低的地方表示同一区域内的像素。分水岭算法通常用于处理具有复杂纹理和不规则形状的图像。

a) 原图　　　　　　　　　　b) 使用区域生长算法的分割结果

图 3-37　区域生长算法分割结果

分水岭算法的一般步骤如下。

（1）计算梯度。计算图像的梯度信息，可以使用 Sobel、Prewitt 等算子来获取图像的边缘信息。

（2）标记种子点。选择图像中的种子点，这些点通常代表图像中的显著特征或对象。可以手动选择或使用自动选择算法。

（3）生成标记区域。根据种子点，将图像分成多个区域，并为每个区域分配一个唯一的标记。

（4）构建图像灌注。从种子点开始，利用梯度信息将标记逐渐扩展到相邻的像素，直到达到梯度较大的区域边界。

（5）合并标记区域。当不同标记区域开始相互接触时，考虑它们之间的梯度信息，以判断是否应该将它们合并为一个区域。

（6）生成分割结果。根据合并后的标记区域，生成最终的分割结果，其中每个区域对应一个对象或图像的一部分。图 3-38 为使用分水岭算法得到分割图像。

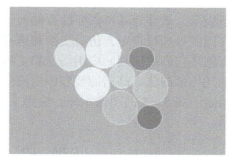

a) 原图　　　　　　　　　　b) 使用分水岭算法的分割结果

图 3-38　分水岭算法分割结果

本章小结

本章介绍了机器人数字图像处理的基础知识和技术应用。机器人利用相机、激光雷达等传感器采集环境中的图像数据，通过对采集到的图像数据进行预处理、特征提取、目标检测等操作，机器人能够感知外界的有效信息，从而做出适当的响应。机器人视觉图像处理基础是实现机器人目标识别和导航等功能的重要前提和基础。

数字图像的表示和存储方式是数字图像处理的基础，数字图像是用一个数字阵列来表达客观物体的图像，其亮度用离散数值表示，灰度级越高的图像，可以展示更多的细节。为了进一步提高图像质量，可以进行图像处理操作，如图像变换、灰度变换和直方图均衡化等。除此之外，图像滤波也是一种常用的图像处理技术。通过应用各种滤波器，如均值滤波、高斯滤波、中值滤波和双边滤波等，可以改变图像的外观和特征。利用这些图像处理操作可以有效地改善图像的质量、清晰度、对比度、亮度和颜色等，实现图像增强。

通过检测图像中的结构特征如边缘、角点和直线段，可以进一步分析和提取信息。通过应用一阶微分算子和二阶微分算子，可以在图像中检测出目标的边缘；而 Harris、SIFT 和 ORB 等检测算法，常用于角点的检测。此外，霍夫变换可以用于检测其他特定形状的结构，如直线、圆和椭圆等。

图像分割是指根据灰度、彩色、空间纹理、几何形状等特征把图像划分成若干个互不相交的区域，使得这些特征在同一区域内表现出一致性或相似性，而在不同区域间表现出明显的不同。常用的图像分割方法有基于灰度值的阈值分割、区域生长算法、分水岭算法等。

通过学习本章内容，读者可以了解数字图像的表示和储存方式，掌握图像处理的基本操作、滤波和增强技术，了解图像特征提取、目标检测与分割的方法，以及学习视觉导航的相关知识。这些知识和技术为机器人实现更精确、高效的图像处理和应用打下了坚实的基础。

习题与思考题

1. 已知一幅单通道的灰度图像的分辨率为 128×256，分别用 8 位、12 位、16 位的灰度级进行表示，请计算其所需要的存储大小。

2. 在图像处理过程中，仿射变换和透视变换都被广泛应用。请简要比较这两种变换方法，重点阐述它们的区别、应用场景和变换的几何特性。

3. 简述均值滤波、高斯滤波和中值滤波的区别，并说明每种方法的适用场景。

4. 给定一张 5×5 的图像矩阵，应用 3×3 的均值滤波器矩阵进行处理。假设原始图像如下所示：

$$\begin{pmatrix} 50 & 80 & 120 & 130 & 200 \\ 60 & 90 & 150 & 160 & 210 \\ 70 & 110 & 180 & 190 & 220 \\ 90 & 130 & 200 & 210 & 240 \\ 100 & 140 & 210 & 220 & 250 \end{pmatrix}$$

请计算滤波后的图像矩阵中位于位置(3，3)的像素值。

5. 简述直方图均衡化的基本原理，并指出其主要优缺点。

6. 全局阈值分割与局部阈值分割的主要区别是什么？请简述每种方法的优缺点，并说明在实际应用中如何选择合适的分割方法。

参考文献

[1] DAVIS L S. A survey of edge detection techniques[J]. Computer Graphics and Image Processing, 1975, 4 (3): 248-270.

[2] PREWITT J M S. Object enhancement and extraction[J]. Picture Processing and Psychopictorics, 1970, 10 (1): 15-19.

[3] CANNY J. A computational approach to edge detection[J]. IEEE Transactions on Pattern Analysis and Machine Intelligence, 1986 (6): 679-698.

[4] HARRIS C, STEPHENS M. A combined corner and edge detector[C]//Alvey Vision Conference. 1988, 15 (50): 10-5244.

[5] LOWE D G. Object recognition from local scale-invariant features[C]//Proceedings of the Seventh IEEE International Conference on Computer Vision. IEEE, 1999, 2: 1150-1157.

[6] RUBLEE E, RABAUD V, KONOLIGE K, et al. ORB: An efficient alternative to SIFT or SURF[C]//2011 International Conference on Computer Vision. IEEE, 2011: 2564-2571.

[7] HOUGH P V C. Machine analysis of bubble chamber pictures[C]//International Conference on High Energy Accelerators and Instrumentation, CERN, 1959: 554-556.

[8] OTSU N. A threshold selection method from gray-level histograms[J]. Automatica, 1975, 11 (285-296): 23-27.

[9] SAUVOLA J, PIETIKÄINEN M. Adaptive document image binarization[J]. Pattern Recognition, 2000, 33 (2): 225-236.

[10] VINCENT L, SOILLE P. Watersheds in digital spaces: an efficient algorithm based on immersion simulations[J]. IEEE Transactions on Pattern Analysis & Machine Intelligence, 1991, 13 (06): 583-598.

第 4 章 双目视觉和对极几何

4.1 双目视觉原理

通过第 2 章的介绍，可以发现相机成像的过程中丢失了对物体深度的信息，从而引起一幅图像可以对应到无穷个三维世界中场景的问题。因此，为了去除这种混淆，从图像恢复三维是视觉领域重点解决的问题之一，也是视觉作为一种测量工具所必须解决的问题。

通过相机拍摄图像对距离进行测量，但这种测量建立在将测量工具和待测物体放置在同一个图片中，还要借助消失点等线索，因此隐含对场景的很多假设，甚至需要人工参与。即便如此，该方法只能对图像中某些稀疏的语义明确的点进行三维测量，难以在开放非结构场景中进行应用。考虑到人获得三维测量并非建立在对物体的认识上，是否能将这种能力赋予机器呢？本章将从人的双目测量原理开始，介绍双目视觉的原理理论和技术方法。

人类视觉成像可以用小孔成像的原理来解释。因此，人类的双目可以理解为两个相机各自对场景进行成像。图 4-1 介绍了基于双目成像，测量出空间中一个点距离的原理。可以看到，当空间中的一点离人较远时，其对应的两条成像射线所形成的夹角为 a_2，而当该点离人较近时，所对应的两条成像射线所形成的夹角为 a_1。这个夹角被称为视差角。由图 4-1 可知，一个点离人越远，也就是深度越大，其视差角就越小。显然，视差角就是测量点的深度的关键。那么人如何感受到视差角呢？可以做一个简单的实验，当一个物体离

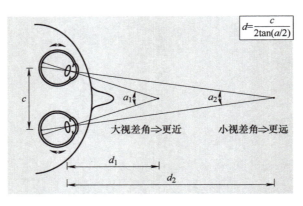

图 4-1 人类双目测量三维的原理（图片来自斯坦福大学 CS131 的膜片）

人很近时，只用左眼看该物体，和只用右眼看该物体，该物体会在视野中有一个明显的位移，即在左眼中该物体在右边，而当切换到右眼时，该物体会移动到左边。当该物体逐渐远离时，这种位移现象会逐渐变弱。对应到视差角的现象，回到图 4-1，当视差角为 a_2 时，该点在双眼中的成像距离为 c。而当该点进一步靠近人，视差角变大到 a_1 时，成像的距离变宽，显然比 c 更大，这就反映了位移现象的原因。其中一个点在双目成像形成的位移，被称为视差。

基于上述分析，如果要模仿人类测量三维的方式构建一套双目视觉测量系统，则需要解决两个问题：首先是两个相机之间模型参数的确定；其次是双目图像中同一个点的确定。本章将以这两个问题为线索，介绍双目视觉。

4.2 双目视觉标定

确定两个相机之间的模型参数，包含两个方面，其一是两个相机的内参 K_1 和 K_2；其二是两个相机之间的相对位姿关系 R 和 t，称为外参。该系统如图 4-2 所示。第一个问题容易解决，只需要对两个相机均按照第 2 章中介绍的相机内参标定方法进行标定即可。下面介绍第二个问题，该问题的思路也和求解内参类似，首先确定外参的初值，然后构造非线性优化实现高精度的估计。

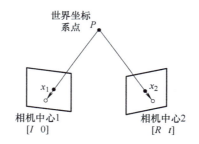

图 4-2 双目系统的定义

重写世界坐标系下棋盘格对相机的投影方程，但分别定义左右目下的同一块棋盘格的投影方程如下：

$$z_1 U_1 = K_1(R_W^1 P^W + t_W^1) \tag{4-1}$$

$$z_2 U_2 = K_2(R_W^2 P^W + t_W^2) \tag{4-2}$$

式中，R_W^1 和 t_W^1，R_W^2 和 t_W^2 分别是左目和右目相机在棋盘格所定义的世界坐标系下的位姿。当内参标定完毕，即可获得针对同一块棋盘格双目相机各自的位姿。然后就可以获得双目之间的外参。

$$R \triangleq R_2^1 = R_W^1 R_W^{2,T} \tag{4-3}$$

$$t \triangleq -R t_W^2 + t_W^1 \tag{4-4}$$

这里严格定义了双目之间的外参为右目在左目坐标系下的位姿。也就是说，针对一块在双目下均可视的棋盘格，就可以获得双目之间的外参。如果存在多张图片均有共视的棋盘格，那就可以获得多组外参。为了获得一组更好的结果，可以将多组外参进行均值操作。平移的均值非常简单，只需要将多个平移加每个元素取平均即可。对于旋转，考虑平均的结果还必须是一个旋转，可采用旋转平均的方法。给定多个旋转，取其中任意旋转记为 $\boldsymbol{R}_0$，进一步定义

$$\Delta_i \triangleq \boldsymbol{R}_0^{\mathrm{T}} \boldsymbol{R}_i \tag{4-5}$$

显然 Δ_i 也是旋转矩阵，但是该旋转矩阵对应的旋转应该接近单位阵，因为该旋转表征多个外参的估计之间的差异。接着求解旋转矩阵的对数变换如下：

$$\hat{\delta_i} \triangleq \frac{1}{2}(\Delta_i - \Delta_i^{\mathrm{T}}) \triangleq \begin{pmatrix} 0 & -\delta_3 & \delta_2 \\ \delta_3 & 0 & -\delta_1 \\ -\delta_2 & \delta_1 & 0 \end{pmatrix} \tag{4-6}$$

接着定义 $\delta_i \triangleq (\delta_1 \quad \delta_2 \quad \delta_3)^{\mathrm{T}}$，导出旋转的对数变换：

$$\log \Delta_i \triangleq \sin^{-1} \|\delta_i\| \frac{\delta_i}{\|\delta_i\|} \tag{4-7}$$

需要注意的是，小量的旋转经过对数变换以后获得的三维向量表征属于欧氏空间，但本书不做具体证明。因此，在欧氏空间中，可以安全地求平均。

$$\bar{\delta} = \frac{1}{N-1} \sum_i \log \Delta_i \tag{4-8}$$

然后，通过指数变换，将向量重新变换到旋转。

$$\bar{\Delta} = \boldsymbol{I} + \sin\|\bar{\delta}\| \left(\frac{\bar{\delta}}{\|\bar{\delta}\|}\right)^{\wedge} + (1-\cos\|\bar{\delta}\|) \left(\frac{\bar{\delta}}{\|\bar{\delta}\|}\right)^{\wedge} \left(\frac{\bar{\delta}}{\|\bar{\delta}\|}\right)^{\wedge} \tag{4-9}$$

该旋转可以看做 $N-1$ 个旋转和 $\boldsymbol{R}_0$ 的差异的平均旋转，注意 $\bar{\Delta}$ 满足旋转矩阵的性质。最后，可得最终的平均旋转为 $\boldsymbol{R} = \boldsymbol{R}_0 \bar{\Delta}$。现在，可以将平均平移和平均旋转看做双目外参。由于做了多组平均，这组外参已经具有不错的精度。

为了进一步提升精度，还可以进行非线性优化标定。

参考式 (4-1) 和式 (4-2)，其中右目的方程可以重新参数化为外参和左目位姿的函数，从而减少了右目位姿的变量个数，更好地约束双目系统，描述多个棋盘格在双目系统中的成像模型。

$$z_1 \boldsymbol{U}_1 = \boldsymbol{K}_1 (\boldsymbol{R}_{\mathrm{W}}^1 \boldsymbol{P}^{\mathrm{W}} + \boldsymbol{t}_{\mathrm{W}}^1) \tag{4-10}$$

$$z_2 \boldsymbol{U}_2 = \boldsymbol{K}_2 (\boldsymbol{R}^{\mathrm{T}} \boldsymbol{R}_{\mathrm{W}}^1 \boldsymbol{P}^{\mathrm{W}} + \boldsymbol{R}^{\mathrm{T}} \boldsymbol{t}_{\mathrm{W}}^1 - \boldsymbol{R}^{\mathrm{T}} \boldsymbol{t}) \tag{4-11}$$

与单目一致，可以将上式结合畸变参数 k_1 和 k_2，看做一块棋盘格一组的非线性函数。

$$\min_{K_1,K_2,k_1,k_2,R_{1j}^W,t_{1j}^W,R,t} \left\| \begin{pmatrix} u_d \\ v_d \end{pmatrix} - f(K_1,K_2,k_1,k_2,R_{1j}^W,t_{1j}^W,R,t) \right\|^2 \quad (4\text{-}12)$$

式中，u_d 及 v_d 表示畸变的棋盘格角点原始观测。内参可以用双目各自进行单目标定的结果进行初始化，左目的位姿也同样可以用单目的结果进行初始化，左右目的外参可以用多组平均的平移和旋转进行初始化。可以预见，由于这组初始化的结果已经各自经过了非线性优化，因此应该已经有不错的精度，经过该步骤，即可获得更准确的内外参，用于后续的操作。这样，就回答了前面提出的第二个问题，即确定双目系统的数学模型及其模型参数。

4.3 对极几何及双目矫正

在实际利用双目相机测量的场景下，并不会出现类似棋盘格这样的已知物体，提供双目图像中像素点的对应关系。但通过标定，双目的外参已知。因此，利用双目相机实际测量点的三维信息和标定问题正好相反，从已知的点对应关系，求解未知的外参，到从已知的外参，求解点的对应关系。

4.3.1 双目的对极几何约束

要求解对应关系，一个直观的求解思路是穷举左目中每个像素与右目每个像素的匹配可能性，但这种方法忽视了已知的外参关系，因此问题的解空间更大，搜索过程更复杂。为了充分利用已知外参简化点对应关系的搜索过程，沿用前面对空间中某个点在双目投影的模型，由于单目仅能确定该点所在的射线，以左目为参照，可以发现该点在右目的搜索范围如图 4-3 所示。

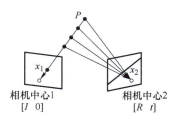

图 4-3　左目某点在右目中的匹配点所在直线

基于简单的几何关系，可以发现相比于完全穷举的匹配，双目的匹配关系直接将匹配点的候选区域从二维图像平面缩小到了一条一维直线，候选范围大大缩小。为了充分利用该特性，对该直线方程进行求解。为了简化符号，在推导该方程时，先假设左右相机的内参一致，均为 K，然后对该点在右目中的投影进行建模，如图 4-4 的红线所示。

由投影方程可知，该射线为

$$\lambda K^{-1} U_2 \quad (4\text{-}13)$$

由于外参已知，其在左目下可以表示为

$$\lambda RK^{-1}U_2 \tag{4-14}$$

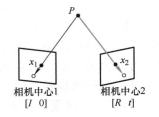

图 4-4 彩图

图 4-4 给定三维点在右目中的投影

如图 4-5 变色线所示,利用右目在左目坐标系下的位置 t,可以构造左右目相机中心及三维空间点三个点所确定的平面的法向量。

$$\lambda t \times (RK^{-1}U_2) \tag{4-15}$$

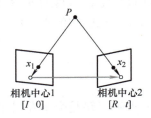

图 4-5 右目中心在左目坐标系下的位置

如图 4-6 所示,利用图中变色线,即左目中该点的射线:

$$\mu K^{-1}U_1 \tag{4-16}$$

在该平面上,就可以通过平面方程构造约束。

$$U_1^T K^{-T} t(RK^{-1}U_2) = 0 \tag{4-17}$$

可以发现,该约束将三维空间点在左右两目的投影点进行了关联。值得一提的是,因为该约束是平面方程,所以整体缩放并不影响方程的解。这个缺失的维度正好可以作证:给定左目中一个像素点,凭借双目间的外参,仅能确定其对应点的一维解空间(即直线上),而无法唯一确定该点。因此,当左目的 U_1 确定后,式(4-17)其实是一个直线方程。

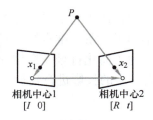

图 4-6 三维空间点在左目中的投影射线在另两条线构造的平面上

4.3.2 基础矩阵

为了更好地解释式（4-17）是一个直线方程，需要引入一个新定义。借助矩阵和向量叉乘的关系，做如下定义。

$$U_1^T K^{-T} E K^{-1} U_2 \triangleq U_1^T K^{-T}(t \times R) K^{-1} U_2 = 0 \quad (4\text{-}18)$$

式中，E 称为本质矩阵。该矩阵由叉乘正交矩阵导出，因此秩为 2，该性质会在后续使用，这里不再展开。本质矩阵可以左右目的外参确定，因此是一个已知的矩阵。进一步考虑内参，可以定义基础矩阵 F 为

$$U_1^T F U_2 \triangleq U_1^T K^{-T} E K^{-1} U_2 = 0 \quad (4\text{-}19)$$

可以看到基础矩阵由双目系统的内外参联合确定，当左右目内参不同时，一般化的基础矩阵定义为

$$F \triangleq K_1^{-T} E K_2^{-1} \quad (4\text{-}20)$$

由于内参矩阵满秩，基础矩阵和本质矩阵的秩相同为 2，该性质同样会在后续使用。至此可以看到，当双目系统的标定完成，可以获得一个所有元素已知的基础矩阵 F。这里将式（4-19）重写为

$$(F^T U_1)^T U_2 = 0 \quad (4\text{-}21)$$

可以看到该式左侧 U_2 是右目对应点的齐次形式，$(F^T U_1)^T$ 是一个一维向量，符合直线方程的形式，而 $F^T U_1$ 正好是直线方程的参数，该直线被称为极线。

由 $F^T U_1$ 形式可知，给定一对双目相机系统，基础矩阵 F 的取值由硬件确定，与观测的点位置无关。但右目所在的极线不仅与双目的外参有关，还与要搜索右目匹配点的左目像素点位置有关。给定不同的左目像素点位置，其右目匹配点所在的极线也不相同。不过一旦确定了要搜索的左目点，极线就可确定，不再需要任何额外信息。

4.3.3 双目矫正

当搜索的直线方程确定，理论上就可以在直线上搜索左目给定像素点的匹配点。但匹配关系通常不会根据一个像素点的灰度或 RGB 值确定，会考虑像素点周围一个图像块。考虑到双目由于各种硬件的误差，双目获取的图像必然存在旋转差异，那么图像块中的元素因为极线的不同而存在尺度、旋转等多种变换。与计算对极几何来确定搜索范围时的思路一致，可以进一步提出一个疑问：是否存在一种方法，能够利用已知的外参，消除或减少图像块之间的差异？

该问题的回答是肯定的，既然渲染会影响图像块的匹配，导致额外的旋转矫正操作，而双目间的旋转又是已知的，一种思路是对整幅图像直接矫正旋转，这样在双目匹配时就不需要逐像素计算梯度值来矫正，大大加快了搜索时间。为了实现该目标，引入双目矫正，通过对双目进行虚拟旋转，使双目之间的外参满足一种特殊形式 R' 和 t'，如图 4-7 所示。

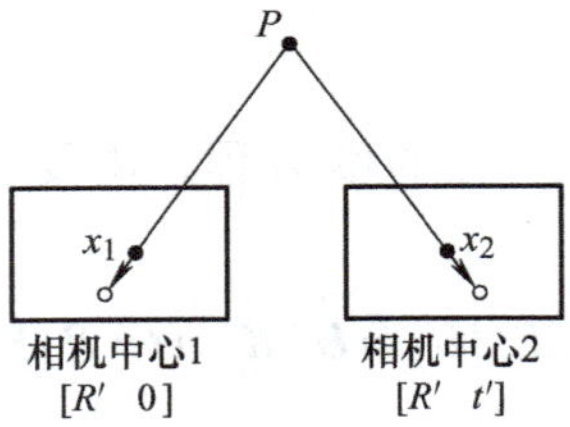

机器人视觉

图 4-7 双目矫正后的外参关系

此时双目间的相对旋转为单位阵，平移仅第一个元素不为 0，该元素被定义为 b，称为双目的基线，也就是双目两个相机间的距离长度。

$$t' \triangleq \begin{pmatrix} b \\ 0 \\ 0 \end{pmatrix} \tag{4-22}$$

定义了特殊形式后，还需要解决两个问题，第一个问题是如何确定左右目施加的旋转量；第二个问题是如何对图像进行虚拟旋转，使旋转后的图像和相机物理旋转对应量后形成的图像一致。

针对第一个问题，就是要求解 R'，使矫正后的位姿满足 t' 的要求。该问题的第一个约束很容易满足，考虑到双目间的平移关系无法改变，那么在矫正前的左目坐标系下，矫正后的坐标系 R' 的 x 轴必然和矫正前的平移同向，这样才能使矫正后的平移满足要求。这样就确定了 R' 的第一个列向量为归一化的 t。

事实上，能够满足 t' 的旋转有无穷个，即绕 t 的所有旋转都能实现。那么就要在这个集合中挑选一个旋转。考虑到实际的相机成像视野有限，施加虚拟旋转后，在原来物理成像视野内的图像可以变换，但没有物理成像的部分无从填充。举例来说，可以将左目直接翻转，仍保持 t' 的要求，但此时虚拟旋转的图像因为没有实际物理成像，所以没有实际内容，原来成像的内容因为在视野外，完全无法使用。这种情况下，即使满足了矫正，也没有实际意义。因此，挑选剩余旋转自由度的关键是尽可能转得少，这样能保持尽可能多的图像平面可以映射物理成像的内容。为了满足该需要，通常以如下的方式来导出剩余的旋转，进而确定 R'。

$$R' = \mathrm{nor}\left(\left(t \begin{pmatrix} 0 \\ 0 \\ 1 \end{pmatrix} \times t \quad t \times \begin{pmatrix} 0 \\ 0 \\ 1 \end{pmatrix} \times t\right)\right) \tag{4-23}$$

式中，nor 表示将矩阵的逐列归一化，从而满足旋转矩阵正交阵的要求。可以看到，矫正旋转后的 y 轴由 nor(t) 和矫正旋转前的 z 轴导出，从而尽可能扩大视野重合的范围。剩余的一个轴由正交阵的性质唯一确定。至此，确定了双目矫正后的双目间的外参关系。

还需要确定右目旋转的量。考虑 R 是矫正后的右目在矫正前的左目下的旋转，而矫正前的右目在矫正前的左目下就是原来的外参 R。因此，右目需要施加的虚拟旋转为

$$R^r = R^T R' \tag{4-24}$$

也就是旋转后的右目，在旋转前的右目下的旋转量。

针对第二个问题，给定旋转量，如何变换图像。该问题左目和右目都遵循同样的形式。解决该问题要从投影方程入手，给定旋转后图像的一个像素位置 U'，其对应的旋转前图像的位置 U 为

$$\begin{pmatrix} u \\ v \\ 1 \end{pmatrix} = \frac{1}{z} KR' \left(z'K^{-1} \begin{pmatrix} u' \\ v' \\ 1 \end{pmatrix} \right) \tag{4-25}$$

简化分析，考虑到实际应用中内参已知，且内参满秩容易计算，不妨定义 $\bar{U} = K^{-1}U'$，此时有

$$\begin{pmatrix} \bar{u} \\ \bar{v} \\ 1 \end{pmatrix} = \frac{1}{z} R' \left(z' \begin{pmatrix} \bar{u} \\ \bar{v} \\ 1 \end{pmatrix} \right) \tag{4-26}$$

进而写出具体解的形式。

$$\bar{u} = \frac{z'(R'_{11}\bar{u} + R'_{12}\bar{v} + R'_{13})}{z'(R'_{31}\bar{u} + R'_{32}\bar{v} + R'_{33})} = \frac{R'_{11}\bar{u} + RR'_{12}\bar{v} + R'_{13}}{R'_{31}\bar{u} + R'_{32}\bar{v} + R'_{33}} \tag{4-27}$$

$$\bar{v} = \frac{z'(R'_{21}\bar{u} + R'_{22}\bar{v} + R'_{23})}{z'(R'_{31}\bar{u} + R'_{32}\bar{v} + R'_{33})} = \frac{R'_{21}\bar{u} + R'_{22}\bar{v} + R'_{23}}{R'_{31}\bar{u} + R'_{32}\bar{v} + R'_{33}} \tag{4-28}$$

式中，R'_{ij} 是矩阵的第 i 行第 j 列的元素。显然，图像是个降维过程，不可能知道 z'，但该项一定为正。从式（4-27）和式（4-28）可以发现该项同时出现在分子和分母，一定为正的特性使其可以被约分。在获得 $\bar{U}$ 后，可以根据定义，求解到 U。这样就完成了给定一个旋转后图像的像素位置，其像素值可以从原图中确定，即完成了虚拟的图像旋转。更进一步，矫正后的图像由于是虚拟的，不但可以施加旋转，而且可以使右目和左目的内参保持一致，这样更易于后续的操作，这里不再详细介绍。

至此，完成对双目图像的矫正，使其满足特殊的外参形式，并且内参可以保持一致。值得一提的是，从推导中发现，当图像仅有旋转和内参变化时，图像的内容（变换后像素的取值）可以有明确的对应关系，即式（4-27）和式（4-28）。可以发现当平移存在时，该式依赖 z'，无法消去，这也就是无法对图像施加虚拟平移的原因，也是双目矫正无法调整两者间平移量的原因。

4.4 双目匹配及深度估计

在双目矫正之后，可以通过投影方程来观察为何要引入这种特殊的外参关系。定义三维点 P 在矫正后左目的坐标系中，那么给定一个三维点，矫正后的双目间的点匹配存在如下的关系

$$z_1 U_1 = KP \tag{4-29}$$

$$z_2 U_2 = K(P + t') \qquad (4\text{-}30)$$

考虑到平移的第三个元素为 0，因此 z_1 和 z_2 相等，即

$$zU_1 = KP \qquad (4\text{-}31)$$

$$zU_2 = K(P + t') \qquad (4\text{-}32)$$

进一步注意到平移的第二个元素也为 0，因此 U_1 和 U_2 的第二个元素一定相等。意味着在矫正后，任意给定左目的一个像素，其匹配点的像素位置和其在同一行，结合之前对极几何的结论，其极线就是右目中的同一行，并且左目同一行的像素，其右目匹配点所在的极线均一致，构成了右目的同一行。后续的双目匹配就在这个前提下进行。

4.4.1 双目匹配

双目矫正带来的结论隐含了一个更重要的优点，匹配点在左右目的图像块中的对应元素间同样仅存在平移引起的差异，而不存在旋转和尺度的差异。由式（4-32）可知，平移引起的差异在基线不长时差异较小。再考虑到双目在同一个时刻拍摄，两者间的光照水平类似。因此，在这一系列约束下，可以将匹配点的对应准则简单地设计为两个图像块间的差异。可以发现引入双目矫正的主要优势是简化了双目匹配关系的确定，使计算效率大幅提升。

通过上述的分析，引入图像块差异的相似度，给定左目的一个像素 U，衡量右目像素和其的像素值差异平方和误差（SSD）形式定义如下：

$$\text{SSD}_U(d) = \sum_{w,h} \| I_l(u+w, v+h) - I_r(u+d+w, v+h) \|^2 \qquad (4\text{-}33)$$

式中，d 被称为视差；w 和 h 表示图像块中的索引，通常以所求像素为中心取值，比如从 -3 到 3 的 7×7 图像块。式（4-33）可以这样理解，当给定像素 U，其右目极线中的像素为 $(u+d, v)$，也可以用 d 进行索引。那么 $\text{SSD}_U(d)$ 就是一个定义在极线上，关于 d 的函数，衡量的是极线上的某一点和给定像素相似程度。显然，匹配的点应当具备最高的相似度，也就是最低的 $\text{SSD}_U(d)$。利用该线索，可以确定像素 U 在右目的对应点为 $(u+d^*, v)$，其中 d^* 确定的方式为

$$d^* = \underset{d}{\arg\min}\, \text{SSD}_U(d) \qquad (4\text{-}34)$$

该过程可以用图 4-8 来表示。在极线上的候选像素的相似度共同构成了函数曲线 $\text{SSD}_U(d)$，其最优值对应的视差，就是给定像素的对应点所在。

除了 $\text{SSD}_U(d)$ 以外，双目匹配也会采用其他的相似度度量方式，如像素值差异绝对值和误差（SAD）、归一化互相关系数（NCC）。这里给出 SAD 的计算公式：

$$\text{SAD}_U(d) = \sum_{w,h} | I_l(u+w, v+h) - I_r(u+d+w, v+h) | \qquad (4\text{-}35)$$

相比于 $\text{SSD}_U(d)$，$\text{SAD}_U(d)$ 由于没有二次方操作，所以对差异较大的像素不会施加很大的惩罚，对图像块中可能出现的离群点误差具有更好的鲁棒性。

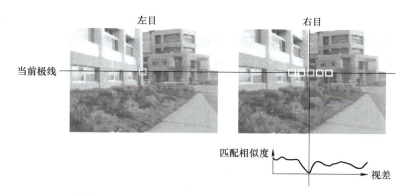

图 4-8 双目匹配搜索的原理及 SSD 相似度函数

当对左目全图像的像素都进行双目匹配以后,就能够得到一张和左目图像尺寸一致的视差图。考虑到两个相机存在位移,因此有可能左目中观测到的场景,在右目中被遮挡。针对这类情况,实际操作中会对最优视差值所对应的相似度值,如 $SSD_U(d^*)$,再做一次阈值操作。如果相似度比阈值更小,就接受搜索到的视差,否则视该像素没有匹配点。图 4-9 所示为一对双目拍摄的图片。

图 4-9 双目图像示例

图 4-10 所示为图像经过双目匹配后得到的视差图。相比于通过激光扫描得到的高精度视差图,双目匹配后得到的视差图在整体上能够反应场景的结构层次,证明了双目测量

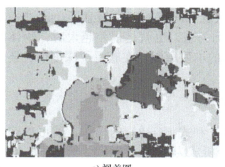

a) 视差图　　　　　　　　　　　　　　b) 真值

图 4-10 双目图像通过匹配得到的视差图及真值

三维的正确性。可以发现，这种方法会出现很多匹配失败的情况，并且这些区域在实际中并非遮挡。此外，在边缘细节上，所获得的视差图质量也不高。出现这些问题的原因在于基于图像块像素值差异的匹配方式难以精确地分辨边缘细节。此外，这类匹配方法在整条极线上有多处类似时，也很难确定结果。

4.4.2 深度估计

基于像素值的相似度衡量方法具有计算简单快速的优势，不过前提是两个相机间基线不能太长。这一点在实际物理世界中很容易做到，但当基线很短时，通过双目匹配得到的视差反算的深度值会很差。接下来重点分析出现该问题的原因。

首先要获得由视差计算深度的公式，从双目矫正后的相机状态开始分析，如图 4-11 所示。从相机 x-z 平面分析该问题，并且将空间一点对该平面做垂直投影，进行后续分析。因为该点和其垂直投影的深度相等，所以这种简化不会影响结果。

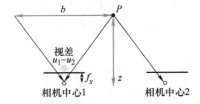

图 4-11 双目矫正后的空间点投影到两个相机的成像

将投影到右目的射线移到左目中心，此时可以构造一条基线长度的线段如图 4-11 彩图中的红色横线所示，空间点的深度由另一条红色竖线体现。此时，可以构造一组相似三角形关系：

$$\frac{z}{f_x} = \frac{b}{d} \tag{4-36}$$

即深度与焦距的比值等于基线与视差的比值。利用该关系，容易导出深度的计算公式：

$$z = \frac{bf_x}{d} \tag{4-37}$$

经过上述步骤，就可以根据双目匹配的结果恢复匹配点的三维信息了。这进一步确认了图 4-10 的视差图也是深度图，只是存在反比例关系，也就是视差越大时，物体的深度越小，这就是能够从视差图中反映场景三维结构的本质原因。在获得了深度后，还能进一步获得三维点，根据式（4-29）可以得到

$$\boldsymbol{P} = z\boldsymbol{K}^{-1}\boldsymbol{U}_1 \tag{4-38}$$

如果对视差图中每一个点都进行式（4-37）和式（4-38）的操作，就可以获得对环境的三维稠密点云，使后续在三维空间中进行分析成为可能。图 4-12 给出了一对左右目的图像，其对应的视差图，以及由视差图恢复深度，并将所有点投影到三维，形成对环境的三维感知。

图 4-12 双目图像（上）、视差图像（下左）、估计的三维点云（下右）

4.4.3 误差分析

通过式（4-37）可以发现，深度和视差是反比例关系。为了分析视差和深度间的误差关系，对式（4-37）等号左右两侧同时做微分可得

$$\Delta z = -\frac{bf_x}{d^2}\Delta d \qquad (4\text{-}39)$$

由该式可以发现，当视差较大时，分母的视差二次方项会变大，视差的误差传导到深度误差时会较小；反之当视差较小时，分母的视差二次方项会变小，视差的误差传导时就会变大。这说明在由视差恢复深度时，不仅和视差的误差有关，还和视差本身的大小有关。这也说明了为什么图 4-12 远处的点云效果远不如近处的效果，因为更大的深度意味着更小的视差，而小的视差就会导致误差传导到深度上更大。

另一方面，对式（4-37）稍作变换可得

$$d = \frac{bf_x}{z} \qquad (4\text{-}40)$$

式（4-40）说明对于同样的深度，如果基线更长，则视差更大。将该结论和之前的结论组合，说明当测量同一个点时，如果用的基线更长，则会形成更大的视差，而更大的视差会引起视差的误差传导到深度误差更小。考虑到无论视差的值是多少，视差计算的过程都是在极线上搜索匹配点，因此无论视差的值是多少，视差的误差水平类似，主要和极线上的像素分辨率有关，所以可以导出对于同一个点，基线越长，深度误差越小。

上述的分析都是基于对极几何，但深度误差小所要求的长基线，与图像块匹配所要求的短基线，两者互相矛盾。即使进行了双目矫正，在基线较长时，正确匹配的左右目投影点所形成的图像块中的其他像素也会有较大的差异，进而导致正确匹配时的相似度并不小，甚至不一定是 $\text{SSD}_v(d)$ 的最优值，这就更容易导致匹配出现错误，或者更多的像素无法获得有效的视差，使视差图稠密度不足。

通过上述分析，可以发现双目中的矛盾：基线长度、深度估计精度和匹配正确率。一种方式是通过更高的分辨率和较短的基线长度，来平衡精度和正确率，但这样做又引入了更高的相机硬件成本，并且更高的分辨率会导致更慢的极线搜索，从而使深度估计的效率降低。因此，在实际应用时，主要还是通过应用的深度和精度需求，来选型相机分辨率和基线长度。相反，如果能解决长基线下的匹配正确率、稠密性等问题，就可以从算法层面而非硬件层面解决问题，但该问题依然是领域的难点。

4.5 主动双目视觉

在双目匹配时，如前文所述，当极线上的像素与左目给定像素有多个相似之处时，即 $SSD_U(d)$ 由多个极小值，且彼此间差异不大，就会导致匹配的模糊性，引起视差匹配正确率低下。该问题在实际应用中并不少见，主要出现在纹理不充分的区域，或者出现重复纹理的区域。如图 4-13 所示，无纹理时，极线上所有像素的相似度都一样；当重复纹理出现时，重复之处的相似度计算结果都一致。

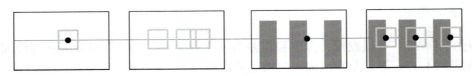

图 4-13　无纹理或重复纹理的情况下双目图像的视差匹配模糊性

解决该问题的关键是避免 $SSD_U(d)$ 的模糊性，也就是不要在图像块中引入歧义，使双目匹配算法无法工作。但实际应用中不可能改变环境的纹理，使图像块有所差异。这就提出了一个新问题，如何消除歧义？

一种回答仍是改变环境纹理，但不是改变环境本身的纹理，而是改变所成图像中环境的纹理。一种实现该思路的途径是利用主动投影，也就是在相机上安装主动光源，将纹理投射到环境中，这样所成的像中就是环境的纹理叠加所投射的纹理。只要投射的纹理不存在歧义性，就可以避免叠加后的图像块没有模糊性。进一步，为了避免投射的纹理影响环境的正常成像，常用的思路是将主动光源的频段限定在红外线，将双目的光谱也限定在红外线，同时增加一个成像环境实际纹理的相机，其光谱限定在可见光。这种方式能够使相机同时获得消除歧义性的双目图像以及没有叠加投射纹理的实际环境的图像，通过增加硬件满足多个需求。按照该思路构建的相机是 Intel 公司的 RealSense，其硬件结构如图 4-14 所示。

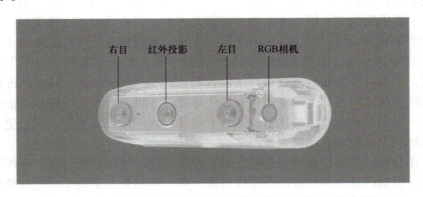

图 4-14　Intel 公司的主动双目相机（图像来自英特尔 D435 官网）

该相机所成图像如图 4-15 所示，通过在环境图像上叠加主动投影的光斑，能够消除歧义，既帮助无纹理区域获得视差，还能提升有纹理区域的视差估计效果，很好地克服了图像匹配的局限性。

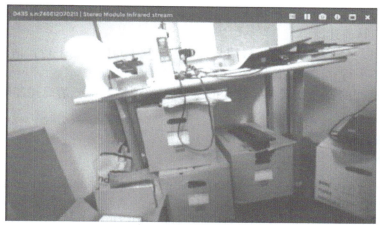

a) 实际环境

b) 恢复的视差/深度　　　　　　c) 叠加主动光纹理的成像

图 4-15　实际环境、恢复的视差/深度以及叠加了主动光纹理的成像（图像来自英特尔 D435 官网）

本章小结

本章首先介绍了人眼感知深度的原理，介绍了视差的概念。然后构建了双目相机的模型，并介绍了双目相机系统的内外参标定方法。然后以测量环境的三维为目标，介绍了对极几何，分析了双目对应点之间的一维极线关系，然后介绍了双目矫正，使双目间的旋转一致，平移仅存在第一个元素，从而将极线变换为右目的同一行。通过上述分析，大大简化了双目匹配搜索匹配点的过程，使匹配相似度仅需要基于图像块的简单像素值差计算即可。在获得匹配，导出视差以后，又介绍了如何从视差恢复环境三维的方法，并基于恢复的公式分析了双目系统重基线长度、匹配正确率和深度估计精度三者间的矛盾关系。最后，针对匹配过程中的模糊歧义问题，介绍了如何通过设计特殊主动双目硬件来避免，并以一款现有的产品作为案例，解释主动相机的工作原理。

习题与思考题

1. 请列举能够提高双目相机测距精度的方法。
2. 在双目视觉的对极几何中，用于描述两台相机之间几何关系的是哪种矩阵？
3. 已知两个相机的内外参，以及某一相机图像平面中的一个像素点，那么可以获得该点的以下信息吗？1) 三维世界坐标，2) 深度，3) 在另一台相机中的图像坐标，4) 在另一台相机中可能的图像坐标所构成的直线。若可以获得以上信息，请回答具体是哪些信息；若不可以，请简述原因。

  4. 双目校正之后，标准位姿下极线与某一坐标轴平行吗？若平行，请回答具体是哪一个坐标轴；若不平行，请简述原因。

  5. 双目相机间的姿态差异会导致 SSD 误差无法评估匹配，请简述能够缓解该问题的方法。

参考文献

[1] LI F. Lecture 9&10：Stereo Vision [EB/OL]. http://vision.stanford.edu/teaching/cs131_fall1415/lectures/lecture9_10_stereo_cs131.pdf，2014-15.

[2] Carnegie Mellon University. Stereo Vision Lecture [EB/OL]. http://16385.courses.cs.cmu.edu/spring2021/lecture/stereo，2021.

[3] BAI M，ZHUANG Y，WANG W. Hierarchical adaptive stereo matching algorithm for obstacle detection with dynamic programming[J]. Journal of Control Theory and Applications，2009，7（1）：41-47.

[4] Cornell University. Lecture 13：Stereo Vision [EB/OL]. https://www.cs.cornell.edu/courses/cs5670/2023sp/lectures/lec13_stereo_for_web.pdf，2023.

[5] McQueen_LT. SLAM 学习之路——双目相机照片生成点云（附 C++ 代码）[EB/OL]. https://blog.csdn.net/McQueen_LT/article/details/118876191，2021-07-30.

[6] Intel. Intel RealSense Depth Camera D435 [EB/OL]. https://www.intelrealsense.com/depth-camera-d435/，2024.

第 5 章　特征提取与匹配

5.1　视觉特征

通过相机标定和双目视觉的介绍，可以发现：前者的棋盘格可以看做一种稀疏的像素匹配，且这些匹配像素的三维世界坐标已知，此时可以通过这种 3D-2D 匹配关系来求解相机外参，也就是位姿；后者可以看做相机间外参已知，双目匹配的结果可以看做一种稠密的像素匹配，但对应的三维坐标均未知，此时可以通过这种 2D-2D 匹配关系和位姿，来求解匹配像素的三维坐标。此时可以提出一个设想：是否能够在位姿未知的情况下获得 2D-2D 匹配关系，然后由 2D-2D 获得位姿进而获得像素的三维坐标呢？本章回答第一个问题，在位姿未知的情况下获得 2D-2D 匹配关系。这个问题完整的回答则在接下来的几章中给出。

2D-2D 匹配的直接方法就是在双目匹配时提到的穷举每一对可能的像素匹配，但这种方法不仅效率低下，还可能引起很多的错误。因为即使在位姿已知的情况下，都有可能在一维极线的搜索范围内出现匹配代价的模糊，那在一对全图的范围内出现模糊的可能性会大得多。为了缓解该问题，需要引入一个新概念——视觉特征，也就是在像素中先寻找一个子集，这个子集中的像素都有更低的概率存在混淆。通过该方式，就可以将大概率引入混淆的像素在匹配阶段前筛去，既加快了搜索匹配的效率，又避免了对其他像素的匹配造成误导。

图 5-1 给出了一个特征点提取和匹配案例，可以看到天空中没有任何像素被作为特征点，这是因为这些天空中的像素点不可能获得精确的匹配，因为像素周围的灰度值几乎完全一致，显然会带来巨大的混淆。反之，剩下的特征点排除了这些一定会发生错误的像素，就能够减少大量的计算时间，而且不易引入额外的误差。

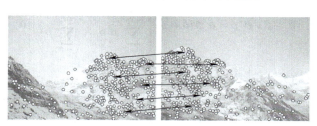

图 5-1　特征点提取和匹配

5.2 特征提取方法

5.2.1 角点提取

在对特征点的概念有了定性的认识后,就要在数学上定义特征点。直观上,这些更容易确定匹配的特征点存在的特性就是避免模糊。考虑到在整张图片上定义模糊性较为困难,选择在局部构造这种反应模糊的独特性。首先看一个案例如图 5-2 所示,如果在平坦区域上取一个点,那么匹配的另一张图即使和该图一模一样,也无法确认正确的匹配,因为大量区域的图像块完全一致,这就类似天空。如果在边缘区域上取一个点,那么其匹配的像素会大大减少,但是仍然无法区分这条边缘上的其他像素和该像素的图像块差异,因此模糊性减少了,但仍然存在。最后看角点区域,可以发现,角点对应的图像块具有独特性,因为即使移动一个像素,也会引起图像块不同。当然这也不能说明角就一定有全局的独特性,如果图中有两个角,那么显然就会引入模糊,这是在局部定义模糊的原因。所以,基于这个特性,可以得出一个结论,构造能够从图像中挑选出角点的方法。这是一种特征提取算法,输入是图像,输出是图像上的角点。

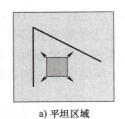 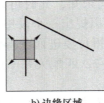 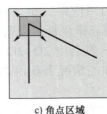

a) 平坦区域　　　　　　b) 边缘区域　　　　　　c) 角点区域

图 5-2　不同区域的局部模糊特性(蓝色区域为图像块)

给定一个像素 U,以其为中心的方形图像,如 5×5、7×7 的图像块,记为 $P(U)$。如果对像素位置施加一个小量的扰动 δ,并将扰动后的图像块和扰动前的图像块像素值之差的二次方和看做一个函数,那么该函数在像素 U 处进行一阶泰勒展开,近似可得

$$\|P(U+\delta)-P(U)\|^2 \approx \|\nabla P \cdot \delta\|^2 \tag{5-1}$$

式中,∇P 是该函数的梯度。举例而言对于 5×5 的图像块,∇P 是 25×2 矩阵,两列分别是所有图像块中像素的横向和纵向图像梯度。对近似项进一步展开可得一个二次型:

$$\delta^{\mathrm{T}} \nabla P \nabla P^{\mathrm{T}} \delta = \delta^{\mathrm{T}} M \delta = \delta^{\mathrm{T}} \begin{pmatrix} \sum_{u,v\in W} P_u^2 & \sum_{u,v\in W} P_u P_v \\ \sum_{u,v\in W} P_u P_v & \sum_{u,v\in W} P_v^2 \end{pmatrix} \delta \tag{5-2}$$

式中,W 表示图像块的大小。

考虑到扰动是一个微小量,因此主要传递信息的是 M。接下来看三个例子,均为给定像素的 5×5 图像块,如图 5-3 所示。简单起见,像素值仅取 0 和 1,可以得到对应的 M 矩阵。

第 5 章 特征提取与匹配

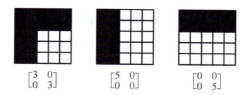

图 5-3 不同图像块及其所对应的 M 矩阵

可以发现，当图中有两边与图像块平行的角存在时，M 矩阵的对角线元素均不为 0；仅存在与图像块平行的边缘时，M 矩阵的对角线元素有一个为 0。这个案例直观展现了 M 矩阵如何区分出角。但这个案例还不严谨，因为实际中并非只有和图像块平行的情况。为了描述更一般的边缘，从平行于图像块边界的边缘开始，并通过图像块的旋转形成各个方向边缘。令旋转后的边缘图像块为 $\bar{P}(U)$，其梯度可以如下计算。

$$\nabla \bar{P}|_U = \lim_{\Delta \to 0} \frac{\bar{P}(U+\Delta) - \bar{P}(U)}{\Delta} = \lim_{\Delta \to 0} \frac{P(RU+R\Delta) - P(RU)}{\Delta} \tag{5-3}$$

$$= \lim_{\Delta \to 0} \frac{P(RU) + \nabla P|_{RU} \cdot R\Delta + o(R\Delta) - P(RU)}{\Delta} \tag{5-4}$$

$$= \lim_{\Delta \to 0} \frac{\nabla P|_{RU} \cdot R\Delta + o(R\Delta)}{\Delta} \tag{5-5}$$

$$= \nabla P|_{RU} \cdot R \tag{5-6}$$

因此，包含任意方向边缘的图像块应具备如下性质。

$$\bar{M} = R^{\mathrm{T}} M R \tag{5-7}$$

可以看到，$\bar{M}$ 是 M 左右乘以旋转矩阵，考虑到旋转矩阵是正交阵，且 M 矩阵只具有对角元素时，其实可以将式（5-7）看做 $\bar{M}$ 的特征值分解。因此可以得出对于任意方向的边，其应该有一个特征值为 0。

接下来考虑角，因为角由两条边构成，所以角的图像块可以被构造为两条任意方向边的图像块导出。

$$\bar{M} = R_1^{\mathrm{T}} M R_1 + R_2^{\mathrm{T}} M R_2 \tag{5-8}$$

当角的两边刚好与图像块边界平行时，也就是图 5-3 的第一个情形，此时正好是平行边缘图像块的 M 和旋转 90° 边缘图像块的 M 之和，正好将仅有一个对角元素的 M 变成两个对角元素一致，如

$$\bar{M} = \begin{pmatrix} 0 & 0 \\ 0 & 3 \end{pmatrix} + \begin{pmatrix} 0 & -1 \\ 1 & 0 \end{pmatrix} \begin{pmatrix} 0 & 0 \\ 0 & 3 \end{pmatrix} \begin{pmatrix} 0 & 1 \\ -1 & 0 \end{pmatrix} \tag{5-9}$$

这就得到了第一个情形的结果。对于更一般的角，无法再写为对角形式，但因为 R_1

和 R_2 旋转不同，可以得到角的 $\bar{M}$ 一定为满秩，两个特征值均不会 0。结合该更一般化的边缘，并考虑实际中有噪声情况，如图 5-4 所示可以归纳为结论：

(1) 当图像块的 M 的特征值均很小，则图像块的内容应当是平坦区域。
(2) 当图像块的 M 的特征值有一个较大，则图像块的内容应当是边缘区域。
(3) 当图像块的 M 的特征值均较大，则图像块的内容应当是角点区域。

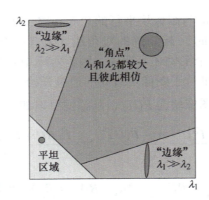

图 5-4　M 矩阵的特征值分布

通过上述方法，本质是利用 M 矩阵来反应模糊性。利用两个特征值的分布来体现角点，仍然存在难以设定阈值的问题，最好通过一个数就能反映角点的响应。首先，可以看图 5-5 所示的案例。在这个案例中，对图像的每个像素都求解了 M 矩阵，并选择 M 矩阵的更大特征值和更小特征值两个值来衡量该像素是否对应角点。从中间图中可以看出，当选用更大特征值时，棋盘格的点线均被反映，这个容易理解，因为边缘也有一个特征值不会为 0，因此更大特征值无法区分角点和边缘，无法作为角点的响应。但是从右图中可以看到，当选择更小的特征值时，棋盘格中的响应点都是角点，不再包含边缘，这是因为对于平坦区域和边缘区域，更小的特征值均为 0，只有当两个特征值均不为 0 的角点区域，更小的特征值才能仍较大。因此，更小的特征值可以被作为角点的响应。

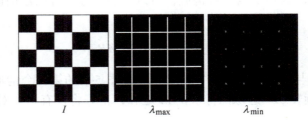

图 5-5　特征值和角点的关系（来自康奈尔大学 CS5670 的膜片）

5.2.2　快速计算

获得了角点的响应函数，就是对图像逐像素求解 M，并分解求更大的特征值。但这

个操作意味着求解全图的角点响应,需要求解像素次数的特征值分解,这个计算量难以接受。为了克服该问题,使用一种近似的方法:

$$f(\boldsymbol{M}) = \frac{\lambda_1 \lambda_2}{\lambda_1 + \lambda_2} = \frac{|\boldsymbol{M}|}{\text{trace}(\boldsymbol{M})} \tag{5-10}$$

式中,λ_1、λ_2 是特征值。可以看到,当区域平坦时,$\lambda_1 \lambda_2$ 极小,式(5-10)几乎为 0。当两者有一个大,一个小,即边缘的情况时,不妨设 λ_1 更大,此时式(5-10)几乎是 λ_2,而边缘的更小的特征值几乎为 0,因此同样几乎为 0。当两者都大时,式(5-10)同样更接近小的特征值,但角点的更小特征值仍较大,因此此时式(5-10)不为 0。虽然式(5-10)近似了更小的特征值,但仍需要计算特征值,没有避免计算特征值分解。进一步观察该式,考虑到矩阵的特征值之和和乘积是矩阵的迹和行列式,因此式(5-10)的分子是 $\boldsymbol{M}$ 矩阵的行列式,分母是 $\boldsymbol{M}$ 矩阵的迹。利用该特性,就可以避免计算特征值分解,而只需要计算行列式和迹,大大加快了计算。式(5-10)最右侧的公式被称为 Harris 角点响应,而该方法是知名的角点提取算法——Harris 角点提取方法。

图 5-6 所示为一实例,两幅图像的角点响应如图 5-6c 所示,可以看到在角的区域呈角点响应更强的红色,而在桌面的区域呈现较弱的蓝色,体现了上文理论分析的结论。在获得角点响应后,可以利用阈值提取角点区域,如图 5-6b 所示。可以看到,角点附近的像素均被保留,但其他像素已被剔除。为了减少角点的重复提取,通常还会做一步局部非极大值抑制(NMS),也就是在一个局部区域内只提取最大的一个像素作为角点。经过 NMS 后的角点如图 5-6d 所示,最终所提取的角点如红色点标注在图 5-6d 中。

从这个案例可以看到,尽管原图存在光照、旋转等变化,也是特征匹配中通常会碰到的情况,但所提取的角点,还是对这些变化有较好的鲁棒性:光照的鲁棒性源于梯度对光照相对绝对像素值更不敏感;旋转平移的鲁棒性源于这些变换不影响 $\boldsymbol{M}$ 矩阵的特征值。因此,即使有变化存在,在一张图中被提为角点,其对应点在另一张图中也被列位角点。尽管还没有对应关系,但这已经达到了选取子集、避免模糊、加快匹配的效果。

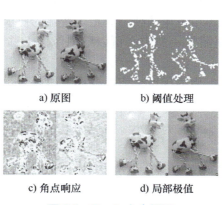

a) 原图　　b) 阈值处理

c) 角点响应　　d) 局部极值

图 5-6　Harris 角点提取

图 5-6 彩图

5.2.3 不变性

上文介绍了角点提取的整个过程,并且通过引入图 5-6 的案例来介绍这个过程。该案例非常具体地展示了对特征点提取的需求:当两张图片间存在光照、平移、旋转、尺度、仿射等变换的情况下,具有匹配关系的两个像素都能被提取为角点。如果不能都被提取为角点,那就意味着在这类变换存在的情况下,被提为角点的像素可能在另一幅图中没有匹配,因为其对应像素根本就没有被列到特征点的子集中。针对这一需求,图 5-6 案例中也给出了角点具有这样的性质,即在光照、平移、旋转存在的情况下,可以被提为角点。本节将正式介绍这种性质的数学定义。

定义角点提取操作为 H,该操作所形成的响应图像为 $h(U)$,即

$$h(U) = H(I(U)) \tag{5-11}$$

在发生变换的情况下,仍能提取角点,意味着在发生变换后,$h(U)$ 中响应大的角点区域仍是原图的角点区域。图像的变换可以分为两类,一类是对像素的取值造成变化,如光照,记为 A;另一类是对像素的位置造成变化,如旋转、平移和尺度等,记为 W。那么这个性质可以被写为

$$h(W(U)) = H(A(I(W(U)))) \tag{5-12}$$

该式的意思是对于光照这类取值的变换角点响应能够保持不变,比如在图 5-6 中,光照变暗后,角点响应不变,在同样的位置仍可以提取角点;对于像素位置发生变换的情况,能够保持同样的变换,比如图像整体平移和旋转,那么角点能够在对应平移和旋转后的像素位置被提取。这类性质在数学上被称为等变性,也就是变换 – 提取角点和提取角点 – 变换,能够得到一致的结果。当然,在实际中这种性质很难理想存在,因为区域值、离散化等非连续的操作都可能引起差异,但该性质仍对设计特征具有指导和判断意义。

对于角点可以用式(5-12)简单分析,根据式(5-7)反应了旋转对图像 M 矩阵的影响。但矩阵在施加正交矩阵前后,其特征值不会发生变化,因此其最小的特征值也不会发生变化。再结合式(5-7),说明对于图像的旋转,角点的响应会对应旋转,且对于旋转后的角点位置,角点响应值不会发生改变,满足等变性的要求。对于平移,因为角点是用局部的图像块来提取的,而图像块的中心可以随图像的平移而平移,所以也满足等变性要求。

对于光照,上文已介绍,因为梯度操作的存在,所以对于线性的像素值变化这类光照变换,如 $\bar{I}(U) = aI(U)+b$,其中的 b 不会产生影响,a 会产生影响,但好比对整个响应都产生一致的影响,所以不会影响相对大小。所以如果对应调整阈值,仍可以实现角点的不变性。

最后,还剩下两项典型变换,一项是仿射变换,角点难以对这类变换保持严格的等变性;另一项是尺度变换,这项在上文介绍的方法中也无法实现不变。可以通过一个例子来反应。如图 5-7 所示,当图像整体产生缩放时,采用同样的角点响应窗口,等价于对同一张图像施加不同尺度的窗口提取特征。可以看到,当图像块的窗口小时,图像可能呈现出

边缘；而当窗口大时，图像可能呈现为角点，进而导致角点的变换。这就是无法实现对尺度等变的原因。

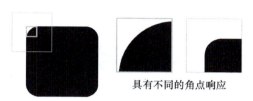

图 5-7 尺度变换导致的角点响应的差异

5.2.4 尺度不变性

通过上文的分析，Harris 角点存在对尺度缺少等变性的问题，也就意味着对于两张图片，一张图片是另一张的缩放，可能导致角点只能在一张图片中被提取，进而引入错误。为了克服该问题，本节主要介绍如何构造具有尺度不变性的角点提取。

不妨以平移为一个切入点，角点提取的操作能够对平移产生等变性的关键在于角点的提取在逐像素上均进行。换一个角度，当存在两个图像，图像间存在未知的平移变换，那么给定一张图上的某个角点，在另一张图上逐像素提取角点的过程，也可以理解为在给定的位置对全图上所有可能的平移进行穷举，对每个平移都提取一次角点，这样虽然未知，但最后的角点响应上一定包含了对应正确平移的角点。

基于这个理解方式，如果将平移对应到尺度，那么尽管两个图像间真值的尺度变换未知，但可以对全图所有可能的尺度变换都进行穷举，并提取角点响应，从而使对应正确尺度变换的角点能够被涵盖在多个穷举尺度的角点提取结果中。基于这个思路，可以构建如图 5-8 所示图像的尺度空间，通常称为图像金字塔。从该图中可以看到，当对不同尺度的图像施加同样的 Harris 角点提取方法，本质也可以理解为对一张图片用不同的窗口来切取图像块，从而衡量角点。

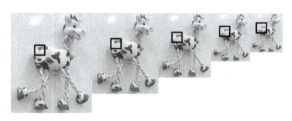

图 5-8 图像的尺度空间

当在该尺度空间图像集合上都提取了角点之后，能够保证对尺度发生变化的两张图像中的对应角点都进行提取，但可能会在同一位置的不同尺度上提出不同的角点，这时候就牵涉到如何唯一确定某个角点所对应的尺度。

解决该问题的思路是寻找一个尺度空间上的不变量。针对一个给定的像素点，其在不同尺度图像下的位置是已知的，因此对于同一个像素，可以获得一组尺度空间下的角点响应集合，如图 5-9 所示。

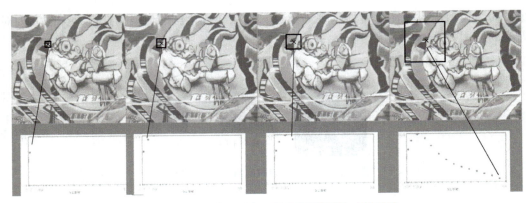

图 5-9　同一像素位置在不同尺度下提取角点的响应

从图 5-9 可以看到，对于像素点在不同尺度下的角点响应会有所不同这一点容易理解，因为不同的窗口大小可能导致角点的模糊。考虑到图中的横轴——尺度，是相对于给定图像的，所以不能采用尺度数值来确定。因此，通常将该曲线上的最大值所对应的尺度作为角点提取的尺度，这可以理解为一个角点取得最大角点响应所对应的图像块应当保持一致，而无所谓全图的尺度。如图 5-10 所示，即使两张图片所在尺度不同，其在不同尺度下对应角度响应最大值的图像块具有一致的尺度。基于这个特性，就可以确定每个角点所对应的尺度，进而确定提取该角点的图像块的大小，用于后续的处理。通过穷举尺度空间，构建最大角点响应，就可以获得角点提取对尺度的等变性。

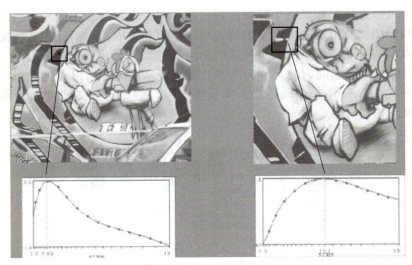

图 5-10　不同尺度图像在尺度空间下角度响应最大值对应的图像块

5.3　特征描述方法

通过上文的角点提取，能够构建像素的子集，使存在模糊的像素提前被剔除，不参与特征匹配，从而获得更稳定的匹配关系。通过一系列技术，来保证在两幅存在平移、旋转、尺度、光照等变化影响下的两幅图像中都能提取对应的角点，从而提高匹配的正确性。但考虑到角点的独特性定义发生在局部，因此仅通过角点响应，难以获得全图的一对一匹配关系。为了解决该问题，仍需要借助图像块的帮助，因为图像块的内容相比于角点响应维度更高，更容易在所有的特征点中构造唯一性。

一个直观的方式是类似双目匹配，直接选取角点的图像块，但因为两张图像间没有双目对齐的步骤，也没有已知的相对位姿关系，所以即便角点的匹配关系正确，它们的图像块仍可能差别很大。为了克服这个问题，需要对图像块做额外的操作，构建一个用于匹配的特征，这个过程一般被称为特征描述。

5.3.1 主方向

最常见的差异是匹配的两个特征点其图像块间存在旋转，此时图像块的差异很大，但大的原因并非是内容差异，而是图像的姿态。因此，要抑制这种差异，就需要将两者的图像块进行标准化，对齐到同一个方向进行对比。为了实现该目标，一个直观的思路是利用角点响应在做特征值分解时的旋转矩阵，通过该矩阵，可以获得图像块相对于特征向量的旋转，由于图像块在特征向量的方向上坐标为特征值，因此只要对齐到特征向量，两个图像块的旋转差异就会被消除。但是，式（5-10）通过构造，避免了逐点计算特征值分解的过程，那么在这里又要使用特征值分解，将导致上文所节省的算力被浪费。因此，需要一个近似的方法，来获取图像块中的一个不受图像整体旋转影响的标准方向。

在实际应用中，实现该目标一个常见的方法是采用特征点梯度的方向。如图 5-11 所示，在提取特征点时，肯定会提取特征点像素所对应的图像梯度，将梯度的角度作为图像块的标准角度，也就是主方向，然后以该主方向作为坐标轴，重新提取角点周围范围内的图像块。该图像块在整个图像中就呈现出非对齐于图像的状态，但考虑到图像块中梯度的方向与图像的内容有关，因此对其到梯度方向就可以使图像块不受全图旋转的影响。

通过该步骤，结合角点提取时所确定的最大角点响应所在尺度，就可以确定一个四元组 (u,v,θ,s)，其中前两个元素 u 和 v 是角点像素的位置，第三个元素是梯度的主方向，第四个元素是角点提取的尺度。通过这个四元组，可以描述一个角点，以及以此为中心，旋转为 θ、尺度为 s 的图像块作为其描述子，$D_{\theta,s}(u,v)$。将这些带主方向、不同尺度的图像块进行可视化，如图 5-12 所示。给出了一个图像角点提取和其特征描述 MOPS 的结果。

图 5-11　MOPS 特征描述方法

图 5-12　不同尺度下提取的不同主方向的特征点及其描述

5.3.2 尺度不变特征变换

借助 Harris 角点和 MOPS 描述的方法，能够在存在变化的两张图片间提取特征点子集，并构造抑制图片间旋转和尺度变化的描述子。但 MOPS 存在一个缺陷，就是图像块受到光照影响时，比如 $\bar{I}(U)=aI(U)+b$，此时图像块即使抑制了旋转尺度带来的变化，仍存在较大的图像差异。为了进一步抑制该问题，还需要构造新的描述子。

类似角点提取时讨论的对光照变化的鲁棒性，相比于像素值，如灰度、RGB 等，像素的梯度值对光照更不敏感。因此，一种增加特征描述子对光照鲁棒性的方式是采用基于梯度的构造方法。接下来介绍一种基于该思路的特征描述子——尺度不变特征变换（SIFT）。

在提取了特征点并确定了尺度后，取特征点周围 16×16 的图像块。然后，对所有像素求梯度，并将梯度的方向离散化，对所有的梯度方向进行统计，并以梯度的模值作为直方图的计数，获得梯度直方图，将直方图中最高的方向作为图像块的主方向。本质上，这个方法就是将梯度方向的众数作为主方向，相比仅关注特征点的梯度，这个方法鲁棒性更强，如图 5-13 所示。在获得了主方向以后，就以新的主方向重新获取图像块。此时，新图像块的梯度直方图的 0 角度就对应了主方向，也就是对齐了方向，不再与全图的旋转相关。

然后将对齐后的图像块，均匀分为 4×4 的子区域，即每个子区域包含 4×4 的像素。在划分了区域以后，仍对所有像素求梯度，正式构造描述子，以梯度来提升对光照变化的鲁棒性。对每个子区域，统计梯度方向离散化的直方图，总共可以得到 16 个 8 维的梯度直方图。将这 16 个直方图连接在一起，构造一个 128 维的向量，该向量即为知名的 SIFT 描述子。该过程如图 5-14 所示。

相比于使用图像块的像素值，使用图像块的梯度，并结合离散化的 SIFT 描述子显然具有更强的光照鲁棒性。此外，离散化的直方图还能提升对仿射变换的鲁棒性，因为只要方向的影响还不会导致直方图区间的变化，就不会导致描述子产生明显变化，鲁棒性相比于图像块的直接像素评价，对几何变化也更鲁棒。至此，完成了角点特征的 SIFT 描述子的提取，可以记为 $D_{\theta,s}(u,v)\in R^{128}$。图 5-15 给出了在一张图像上运行 SIFT 描述子的结果。

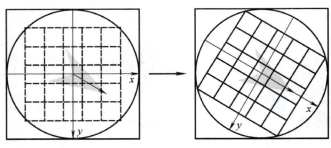

图 5-13 SIFT 中的主方向提取

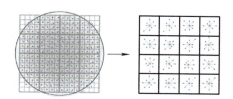

图 5-14　SIFT 描述子的构造

图 5-15　SIFT 特征提取（方块为 SIFT 提取对应的尺度和主方向）

5.4　特征的匹配

在构造了特征的描述子后，需要最后一个步骤，即匹配图像的特征点。因为特征描述子的存在，特征的匹配就和双目匹配类似，选取描述子的差异最小的特征点作为给定特征点的匹配即可。将给定的特征点记为 $Q_{\theta,s}(u,v)$，另一张图像上的特征点集合记为 $\{D_{\theta,s}(u,v)\}$，这样给定特征点的匹配是

$$\min_{\{D_{\theta,s}(u,v)\}}\|Q_{\theta,s}(u,v)-D_{\theta,s}(u,v)\| \tag{5-13}$$

这对于每个给定的特征点，都可以获得其匹配。

在实际应用中，这种简单的匹配方法存在一个问题，就是在碰到重复纹理的时候，类似双目，仍然会导致歧义，如图 5-16 所示。在图 5-16a 中给定的 F，在图 5-16b 中可能会引起 F′ 和 F″，甚至更多重复纹理的匹配。但光靠局部图像块，即使是构建了描述子，仍很难精确确定匹配关系。考虑到这些特征容易造成误匹配，所以为了抑制错误，一种思路是将其在匹配结果中剔除。

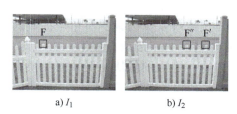

图 5-16　重复纹理导致特征匹配出错

为了实现剔除的思路，需要对给定的特征点提取最接近，以及第二接近的两个特征点。简单起见，就将两者记为 F′ 和 F″，并且给定特征点 F 和两个特征的距离分别记为 d_1 和 d_2，那么有一种方法叫比例测试（Ratio Test），能够根据最接近的两个特征来判断是否有可能该匹配是重复纹理的匹配。具体的测试方法为

$$\tau=\frac{d_1}{d_2}<\tau_0 \tag{5-14}$$

这个测试指最接近的特征点，其距离是否显著比第二接近的特征点更新。其中，τ_0 就是人工设计的阈值。在实际应用中，该阈值一般被设为 0.7～0.8。该测试的思路就是如果存在两个接近的特征点，并且两者接近的程度类似，那么这两个特征点很可能来自重复纹理，进而引起错误。如果最接近的特征点显著比第二接近的特征点要接近，那一定意味着匹配的模糊性很低，结合 SIFT 这类复杂的、包含了周围图像块信息的描述子，这种情况的出现通常都能反映最接近的一对匹配两者的描述子类似，也就是正确的匹配。因此，这个测试在实际中很常用，对于确认正确匹配有很好的帮助，经过该测试的特征点匹配结果如图 5-17 所示。

图 5-17 基于 SIFT 描述子的特征点匹配

本章小结

本章介绍了机器人视觉中一个非常重要的概念——特征。通过特征匹配，能够在缺少图像相对位姿的情况下，给出匹配关系，并能在后续的章节中，通过这种匹配关系，获取更多的信息。本章从特征点作为切入，通过在图像中提取像素的子集，从而将模糊性较强的像素先行剔除，避免后续为匹配引入错误。为了实现这个目标，构造了像素的局部独特性概念，通过图像梯度的特征值来反应模糊程度，引出了平坦区域、边缘区域和角点区域的概念，并且揭示了只有角点区域定义良好，不会引起模糊问题。在此基础上，本章又介绍了对旋转、平移、光照、尺度等常见因素的对角点提取的影响，并介绍了相应的方法来抑制这种影响，最终形成知名的 Harris 角点提取。在获得特征点后，又引入了特征描述子的概念，通过主方向等概念，克服图像块易受几何变换影响的缺陷，并通过梯度直方图等概念，构造 SIFT 描述子，克服光照影响。最后，通过对比描述子以及比例测试等技术，实现了图像间特征点的匹配，并避免了重复纹理的干扰。

习题与思考题

1. 请简述 Ratio Test 主要解决的问题，并解释其具体做法。
2. 请列举属于二阶边缘检测算子的算子类型。
3. 请简述 Harris 角点所具有的各种不变性，并解释相应的原因。
4. Harris 角点对应的图像块具有以下不变性吗？1）平移不变性，2）旋转不变性，3）光照不变性，4）对姿态的不变性。若有，请回答具体是哪些不变性；若没有，请简述原因。

5. 试回答 Harris 角点对应的图像块具有以下哪些不变性：1）平移不变性，2）旋转不变性，3）光照不变性，4）对姿态的不变性。请简述原因。

6. 关于 SIFT 特征，现给出以下描述：1）具有尺度不变性，2）具有旋转不变性，3）秒级处理时间，很难做到实时，4）受光照变化影响大，请分别判断各描述的正确性并给出理由。

参考文献

[1] MATTHEW B. Recognising panoramas[C]//International Conference on Computer Vision（ICCV 2003），Nice，France（October）. 2003.

[2] SNAVELT N. CS5670：Computer Vision[R/OL].（2020-10-8）[2024-06-11]. https://slideplay er.com/slide/13494356.

[3] HARRIS C，STEPHENS M. A combined corner and edge detector[C]//Alvey Vision Conference. 1988，15（50）：10-5244.

[4] TUYTELAARS T. ECCV 2006 tutorial[R/OL]. 2006[2024-06-11]. https://www.cs.utexas.edu/~grauman/courses/378/slides/lecture13.pdf.

[5] BROWN M，SZELISKI R，WINDER S. Multi-image matching using multi-scale oriented patches[C]//2005 IEEE Computer Society Conference on Computer Vision and Pattern Recognition（CVPR'05）. IEEE，2005，1：510-517.

[6] LOWE D G. Distinctive image features from scale-invariant keypoints[J]. International Journal of Computer Vision，2004，60：91-110.

[7] KHALIL A A，EL SAYEID M I，IBRAHIM F E，et al. Efficient frameworks for statistical seizure detection and prediction[J]. The Journal of Supercomputing，2023，79（16）：17824-17858.

[8] SNAVELT N. CS6670：Computer Vision[R/OL].（2013-10-8）[2024-06-11]. https://www.cs.cornell.edu/courses/cs4670/2013fa/lectures/lec08_matching.pdf.

第 6 章　机器人位姿估计

6.1　机器人位姿估计的概念与数字表示

6.1.1　状态估计简介

机器人的状态是指一组完整描述机器人随时间运动的物理量，如位置、角度和速度。状态估计的过程是指机器人用传感器估计自身状态的过程。因为噪声的存在，任何传感器的精度都是有限的，所以每个真实传感器的测量值都有不确定性。正因如此，才需要利用估计算法来确定机器人的真实状态。当结合多种传感器的测量值来估计状态时，最重要的就是了解所有的不确定量，从而推断对状态估计的置信度。在某种程度上，状态估计问题就是如何以最好的方式利用已有的传感器。

在实际应用中，人们希望机器人按照给定的要求工作，这可以通过控制来实现，但在控制之前，首先需要确定机器人的状态，即状态估计。在机器人技术中，状态估计至关重要，如果没有得到相对准确的自身状态，后续规划、控制等任务就无从谈起。

6.1.2　位姿估计的数学表示

机器人位姿是其位置与姿态的合称。位姿估计广泛应用于各类机器人技术，其中典型的应用场景是"同时定位与建图"（Simultaneous Localization and Mapping，SLAM）技术。在 SLAM 技术中，机器人需要携带不同类型的传感器，在未知环境中实时确定自己的位置与姿态，并构建周围的环境地图，像人一样感知周围的环境并能自主运动。

下面用数学语言来描述机器人在未知环境中运动并进行定位和建图的过程。由于传感器通常是在离散时刻采集数据，所以只需要关注采样时刻机器人的状态，即位姿。将这些时刻记为 $t=1,\cdots,K$，用 x 表示机器人自身的状态，于是各时刻机器人状态就记为 $x_1,\cdots,x_K$。机器人同时需要构建地图，设地图是由许多个路标组成，于是在每个时刻传感器会测量得到一部分路标点，形成观测数据。设路标点一共有 N 个，用 $y_1,\cdots,y_N$ 表示。

有了上述概念后，机器人位姿估计的过程可以由两件事来描述：运动和观测，其数学表示分别称为运动方程与观测方程。运动方程描述从 $k-1$ 时刻到 k 时刻，机器人的状态 x

是如何变化的。

$$x_k = f(x_{k-1}, u_k) + w_k \tag{6-1}$$

式中，u_k 是运动传感器的输入；w_k 为噪声。对于 x 从 $k-1$ 时刻到 k 时刻变化的过程，这里用一个一般函数 f 来描述，可以指代任意的运动传感器，具有通用性。

观测方程则是描述当机器人在 x_k 位置上看到某个路标点 y_j，产生了一个观测数据 $z_{k,j}$ 的过程。

$$z_{k,j} = h(x_k, y_j) + v_{k,j} \tag{6-2}$$

式中，$v_{k,j}$ 是本次观测的噪声。同样地，由于观测所用的传感器形式很多，这里的观测数据 $z_{k,j}$ 以及观测方程 h 也有许多不同的形式。

对于函数 f、h，以及 x_k、y_j 和 $z_{k,j}$，根据机器人的真实运动和传感器的种类，存在各种不同的表达方式。例如，假设机器人在平面中运动，那么，x_k 就由两个位置和一个转角来描述，即 $x_k = [x, y, \theta]_k^T$，称 x_k 为机器人平面运动中的位姿。

总体上，定位与建图过程可以总结为运动方程与观测方程两个基本方程，这两个方程描述了最基本的 SLAM 问题：当知道运动测量的数据 u 和传感器的数据 z 时，如何求解位姿估计问题（估计 x）和建图问题（估计 y）。这时，可以把 SLAM 问题中的位姿估计问题建模为：如何通过带有噪声的测量数据，估计内部的、隐藏的状态变量。

状态估计问题的求解与两个方程的具体形式，以及噪声服从哪种分布有关。按照运动方程和观测方程是否为线性，噪声是否服从高斯分布，可以分为线性／非线性和高斯／非高斯系统。其中，线性高斯系统是最简单的，它的无偏最优估计可以由卡尔曼滤波器得出。而在复杂的非线性非高斯系统中，要使用扩展卡尔曼滤波器和非线性优化两大类方法去求解。

对于状态估计的方法，可以分为递归滤波与批量优化两大类。总体来说，递归方法仅关心当前时刻的状态估计 x_k，而对之前的状态不多考虑；批量方法则使用一定时间范围的数据并优化，得到该范围内最优的轨迹和地图。因此，批量方法可以在更大的范围达到最优化，被认为优于传统的滤波器，但因为批量方法要求用大量不同时刻的数据来优化，往往无法实时处理。本节先介绍通过最大后验估计求解批量优化的相关方法，将卡尔曼滤波器等递归方法留到后续章节介绍。

从概率学来说，对机器人的状态估计可以转化为求以下条件概率分布问题。可以将路标点 y 视为已知，只估计机器人自身的状态 x：

$$P(x|u,z,y) \tag{6-3}$$

式中，x 表示所有时刻的机器人位姿；u 表示所有时刻的输入；z 表示所有时刻的观测数据；y 表示所有路标点。

$$x = x_{0:K} = (x_0, \cdots, x_K), \quad u = u_{1:K}, \quad z = z_{0:K}, \quad y = y_{1:N} \tag{6-4}$$

利用贝叶斯法则，有：

$$P(x|u,z,y) = P(z|x,u,y)P(x|u,y) / P(z|u,y) \propto P(z|x,y)P(x|u) \tag{6-5}$$

$P(x|u,z,y)$ 称为后验概率。状态估计就是求出后验概率最大时对应的机器人状态 x 的过程。因为式（6-5）中 $P(z|u,y)$ 与要估计的 x 无关，所以不用考虑这一项。$P(z|x,u,y)$ 在 x 和 y 确定时，观测 z 与运动输入 u 无关，因此可以简化为 $P(z|x,y)$，同理 $P(x|u,y)$ 可简化为 $P(x|u)$。

接下来，假设各个时刻的观测、输入之间都是独立的，同时假设已知初始时刻的状态 x_0，所以可把式（6-5）进一步分解为

$$P(z|x,y)P(x|u) = \prod_{k,j} P(z_{k,j}|x_k,y_j) \prod_k P(x_k|x_{k-1},u_k) \tag{6-6}$$

回顾运动方程与观测方程：

$$\begin{cases} x_k = f(x_{k-1}, u_k) + w_k \\ z_{k,j} = h(x_k, y_j) + v_{k,j} \end{cases} \tag{6-7}$$

假设这里的噪声项 w_k 和 $v_{k,j}$ 满足零均值的高斯分布：

$$w_k \sim N(0, R_k), \quad v_{k,j} \sim N(0, Q_{k,j}) \tag{6-8}$$

式中，N 表示高斯分布；0 表示零均值；$R_k, Q_{k,j}$ 为协方差矩阵。因此有：

$$P(x_k|x_{k-1},u_k) \sim N(f(x_{k-1},u_k), R_k), \quad P(z_{k,j}|x_k,y_j) \sim N(h(x_k,y_j), Q_{k,j}) \tag{6-9}$$

概率 $P(z|x,y)P(x|u)$ 分解出的每一项仍为高斯分布。考虑高斯密度函数的展开形式：

$$P(x) = \frac{1}{\sqrt{(2\pi)^N \det(\Sigma)}} \exp\left(-\frac{1}{2}(x-\mu)^T \Sigma^{-1}(x-\mu)\right) \tag{6-10}$$

将 $P(x_k|x_{k-1},u_k)$ 和 $P(z_{k,j}|x_k,y_j)$ 展开为以上形式，并对其求负对数，得

$$\begin{aligned} x &= \arg\max_x P(z|x,y)P(x|u) \\ &= \arg\max_x \prod_{k,j} P(z_{k,j}|x_k,y_j) \prod_k P(x_k|x_{k-1},u_k) \\ &= \arg\min_x \left(-\sum_{k,j} \ln P(z_{k,j}|x_k,y_j) - \sum_k \ln P(x_k|x_{k-1},u_k) \right) \end{aligned} \tag{6-11}$$

定义误差：

$$e_{x,k} = x_k - f(x_{k-1}, u_k) \tag{6-12}$$

$$e_{z,j,k} = z_{k,j} - h(x_k, y_j) \tag{6-13}$$

则有

$$x = \arg\min_x \left(\sum_{k,j} e_{z,j,k}^T Q_{k,j}^{-1} e_{z,j,k} + \sum_k e_{x,k}^T R_k^{-1} e_{x,k} \right) \tag{6-14}$$

这样就成为一个最小二乘问题，根据 f 和 h 函数的具体形式，可以选择不同的优化方法得到这个问题的解，即得到了机器人的最大后验状态估计。

6.2 基于特征点法的视觉里程计

基于特征点法的前端位姿求解，具有运行稳定，对光照、动态物体不敏感的特点，是视觉里程计目前比较成熟的解决方案之一。其中，特征点是从图像中选取的比较有代表性的点（可参考本书第 5 章内容），这些点在相机视角发生少量变化后会保持不变，所以能够在各个图像中找到对应的点。然后，在特征点匹配的基础上，求解相机位姿以及这些特征点的空间位置。

6.2.1 基于对极几何的 2D–2D 位姿求解

假设在两帧图像中找到了若干对匹配特征点，那么就可以通过这些二维图像点的对应关系，恢复出两帧之间相机的运动。

如图 6-1 所示，希望求取两帧图像 I_1 到 I_2 之间的运动，设第一帧到第二帧的运动为旋转 R 和平移 t，两个相机中心分别为 O_1 和 O_2。现在，考虑 I_1 中某一特征点 p_1，在 I_2 中与之相匹配的特征点为 p_2。连线 O_1p_1 和连线 O_2p_2 在三维空间中会相交于点 P，此时点 O_1、O_2 和 P 三个点可以确定一个平面，称为极平面（Epipolar Plane）。而 O_1O_2 连线与像平面 I_1、I_2 的交点分别为 e_1、e_2，又称为极点（Epipoles）。O_1O_2 被称为基线（Baseline），极平面与两个像平面 I_1、I_2 之间的相交线 l_1、l_2 则被为极线（Epipolar Line）。

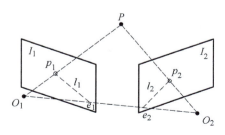

图 6-1 对极几何约束

对于第一帧图像而言，射线 O_1p_1 代表了某个像素可能出现的空间位置分布，因为该射线上的所有点都会投影到同一个像素点。而在第二帧图像上，连线 e_2p_2（也就是第二个图像中的极线）是空间点 P 可能出现的投影的位置，也是射线 O_1p_1 在第二个相机中的投影。现在，由于已经完成了特征点匹配，确定了 p_2 的像素位置，所以就能够通过射线 O_1p_1 和射线 O_2p_2 的交点确定 P 的空间位置，进而估计相机的运动。

接下来，从代数的角度分析上文所提到的几何关系。在第一帧的坐标系下，设 P 的空间位置坐标为

$$\boldsymbol{P} = (X, Y, Z)^{\mathrm{T}} \tag{6-15}$$

根据针孔相机模型，两个像素点 p_1 和 p_2 的像素坐标 $\boldsymbol{p}_1$ 和 $\boldsymbol{p}_2$ 满足：

$$s_1\boldsymbol{p}_1 = \boldsymbol{KP}, \quad s_2\boldsymbol{p}_2 = \boldsymbol{K}(\boldsymbol{RP}+\boldsymbol{t}) \tag{6-16}$$

式中，$\boldsymbol{K}$ 为相机内参矩阵；$\boldsymbol{R}$、$\boldsymbol{t}$ 为两个坐标系的旋转和平移关系。如果使用齐次坐标，则可以把上式写成在乘非零常数下成立的等式：

$$\boldsymbol{p}_1 = \boldsymbol{KP}, \quad \boldsymbol{p}_2 = \boldsymbol{K}(\boldsymbol{RP}+\boldsymbol{t}) \tag{6-17}$$

现在，取：

$$\boldsymbol{x}_1 = \boldsymbol{K}^{-1}\boldsymbol{p}_1, \quad \boldsymbol{x}_2 = \boldsymbol{K}^{-1}\boldsymbol{p}_2 \tag{6-18}$$

式中，$\boldsymbol{x}_1$、$\boldsymbol{x}_2$ 是两个像素点的归一化平面上的坐标。代入式（6-17），得

$$\boldsymbol{x}_2 = \boldsymbol{Rx}_1 + \boldsymbol{t} \tag{6-19}$$

两边同时左乘 $\boldsymbol{t}\wedge$，相当于两侧同时与 $\boldsymbol{t}$ 做外积：

$$\boldsymbol{t}\wedge\boldsymbol{x}_2 = \boldsymbol{t}\wedge\boldsymbol{Rx}_1 \tag{6-20}$$

然后，两侧同时再左乘 $\boldsymbol{x}_2^{\mathrm{T}}$：

$$\boldsymbol{x}_2^{\mathrm{T}}\boldsymbol{t}\wedge\boldsymbol{x}_2 = \boldsymbol{x}_2^{\mathrm{T}}\boldsymbol{t}\wedge\boldsymbol{Rx}_1 \tag{6-21}$$

观察等式左侧，$\boldsymbol{t}\wedge\boldsymbol{x}_2$ 是一个与 $\boldsymbol{t}$ 和 $\boldsymbol{x}_2$ 都垂直的向量。把它再和 $\boldsymbol{x}_2$ 做内积时，将得到 0。因此，可以得到一个更简洁的式子：

$$\boldsymbol{x}_2^{\mathrm{T}}\boldsymbol{t}\wedge\boldsymbol{Rx}_1 = 0 \tag{6-22}$$

上式中重新代入 $\boldsymbol{p}_1$ 和 $\boldsymbol{p}_2$，则有：

$$\boldsymbol{p}_2^{\mathrm{T}}\boldsymbol{K}^{-\mathrm{T}}\boldsymbol{t}\wedge\boldsymbol{RK}^{-1}\boldsymbol{p}_1 = 0 \tag{6-23}$$

式（6-22）和式（6-23）都被称为对极约束，并且形式非常简洁，其几何意义是

第 6 章　机器人位姿估计

O_1、O_2 和 P 三者共面。可以把这两个式子的中间部分分别记作两个矩阵：本质矩阵（Essential Matrix）E 和基础矩阵（Fun-damental Matrix）F，这样可以进一步简化对极约束：

$$E = t^\wedge R, \quad F = K^{-T}EK^{-1}, \quad x_2^T E x_1 = p_2^T F p_1 = 0 \tag{6-24}$$

对极约束简洁地给出了两个匹配点的空间位置关系，并将相机位姿估计问题分解为以下两个步骤。

（1）根据配对点的像素位置，求出 E 或者 F。
（2）根据 E 或者 F，求出 R 和 t。

由于本质矩阵 E 和基础矩阵 F 只相差了相机内参，而内参在机器人视觉系统中通常是已知的，所以实践中往往使用形式更简单的本质矩阵 E。下面介绍本质矩阵 E 的求解问题以及相机位姿的估计问题。

根据定义，本质矩阵 $E = t^\wedge R$ 是一个 3×3 的矩阵，内有 9 个未知数。其中，平移和旋转各有 3 个自由度，故 $t^\wedge R$ 共有 6 个自由度。由于尺度等价性，所以 E 实际上只有 5 个自由度，这表明最少可以用 5 对点来求解 E。但是，E 的内在非线性性质会在求解线性方程时带来困难，因此也可以只考虑它的尺度等价性，使用 8 对点来估计 E，也就是经典的八点法（Eight-point-algorithm）。由于八点法只利用了 E 的线性性质，所以可以在线性代数框架下求解。

下面介绍八点法的基本思路。首先考虑一对匹配点，它们的归一化坐标为 $x_1 = (u_1, v_1, 1)^T$，$x_2 = (u_2, v_2, 1)^T$。根据对极约束：

$$(u_1, v_1, 1) \begin{pmatrix} e_1 & e_2 & e_3 \\ e_4 & e_5 & e_6 \\ e_7 & e_8 & e_9 \end{pmatrix} \begin{pmatrix} u_2 \\ v_2 \\ 1 \end{pmatrix} = 0 \tag{6-25}$$

将 8 对匹配点都放到一个方程中，可以变成线性方程组（其中 u_i、v_i 表示第 i 个特征点）：

$$\begin{pmatrix} u_1^1 u_2^1 & u_1^1 v_2^1 & u_1^1 & v_1^1 u_2^1 & v_1^1 v_2^1 & v_1^1 & u_2^1 & v_2^1 & 1 \\ u_1^2 u_2^2 & u_1^2 v_2^2 & u_1^2 & v_1^2 u_2^2 & v_1^2 v_2^2 & v_1^2 & u_2^2 & v_2^2 & 1 \\ \vdots & \vdots & \vdots & \vdots & \vdots & \vdots & \vdots & \vdots & \vdots \\ u_1^8 u_2^8 & u_1^8 v_2^8 & u_1^8 & v_1^8 u_2^8 & v_1^8 v_2^8 & v_1^8 & u_2^8 & v_2^8 & 1 \end{pmatrix} \begin{pmatrix} e_1 \\ e_2 \\ e_3 \\ e_4 \\ e_5 \\ e_6 \\ e_7 \\ e_8 \\ e_9 \end{pmatrix} = 0 \tag{6-26}$$

如果这 8 对匹配点所组成的矩阵满足秩为 8 的条件，那么 E 的各元素就可由上述方程解得。接下来的问题是如何根据已经求解的本质矩阵 E，估计出相机的运动 R 和 t。该问

题可以由奇异值分解（SVD）来完成。设 E 的 SVD 分解为

$$E = U\Sigma V^{\mathrm{T}} \tag{6-27}$$

根据 E 的内在性质，可以知道 $\Sigma = \mathrm{diag}(\sigma, \sigma, 0)$。在 SVD 分解中，对于任意一个 E，存在两个可能的 R 和 t 与之对应。

$$\hat{t_1} = UR_Z\left(\frac{\pi}{2}\right)\Sigma U^{\mathrm{T}}, R_1 = UR_Z^{\mathrm{T}}\left(\frac{\pi}{2}\right)V^{\mathrm{T}}$$

$$\hat{t_2} = UR_Z\left(-\frac{\pi}{2}\right)\Sigma U^{\mathrm{T}}, R_2 = UR_Z^{\mathrm{T}}\left(-\frac{\pi}{2}\right)V^{\mathrm{T}} \tag{6-28}$$

只有空间点 P 在两个相机中都具有正的深度的解才是正确的。因此，只要把任意一点代入并检测该点在两个相机下的深度，就可以确定哪个解是正确的。

除了本质矩阵和基础矩阵以外，若场景中的特征点都落在同一平面上（如墙、地面等），那么也可以使用单应矩阵（Homography）H 来描述了两个平面之间的映射关系，并进行相机的位姿估计。这种情况在无人机携带的俯视相机，或扫地机携带的顶视相机中比较常见。

考虑在图像 I_1 和 I_2 中有一对匹配好的特征点 p_1 和 p_2，这些特征点落在某平面上。设这个平面满足方程：

$$n^{\mathrm{T}}P + d = 0 \tag{6-29}$$

稍加整理，得

$$-n^{\mathrm{T}}P/d = 1 \tag{6-30}$$

然后，根据本节开头推导的公式，得

$$p_2 = K(RP + t) \tag{6-31}$$

$$= K\left(RP + t \cdot \left(-\frac{n^{\mathrm{T}}P}{d}\right)\right) \tag{6-32}$$

$$= K\left(R - \frac{tn^{\mathrm{T}}}{d}\right)P \tag{6-33}$$

$$= K\left(R - \frac{tn^{\mathrm{T}}}{d}\right)K^{-1}p_1 \tag{6-34}$$

可以得到一个直接描述图像坐标 p_1、p_2 之间的变换 $\left(R - \dfrac{tn^{\mathrm{T}}}{d}\right)K^{-1}$，把这部分记为 H，则可得

$$p_2 = Hp_1 \tag{6-35}$$

由此可见,单应矩阵 H 的定义与旋转、平移以及平面的参数有关。与本质矩阵 E 类似,单应矩阵 H 也是一个 3×3 的矩阵,求解时的思路也和 E 类似。因此,同样可以先根据匹配点计算 H,然后将它分解以计算 R、t,从而完成对相机位姿的估计。

6.2.2 基于 PnP 的 2D-3D 位姿求解

PnP(Perspective-n-Point)是一种已知 3D 到 2D 匹配点对,求机器人运动的方法。即在已知 n 个 3D 空间点以及它们的图像投影位置的条件下,估计相机的位姿。PnP 问题有很多种求解方法,例如,直接线性变换(DLT),用 3 对点估计位姿的 P3P,以及非线性优化等。

1. 直接线性变换(DLT)

考虑某个空间点 P,它的齐次坐标为 $P=(X,Y,Z,1)^\mathrm{T}$。在图像 I_1 中,投影到特征点 $x_1=(u_1,v_1,1)^\mathrm{T}$(以归一化平面齐次坐标表示),此时相机的位姿 R、t 是未知的。与单应矩阵的求解类似,定义的增广矩阵 $T=[R|t]$ 为一个 3×4 的矩阵,包含了旋转与平移信息。

$$s\begin{pmatrix} u_1 \\ v_1 \\ 1 \end{pmatrix} = [R|t]P = \begin{pmatrix} t_1 & t_2 & t_3 & t_4 \\ t_5 & t_6 & t_7 & t_8 \\ t_9 & t_{10} & t_{11} & t_{12} \end{pmatrix}\begin{pmatrix} X \\ Y \\ Z \\ 1 \end{pmatrix} \tag{6-36}$$

用最后一行把 s 消去,可以得到两个约束:

$$u_1 = \frac{t_1X+t_2Y+t_3Z+t_4}{t_9X+t_{10}Y+t_{11}Z+t_{12}}, \quad v_1 = \frac{t_5X+t_6Y+t_7Z+t_8}{t_9X+t_{10}Y+t_{11}Z+t_{12}} \tag{6-37}$$

为了简化表示,定义 T 的行向量:

$$t_1=(t_1,t_2,t_3,t_4)^\mathrm{T}, t_2=(t_5,t_6,t_7,t_8)^\mathrm{T}, t_3=(t_9,t_{10},t_{11},t_{12})^\mathrm{T} \tag{6-38}$$

于是有

$$t_1^\mathrm{T}P - t_3^\mathrm{T}Pu_1 = 0, \quad t_2^\mathrm{T}P - t_3^\mathrm{T}Pv_1 = 0 \tag{6-39}$$

可以看到每个特征点提供了两个关于 T 的线性约束。假设一共有 N 个特征点,可以列出线性方程组:

$$\begin{pmatrix} P_1^\mathrm{T} & 0 & -u_1P_1^\mathrm{T} \\ 0 & P_1^\mathrm{T} & -v_1P_1^\mathrm{T} \\ \vdots & \vdots & \vdots \\ P_N^\mathrm{T} & 0 & -u_NP_N^\mathrm{T} \\ 0 & P_N^\mathrm{T} & -v_NP_N^\mathrm{T} \end{pmatrix}\begin{pmatrix} t_1 \\ t_2 \\ t_3 \end{pmatrix} = 0 \tag{6-40}$$

由于 T 一共有 12 维,因此最少通过 6 对匹配点,即可实现矩阵 T 的线性求解。当匹配点大于 6 对时,也可以使用 SVD 等方法求最小二乘解。

2. P3P 方法

它的输入信息为 3 对 3D–2D 匹配点。如图 6-2 所示,记空间中的 3D 点为 A、B 和 C,而相机平面上的 2D 点为 a、b 和 c。

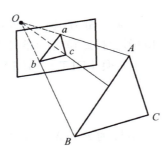

图 6-2　P3P 问题示意图

利用余弦定理,有

$$OA^2 + OB^2 - 2OA \cdot OB \cdot \cos<a,b> = AB^2 \tag{6-41}$$

$$OB^2 + OC^2 - 2OB \cdot OC \cdot \cos<b,c> = BC^2 \tag{6-42}$$

$$OA^2 + OC^2 - 2OA \cdot OC \cdot \cos<a,c> = AC^2 \tag{6-43}$$

对上面三式全体除以 OC^2,并且记 $x = OA/OC, y = OB/OC$,得

$$x^2 + y^2 - 2xy\cos<a,b> = AB^2/OC^2 \tag{6-44}$$

$$y^2 + 1^2 - 2y\cos<b,c> = BC^2/OC^2 \tag{6-45}$$

$$x^2 + 1^2 - 2x\cos<a,c> = AC^2/OC^2 \tag{6-46}$$

记 $v = AB^2/OC^2, uv = BC^2/OC^2, wv = AC^2/OC^2$,有

$$x^2 + y^2 - 2xy\cos<a,b> - v = 0 \tag{6-47}$$

$$y^2 + 1^2 - 2y\cos<b,c> - uv = 0 \tag{6-48}$$

$$x^2 + 1^2 - 2x\cos<a,c> - wv = 0 \tag{6-49}$$

把第一个式子中的 v 放到等式一边,并代入第二个和第三个式子,得

$$(1-u)y^2 - ux^2 - \cos<b,c>y + 2uxy\cos<a,b> + 1 = 0 \tag{6-50}$$

$$(1-w)x^2 - wy^2 - \cos<a,c>x + 2wxy\cos<a,b> + 1 = 0 \tag{6-51}$$

由于知道 2D 点的图像位置,因此三个余弦角 cos<a,b>、cos<b,c> 和 cos<a,c> 是已知的。同时,$u = BC^2 / AB^2$、$w = AC^2 / AB^2$ 可以通过 A、B 和 C 在世界坐标系下的坐标算出,变换到相机坐标系下后,并不改变这个比值。而该式中的 x 和 y 是未知的,会随着相机移动发生变化。因此,该方程组是关于 x 和 y 的一个二元二次方程(多项式方程),解析地求解该方程组需要用到吴消元法。

从 P3P 的原理可以看出,为了求解 PnP,利用了三角形相似性质,求解投影点 a、b 和 c 在相机坐标系下的 3D 坐标,最后把问题转换成一个 3D 到 3D 的位姿估计问题。因为带有匹配信息的 3D-3D 位姿求解非常容易,所以这种思路是非常有效的。其他的一些方法,例如,EPnP 也采用了这种思路。然而,P3P 也存在着一些问题。

(1) P3P 只利用 3 个点的信息。当给定的配对点多于 3 组时,难以利用更多的信息。

(2) 如果 3D 点或 2D 点受噪声影响,或者存在误匹配,则算法失效。

所以后续人们还提出了许多方法,如 EPnP、UPnP 等。这些方法利用更多的信息,而且以迭代的方式对相机位姿进行优化,尽可能地消除了噪声的影响。

3. 非线性优化

除了使用线性方法之外,还可以把 PnP 问题构建成一个定义在李代数上的非线性最小二乘问题。以下部分需要李代数相关的基础,请参考李群李代数相关的书籍。考虑 n 个三维空间点 $\boldsymbol{P}$ 和它们的投影 $\boldsymbol{p}$,希望计算相机的位姿 $\boldsymbol{R}$、$\boldsymbol{t}$,它的李代数表示为 $\boldsymbol{\xi}$。假设某空间点坐标为 $\boldsymbol{P}_i = (X_i, Y_i, Z_i)^T$,其投影的像素坐标为 $\boldsymbol{u}_i = (u_i, v_i)^T$,像素位置与空间点位置的关系如下:

$$s_i \begin{pmatrix} u_i \\ v_i \\ 1 \end{pmatrix} = \boldsymbol{K} \exp(\boldsymbol{\xi}^\wedge) \begin{pmatrix} X_i \\ Y_i \\ Z_i \\ 1 \end{pmatrix} \tag{6-52}$$

写成矩阵形式为

$$s_i \boldsymbol{u}_i = \boldsymbol{K} \exp(\boldsymbol{\xi}^\wedge) \boldsymbol{P}_i \tag{6-53}$$

由于相机位姿未知以及观测点的噪声,该等式存在一个误差。因此,可以把误差求和,构建最小二乘问题,然后寻找最优的相机位姿,使它最小化。

$$\boldsymbol{\xi}^* = \arg\min_{\boldsymbol{\xi}} \frac{1}{2} \sum_{i=1}^{n} \left\| \boldsymbol{u}_i - \frac{1}{s_i} \boldsymbol{K} \exp(\boldsymbol{\xi}^\wedge) \boldsymbol{P}_i \right\|^2 \tag{6-54}$$

该问题的误差项是将空间 3D 点以当前估计的位姿进行投影,得到的位置与观测到的像素位置相比较所得到的误差,所以被称为重投影误差。使用李代数,可以构建无约束的优化问题,方便通过高斯-牛顿(G-N)和列文伯格-马夸尔特(L-M)等优化算法进行求解。

但是,在使用这些优化算法之前,需要知道每个误差项关于优化变量的导数,也就是需要进行线性化：

$$e(x+\Delta x) \approx e(x) + J\Delta x \tag{6-55}$$

当 e 为像素坐标误差（2维），x 为相机位姿（6维）时，J 将是一个 2×6 的矩阵。接下来，推导 J 的形式。

首先，将变换到相机坐标系下的空间点坐标记为 P'，并且把它前三维取出来：

$$P' = (\exp(\xi^\wedge)P)_{1:3} = (X',Y',Z')^T \tag{6-56}$$

那么，相机投影模型相对于 P' 为

$$su = KP' \tag{6-57}$$

展开可得

$$\begin{pmatrix} su \\ sv \\ s \end{pmatrix} = \begin{pmatrix} f_x & 0 & c_x \\ 0 & f_y & c_y \\ 0 & 0 & 1 \end{pmatrix} \begin{pmatrix} X' \\ Y' \\ Z' \end{pmatrix} \tag{6-58}$$

利用第 3 行消去 s，得

$$u = f_x \frac{X'}{Z'} + c_x, \quad v = f_y \frac{Y'}{Z'} + c_y \tag{6-59}$$

在定义了中间变量后，对 $\xi^\wedge$ 左乘扰动量 $\delta\xi$，然后考虑 e 的变化关于扰动量的导数。利用链式法则，可以列写为

$$\frac{\partial e}{\partial \delta \xi} = \lim_{\delta \xi \to 0} \frac{e(\delta \xi \oplus \xi)}{\delta \xi} = \frac{\partial e}{\partial P'} \frac{\partial P'}{\partial \delta \xi} \tag{6-60}$$

这里的 $\oplus$ 指李代数上的左乘扰动。式（6-60）第一项是误差关于投影点的导数，可得

$$\frac{\partial e}{\partial P'} = -\begin{pmatrix} \frac{\partial u}{\partial X'} & \frac{\partial u}{\partial Y'} & \frac{\partial u}{\partial Z'} \\ \frac{\partial v}{\partial X'} & \frac{\partial v}{\partial Y'} & \frac{\partial v}{\partial Z'} \end{pmatrix} = -\begin{pmatrix} \frac{f_x}{Z'} & 0 & -\frac{f_x X'}{Z'^2} \\ 0 & \frac{f_y}{Z'} & -\frac{f_y Y'}{Z'^2} \end{pmatrix} \tag{6-61}$$

式（6-60）第二项为变换后的点关于李代数的导数：

$$\frac{\partial(TP)}{\partial \delta \xi} = (TP)^{\odot} = \begin{pmatrix} I & -P'^{\wedge} \\ 0^T & 0^T \end{pmatrix} \tag{6-62}$$

而在 P' 的定义中，可以取出前三维，于是有

$$\frac{\partial P'}{\partial \delta \xi} = \begin{pmatrix} I & -P'^{\wedge} \end{pmatrix} \tag{6-63}$$

将这两项相乘，就得到了 2×6 的雅可比矩阵：

$$\frac{\partial e}{\partial \delta \xi} = -\begin{pmatrix} \frac{f_x}{Z'} & 0 & -\frac{f_x X'}{Z'^2} & -\frac{f_x X'Y'}{Z'^2} & f_x + \frac{f_x X'^2}{Z'^2} & -\frac{f_x Y'}{Z'} \\ 0 & \frac{f_y}{Z'} & -\frac{f_y Y'}{Z'^2} & -f_y - \frac{f_y Y'^2}{Z'^2} & \frac{f_y X'Y'}{Z'^2} & \frac{f_y X'}{Z'} \end{pmatrix} \quad (6\text{-}64)$$

这个雅可比矩阵描述了重投影误差关于相机位姿李代数的一阶变化关系。保留了前面的负号，因为误差是由观测值减预测值定义的。

另外，除了优化位姿，还希望优化特征点的空间位置。因此，需要讨论 e 关于空间点 $\boldsymbol{P}$ 的导数。仍利用链式法则，有

$$\frac{\partial e}{\partial \boldsymbol{P}} = \frac{\partial e}{\partial \boldsymbol{P}'} \frac{\partial \boldsymbol{P}'}{\partial \boldsymbol{P}} \quad (6\text{-}65)$$

式（6-65）第一项已在前面推导了。对于第二项，按照定义

$$\boldsymbol{P}' = \exp(\exp(\xi^\wedge)\boldsymbol{P}) = \boldsymbol{R}\boldsymbol{P} + \boldsymbol{t} \quad (6\text{-}66)$$

不难发现 $\boldsymbol{P}'$ 对 $\boldsymbol{P}$ 求导后只剩下 $\boldsymbol{R}$。于是

$$\frac{\partial e}{\partial \boldsymbol{P}} = -\begin{pmatrix} \frac{f_x}{Z'} & 0 & -\frac{f_x X'}{Z'^2} \\ 0 & \frac{f_y}{Z'} & -\frac{f_y Y'}{Z'^2} \end{pmatrix} \boldsymbol{R} \quad (6\text{-}67)$$

至此，推导了观测相机方程关于相机位姿与特征点的两个导数矩阵。它们具有十分重要的意义，能够在优化过程中提供梯度方向，为优化的迭代提供指导。

6.2.3 基于 ICP 的 3D-3D 位姿求解

下面介绍 3D-3D 的位姿估计问题。假设有一组配对好的 3D 点（如对两个 RGB-D 图像进行了匹配）：

$$\boldsymbol{P} = \{p_1, \cdots, p_n\}, \quad \boldsymbol{P}' = \{p'_1, \cdots, p'_n\} \quad (6\text{-}68)$$

现在，想要找一个欧氏变换 $\boldsymbol{R}$、$\boldsymbol{t}$，使得

$$\forall i, \quad p_i = \boldsymbol{R}p'_i + \boldsymbol{t} \quad (6\text{-}69)$$

这个问题可以用迭代最近点（Iterative Closest Point，ICP）求解，主要分为两种方式：利用线性代数的求解（如 SVD），以及利用非线性优化方式的求解。

下面介绍以 SVD 为代表的代数方法。根据前面描述的 ICP 问题，可以先定义第 i 对点的误差项：

$$e_i = p_i - (\boldsymbol{R}p'_i + \boldsymbol{t}) \quad (6\text{-}70)$$

然后，构建最小二乘问题，求使误差平方和达到极小的 $\boldsymbol{R}$、$\boldsymbol{t}$：

$$\min_{R,t} J = \frac{1}{2}\sum_{i=1}^{n}\left\|(\boldsymbol{p}_i - (\boldsymbol{R}\boldsymbol{p}'_i + \boldsymbol{t}))\right\|^2 \tag{6-71}$$

下面推导它的求解方法。首先，定义两组点的质心：

$$\boldsymbol{p} = \frac{1}{n}\sum_{i=1}^{n}(\boldsymbol{p}_i),\ \boldsymbol{p}' = \frac{1}{n}\sum_{i=1}^{n}(\boldsymbol{p}'_i) \tag{6-72}$$

随后，利用质心对优化目标函数变换，可以得到

$$\min_{R,t} J = \frac{1}{2}\sum_{i=1}^{n}\left\|(\boldsymbol{p}_i - \boldsymbol{p} - \boldsymbol{R}(\boldsymbol{p}'_i - \boldsymbol{p}'))\right\|^2 + \left\|\boldsymbol{p} - \boldsymbol{R}\boldsymbol{p}' - \boldsymbol{t}\right\|^2 \tag{6-73}$$

仔细观察左右两项，可以发现第一项只与旋转矩阵 $\boldsymbol{R}$ 相关，而第二项既有 $\boldsymbol{R}$ 也有 $\boldsymbol{t}$，但只和质心相关。这表明只需要求解 $\boldsymbol{R}$，之后再令第二项为零，就能够得到 $\boldsymbol{t}$。

因此，首先要计算两组点的质心位置 $\boldsymbol{p}$、$\boldsymbol{p}'$，然后计算每个点的去质心坐标：

$$\boldsymbol{q}_i = \boldsymbol{p}_i - \boldsymbol{p},\ \boldsymbol{q}'_i = \boldsymbol{p}'_i - \boldsymbol{p}' \tag{6-74}$$

根据以下优化问题计算旋转矩阵：

$$\boldsymbol{R}^* = \arg\min_{\boldsymbol{R}}\frac{1}{2}\sum_{i=1}^{n}\left\|\boldsymbol{q}_i - \boldsymbol{R}\boldsymbol{q}'_i\right\|^2 \tag{6-75}$$

展开关于 $\boldsymbol{R}$ 的误差项，得

$$\frac{1}{2}\sum_{i=1}^{n}\left\|\boldsymbol{q}_i - \boldsymbol{R}\boldsymbol{q}'_i\right\|^2 = \frac{1}{2}\sum_{i=1}^{n}\boldsymbol{q}_i^{\mathrm{T}}\boldsymbol{q}_i + \boldsymbol{q}'^{\mathrm{T}}_i\boldsymbol{R}^{\mathrm{T}}\boldsymbol{R}\boldsymbol{q}'_i - 2\boldsymbol{q}_i^{\mathrm{T}}\boldsymbol{R}\boldsymbol{q}'_i \tag{6-76}$$

注意到第一项和 $\boldsymbol{R}$ 无关，第二项由于 $\boldsymbol{R}^{\mathrm{T}}\boldsymbol{R} = \boldsymbol{I}$，也与 $\boldsymbol{R}$ 无关。因此，实际上优化目标函数变为

$$\sum_{i=1}^{n} -\boldsymbol{q}_i^{\mathrm{T}}\boldsymbol{R}\boldsymbol{q}'_i = \sum_{i=1}^{n} -tr(\boldsymbol{R}\boldsymbol{q}'_i\boldsymbol{q}_i^{\mathrm{T}}) = -tr\left(\boldsymbol{R}\sum_{i=1}^{n}\boldsymbol{q}'_i\boldsymbol{q}_i^{\mathrm{T}}\right) \tag{6-77}$$

接下来，介绍怎样通过 SVD 解出上述问题中最优的 $\boldsymbol{R}$。为了求解 $\boldsymbol{R}$，先定义矩阵：

$$\boldsymbol{W} = \sum_{i=1}^{n}\boldsymbol{q}'_i\boldsymbol{q}_i^{\mathrm{T}} \tag{6-78}$$

式中，$\boldsymbol{W}$ 是一个 3×3 的矩阵。对 $\boldsymbol{W}$ 进行 SVD 分解，得

$$\boldsymbol{W} = \boldsymbol{U}\boldsymbol{\Sigma}\boldsymbol{V}^{\mathrm{T}} \tag{6-79}$$

式中，$\boldsymbol{\Sigma}$ 为奇异值组成的对角矩阵，对角线元素从大到小排列；$\boldsymbol{U}$ 和 $\boldsymbol{V}$ 为正交矩阵。当 $\boldsymbol{W}$ 满秩时，$\boldsymbol{R}$ 为

$$\boldsymbol{R} = \boldsymbol{U}\boldsymbol{V}^{\mathrm{T}} \tag{6-80}$$

最后，根据求解所得的 R，计算最优的 t，即

$$t^* = p - Rp' \tag{6-81}$$

至此，完成了用 SVD 方法对 ICP 的求解。

接下来，再简单介绍求解 ICP 的另一种方式，使用非线性优化以迭代的方式去找最优值。该方法和前面讲述的 PnP 非常相似。以李代数表达位姿时，目标函数可以写成：

$$\min_{\xi} \frac{1}{2} \sum_{i=1}^{n} \| p_i - \exp(\xi^{\wedge}) p_i' \|^2 \tag{6-82}$$

在非线性优化中只需不断迭代，就能找到极小值。而且可以证明，ICP 问题存在唯一解或无穷多解的情况。在唯一解的情况下，只要能找到极小值解，那么这个极小值就是全局最优值，因此不会遇到局部极小而非全局最小的情况。同时，这也意味着 ICP 求解可以任意选定初始值。

6.3 基于直接法的视觉里程计

上一小节介绍了基于特征点法的里程计，但是该方法存在关键点计算耗时较长、特征提取离散稀疏可能带来信息丢失、无法应对特征缺失或纹理重复的场景等问题。一种基于直接的方法，不依赖于特征点，而是直接利用图像的灰度信息进行计算，可以一定程度克服这些问题，称为直接法（Direct Method）。相比之下，基于直接法的视觉里程计在弱纹理和动态场景中具有更高的精度和鲁棒性。

直接法是从光流法（Optical Flow）演变而来的，它们都是利用图像的灰度信息来完成方程的建立与解算，这意味着可以省去对于描述子的计算，从而节省计算耗时。他们的区别在于，光流法解算的是图像像素在两帧图像之间的运动，这类似于上一节中介绍的特征匹配，而直接法解算的是两帧图像之间对应的相机运动。

使用光流法进行里程计估计，需要先计算特征点（不过只需要计算关键点，不计算描述子），随后利用对极几何等方法完成相机运动的估计，如 VINS-Mono。使用直接法的里程计可以既不计算关键点也不计算描述子，而是根据像素灰度的差异直接计算相机运动，这也是该方法被称为直接法的原因，如 SVO、LSD-SLAM。

直接法利用像素的灰度信息来估计相机的运动轨迹，不需要计算图像中的关键点和描述子。因此，直接法不仅节省了计算特征点的时间，也避免了在特征点不足的情况下可能出现的问题。只要场景中存在明暗变化（可以是渐变的亮度变化而不一定形成明显的局部梯度），直接法就可以有效工作。

根据使用像素数量的不同，直接法可以分为稀疏、半稠密和稠密三种类型。稀疏直接法只使用少量特征点，计算效率较高，但地图重建较为稀疏；半稠密直接法则使用更多的像素，能够在较高效率下提供更详细的环境信息；稠密直接法则利用图像中所有像素，能够重建出最详细的环境结构，虽然计算量较大，但精度最高。

相比于仅能重构稀疏特征点的特征点法（特征点法只能生成稀疏地图），直接法具有恢复稠密或半稠密地图的能力，这使得它在许多应用场景中表现得更加鲁棒和精确。直接

法与特征点法的流程对比如图 6-3 所示。

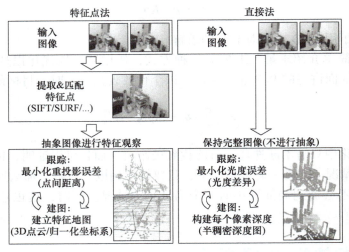

图 6-3　直接法与特征点法流程对比

6.3.1　光流估计

光流是一种描述像素在图像间随时间变化而运动的方法，如图 6-4 所示。随着时间的推移，同一个像素会在图像中移动，而我们希望追踪其运动过程。光流方法可以分为两类：稀疏光流和稠密光流。稀疏光流计算部分像素的运动，以 Lucas-Kanade 光流（LK 光流）为代表；稠密光流则计算所有像素的运动。

稀疏光流主要用于跟踪特征点位置，在 SLAM 系统中有着重要的应用。由于只计算特征点的运动，稀疏光流在保证计算效率的同时提供了足够的精度。Lucas-Kanade 光流是一种经典的稀疏光流方法，通过在局部窗口内进行灰度一致性假设和最小二乘优化，能够准确估计特征点的运动。这里的灰度是针对灰度图像而言，其广义的描述其实为光度不变假设，即假设在图像序列中，同一个物体点对应的像素点在不同时间点的灰度值或光度值保持不变。

在上一小节的特征点法中，优化的目标是最小化重投影误差（reprojection error），而光流估计与直接法的目标是最小化光度误差（photometric error）。

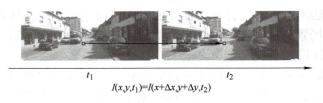

图 6-4　LK 光流光度不变假设

定义在 t 时刻，图 6-4 图像中位于 (x, y) 处的像素灰度值为 $I(x,y,t)$。对于该点，可以设该像素对应的空间点在 $t+\Delta t$ 时刻位于图像的 $(x+\Delta x, y+\Delta y)$ 位置处，基于前文提到的光

度不变假设，有

$$I(x,y,t) = I(x+\Delta x, y+\Delta y, t+\Delta t) \quad (6\text{-}83)$$

其中 $(\Delta x, \Delta y)$ 表示像素在图像平面上的运动。这一假设允许我们通过相邻帧的图像灰度变化来推导出物体在图像平面上的运动，即光流。

对等式右边进行一阶泰勒展开，得

$$I(x+\Delta x, y+\Delta y, t+\Delta t) \approx I(x,y,t) + I'_x \Delta x + I'_y \Delta y + I'_t \Delta t \quad (6\text{-}84)$$

式中，I'_x、I'_y 分别表示图像光度在该点处沿 x 方向的梯度和 y 方向的梯度。进一步推导，得

$$I'_x \Delta x + I'_y \Delta y + \Delta I_t = 0 \quad (6\text{-}85)$$

写成矩阵形式：

$$\begin{pmatrix} I'_x & I'_y \end{pmatrix} \begin{pmatrix} \Delta x \\ \Delta y \end{pmatrix} = -\Delta I_t \quad (6\text{-}86)$$

式中，ΔI_t 是图像光度对时间的变化。

由于式（6-86）具有两个变量待解，基于该一次方程无法获得唯一解，所以需要引入额外的约束来帮助计算。因此需要进一步使用邻域光流相似假设，即假设某一个窗口内的像素具有相同的运动，从而在局部窗口内建立光流方程组。考虑一个大小为 $w \times w$ 的窗口，利用该窗口内所有像素具有相同运动的假设，得到如下的方程组。

$$\begin{pmatrix} I'^{(1)}_x, I'^{(1)}_y \\ I'^{(2)}_x, I'^{(2)}_y \\ \cdots \\ I'^{(w^2)}_x, I'^{(w^2)}_y \end{pmatrix} \begin{pmatrix} \Delta x \\ \Delta y \end{pmatrix} = \begin{pmatrix} -\Delta I^{(1)}_t \\ -\Delta I^{(2)}_t \\ \cdots \\ -\Delta I^{(w^2)}_t \end{pmatrix} \quad (6\text{-}87)$$

式（6-87）可以视为 $\boldsymbol{Ax} = \boldsymbol{b}$ 的形式，从而可以求得光流 $(\Delta x, \Delta y)$ 的最小二乘解：

$$\begin{pmatrix} \Delta x \\ \Delta y \end{pmatrix} = (\boldsymbol{A}^T \boldsymbol{A})^{-1} \boldsymbol{A}^T \boldsymbol{b} \quad (6\text{-}88)$$

由于时间 t 为离散采样，上述方程中的梯度可以根据两帧图像之间差分进行计算，同样因为像素梯度仅在局部有效，所以需要多次迭代该方程来获得较优解。

除了基于光度不变假设和邻域光流相似假设，为了解决图像偏移较大的情况，Lucas-Kanade 算法还借助了图像金字塔的方式，在高层低分辨率图像上，将大的偏移变为小的偏移。多层光流方法通过构建图像金字塔，将图像分解为多个分辨率层次，自顶向下计算光流，逐层修正，然后将各层光流结果综合，得到最终光流。其优点是可以处理大范围的图像运动，并提高计算的鲁棒性和精度。

最终，Lucas-Kanade 方法给出了一种求解稀疏（明显特征的角点）光流的方法。在实际使用过程中，可以直接利用 OpenCV 中的 cv::calcOpticalFlowPyrLK() 函数来求解。

图 6-5 给出了在 KITTI 数据中应用光流估计的可视化结果，其中圆圈表示提取的关键点，绿色线表示对于这些像素点的运动估计。

图 6-5　KITTI 数据上的光流估计结果

6.3.2　直接法求解机器人位姿

直接法通过最小化图像间的光度误差（灰度值差异）来估计相机运动。

如图 6-6 所示，考虑一个空间点 P，它在相机两帧图像上分别成像于 p_1、p_2 像素点。以第一帧对应的相机机体坐标系为参考系，设第二帧对应的旋转和平移为 R、t，同时记相机的内参为 K，可以得到如下投影方程：

$$p_1 = \frac{1}{Z_1} KP \tag{6-89}$$

$$p_2 = \frac{1}{Z_2} K(RP + t) = \frac{1}{Z_2} K(TP)$$

通过最小化 p_1 和 p_2 的光度误差来估计位姿 T。

$$e = I_1(p_1) - I_2(p_2) \tag{6-90}$$

将优化方程定为该误差的二范数，由于有许多个空间点 P_i，所以整个相机位姿估计的目标函数可以定义为

$$\min_{T} J(T) = \sum_{i=1}^{N} e_i^T e_i, \quad e_i = I_1(p_{1,i}) - I_2(p_{2,i}) \tag{6-91}$$

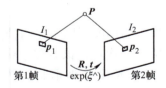

图 6-6　直接法示意图

为求解该优化问题，需要计算误差对相机位姿的导数，而旋转和平移 R、t 为不连续的矩阵，无法进行求导，所以利用李群李代数知识定义相机位姿的李代数为 ξ。同时，为了进一步方便优化过程，定义两个中间变量，q 是 P 在第二帧相机坐标系下的坐标，而 u 为其像素坐标。

$$q = TP$$
$$u = \frac{1}{Z_2}KP \tag{6-92}$$

根据李代数的求导，使用左扰动模型进行推导，从而得到了误差方程 e 相对参数位姿李代数 ξ 的雅可比矩阵：

$$J = -\frac{\partial I_2}{\partial u}\frac{\partial u}{\partial \delta \xi} \tag{6-93}$$

在获得雅可比矩阵后，可以根据高斯 – 牛顿法（G-N）计算增量来对估计进行迭代更新，从而得到位姿估计结果。该雅可比矩阵中包含了 P 点的空间坐标，该空间坐标可以利用深度信息将像素坐标反投影至三维空间中得到，这意味着需要获得图像的深度信息，对于单目相机需要使用深度估计技术来获得，对于 RGB-D 相机或双目相机则可以直接计算得到每个像素点对应的空间坐标。

根据用到的像素来源与数量可以将直接法分为稀疏直接法、半稠密直接法和稠密直接法。稀疏直接法直接选择图像中的稀疏关键特征点，利用这些特征点的光度误差来估计位姿。这种稀疏的方法只需要使用千个左右的关键点，且不必计算描述子，因此速度最快，但其只能进行稀疏的重构，而且精度依赖于特征点的质量。

半稠密直接法在图像中只选择具有梯度甚至高梯度的信息区域，不仅局限于特征点，还舍弃了像素梯度不明显的地方。半稠密直接法在保持一定计算效率的同时，提高了位姿估计的精度。相比于稀疏直接法，它能够更准确地跟踪相机的运动轨迹。

稠密直接法使用图像中所有像素点（一般几十万至几百万个）进行相机位姿估计和跟踪，因此计算量通常很大，多数需要图像处理器（GPU）进行加速。但是对于梯度为零的点，雅克比矩阵会为零，所以这部分点在运动估计中不会有太大贡献，而且在重构时难以估计位置。

下面总结直接法的优缺点。总体而言，直接法有以下优点。

（1）省去了计算特征点和描述子所需的时间。

（2）只需要像素梯度，无须特征点，因此在特征缺失的情况下也能使用。一个极端的例子是仅有渐变的图像，虽然可能无法提取角点类特征，但能用直接法估计其运动。

（3）能够构建半稠密甚至稠密的地图（图6-7），这是特征点法所无法实现的。

然而，直接法也存在一些明显的缺点。

（1）非凸性。直接法完全依赖梯度搜索来优化目标函数以计算相机位姿。目标函数中涉及像素点的灰度值，而图像的灰度函数是强烈非凸的。这使得优化算法容易陷入局部最小值，只有在运动很小时直接法才能成功。

（2）单个像素缺乏区分度，因为与之相似的像素太多。因此，要么计算图像块，要么计算复杂的相关性。由于每个像素对相机运动的"意见"不一致，只能以数量代替质量。

（3）假设灰度值不变是相当强的。如果相机是自动曝光的，调整曝光参数会使图像整体变亮或变暗。光照变化也会导致类似情况。与特征点法相比，直接法对光照具有较低的容忍度，因为它是根据计算灰度间的差异来运作的。这种假设可能在整体灰度变化时被破坏，导致算法失败。

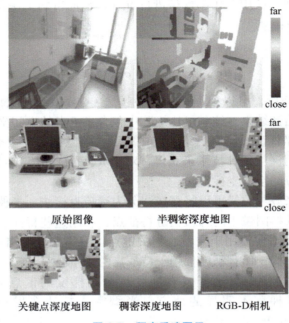

图 6-7　稠密重建图示

6.4　关键帧的概念及其选取策略

6.4.1　关键帧的概念

在基于视觉的位姿估计，以及下一章将要介绍的 SLAM 中，关键帧是一个重要的概念。关键帧指那些对于位姿估计和 SLAM 系统来说至关重要的图像帧，它们通常包含丰富且稳定的观测信息，可用于估计相机的位姿和构建地图。这些关键帧通常从整个图像序列中选择，以确保系统能够有效地定位相机并构建地图。关键帧的选择和使用在视觉位姿估计和 SLAM 系统的设计和优化中至关重要，因为它们直接影响系统的稳定性、鲁棒性和实时性。

光束平差法（Bundle Adjustment，BA）是一种用于优化相机位姿和空间点的图优化方法，可有效解决大规模的定位和建图问题。但是，完整的 BA 通常用于运动恢复结构（Structure from Motion，SfM）问题，在实际的机器人位姿估计中，通常需要控制 BA 的规模，从而保证计算的实时性。关键帧法的目的就是有效控制 BA 的规模，即从连续的图像输入中选择一部分关键帧，仅构造关键帧与路标点之间的 BA，非关键帧则仅用于定位，对地图构建没有直接贡献。

6.4.2 关键帧选取策略

如前文所述，关键帧的作用是为了控制 BA 的计算规模。如果简单地按照固定时间间隔来设置关键帧，则随着时间的推移，关键帧的数量势必会越来越多，BA 图优化的规模将不断增长，计算效率会大幅下降。因此，需要采取适当的关键帧选取策略，以避免这种情况的发生。

滑动窗口法是最简单的控制 BA 规模的方法，它仅保留与当前时刻最接近的若干关键帧，删除时间上久远的关键帧，从而将 BA 固定在一个时间窗口内，舍弃该窗口之外的关键帧。窗口内关键帧的选取不一定严格以时间上最接近当前时刻为判断依据，而是可以按照某种方式，得到既在时间上接近当前时刻，又在空间上可以展开且具有代表性的关键帧。这样的做法可以保证相机在某一位姿保持长时间静止时，位姿估计系统也不会因 BA 结构退化而失效。ORB-SLAM2 的做法是采取共视图（Covisibility Graph）的结构来选取与存储关键帧。共视图指那些与当前相机存在共同观测的关键帧所构成的图，在做 BA 优化时，只需从共视图中选取一些关键帧和路标进行优化即可，其余部分维持不变，如图 6-8 所示。

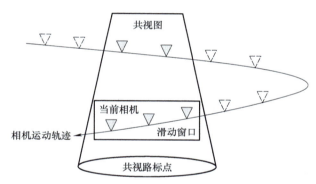

图 6-8　滑动窗口法与共视图的示意图

假设某一滑动窗口有 N 个关键帧，其位姿分别为 $x_1,\cdots,x_N$，以及 M 个路标点：$y_1,\cdots,y_M$。因此，该滑动窗口内的 N 个关键帧和 M 个路标点共同组成了局部地图。此时，可以用经典的 BA 方法来处理这个滑动窗口，即建立图优化模型，构建整体的 Hessian 矩阵（H 矩阵），以及边缘化所有路标点来加速位姿求解。在边缘化时，考虑关键帧的位姿

$$(x_1,\cdots,x_N)^T \sim N((\mu_1,\cdots,\mu_N)^T, \Sigma) \tag{6-94}$$

式中，μ_N 为第 N 个关键帧的位姿均值；Σ 为所有关键帧的协方差矩阵。因此，均值部分为 BA 优化之后的结果，Σ 即为对整个 BA 的 H 矩阵进行边缘化之后的结果。

在滑动窗口中，当窗口结构发生改变时，需要对其中的状态变量进行两种可能的操作：①在窗口中新增一个关键帧，并添加其观测到的路标点；②在窗口中删除一个旧的关键帧，并删除其相应观测到的路标点。

假设在上一时刻，滑动窗口已经建立了 N 个关键帧，且已知它们服从某个高斯分布，其均值和方差如上所述。那么，如果此时新增了一个关键帧 x_{N+1}，则整个问题的变量变为

$N+1$ 个关键帧和更多路标点的集合。此时只需按照 BA 优化方法进行处理即可，对整个 BA 的 H 矩阵进行边缘化之后就能得到 $N+1$ 个关键帧的高斯分布参数。

但是，当考虑删除旧关键帧时，会遇到新的问题。假设需要删除的旧关键帧 x_1 不是孤立的，而是会和其他帧观测到相同的部分路标，则将 x_1 边缘化之后会导致整个 BA 结构不再稀疏，如图 6-9 所示。

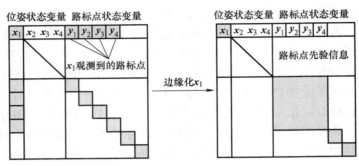

图 6-9　滑动窗口中删除关键帧将导致 BA 对角稀疏结构被破坏

图 6-9 中的例子表示在关键帧 x_1 处能观测到路标点 y_1 至 y_4，因此左图中非对角线处有相应的非零元素。如果将 x_1 边缘化，则 Schur 消元法会消去非对角线处的非零元素，导致右下角的路标点矩阵块不再是对角矩阵，破坏了它的稀疏结构，如右图所示。

边缘化在概率上的意义是指条件概率，所以将关键帧 x_1 边缘化的含义就是，保持 x_1 当前的估计值，求其他状态变量以 x_1 为条件的条件概率。因此，边缘化 x_1 后，它所观测到的路标点就会产生它们"应该位于何处"的先验信息，从而影响其余部分的观测值。如果再边缘化这些路标点，则观测到它们的关键帧将获得"观测它们的关键帧应该位于何处"的先验信息。如果用数学语言描述，边缘化某个关键帧会将整个滑动窗口中的状态变量描述方式从联合分布变为条件概率分布，即

$$p(x_1,\cdots,x_4,y_1,\cdots,y_6) = p(x_2,\cdots,x_4,y_1,\cdots,y_6|x_1)p(x_1) \tag{6-95}$$

接着舍去边缘概率 $p(x_1)$，保留条件概率 $p(x_2,\cdots,x_4,y_1,\cdots,y_6|x_1)$。在变量被边缘化之后，在计算时就不应再使用它，因此滑动窗口法较适合视觉里程计（VO）系统，而不适合大规模的建图系统。

本章小结

本章首先介绍了机器人位姿估计的概念与数学表示，用运动方程与观测方程建模了机器人携带传感器探索未知环境的过程，把 SLAM 问题建模成了一个状态估计问题：如何通过带有噪声的测量数据，估计内部的、隐藏着的状态变量。接着介绍了两种主流的视觉里程计方法：特征点法和直接法。特征点法是视觉里程计目前比较成熟的解决方案，包含 2D-2D 位姿求解、2D-3D 位姿求解、3D-3D 位姿求解等内容。直接法则是利用图像的灰度信息进行里程计计算，其核心为光流估计。最后介绍了视觉位姿估计中的关键帧的概念，及其选取策略。

习题与思考题

1. 试推导位姿估计的数学表示，即运动方程与观测方程。
2. 通过对极几何原理说明本质矩阵和基础矩阵的关系，以及如何通过二者中的任意一个来求解位姿。
3. 试推导利用 SVD 方法求解 ICP 问题的流程。
4. 对比特征点法与直接法视觉里程计，说明二者的优缺点与适用场景。
5. 试说明为何滑动窗口中删除关键帧会破坏 BA 的对角稀疏结构。

参考文献

[1] DAVISON A J, REID I D, MOLTON N D, et al. MonoSLAM: Real-time single camera SLAM[J]. IEEE Transactions on Pattern Analysis and Machine Intelligence, 2007, 29（6）: 1052-1067.

[2] THRUN S. Probabilistic robotics[J]. Communications of the ACM, 2002, 45（3）: 52-57.

[3] CADENA C, CARLONE L, CARRILLO H, et al. Past, present, and future of simultaneous localization and mapping: Toward the robust-perception age[J]. IEEE Transactions on Robotics, 2016, 32（6）: 1309-1332.

[4] HARTLEY R I. In defense of the eight-point algorithm[J]. IEEE Transactions on Pattern Analysis and Machine Intelligence, 1997, 19（6）: 580-593.

[5] GAO X S, HOU X R, TANG J, et al. Complete solution classification for the perspective-three-point problem[J]. IEEE Transactions on Pattern Analysis and Machine Intelligence, 2003, 25（8）: 930-943.

[6] QIN T, LI P, SHEN S. Vins-mono: A robust and versatile monocular visual-inertial state estimator[J]. IEEE Transactions on Robotics, 2018, 34（4）: 1004-1020.

[7] FORSTER C, PIZZOLI M, SCARAMUZZA D. SVO: Fast semi-direct monocular visual odometry[C]//2014 IEEE International Conference on Robotics and Automation（ICRA）. NJ: IEEE, 2014: 15-22.

[8] ENGEL J, SCHÖPS T, CREMERS D. LSD-SLAM: Large-scale direct monocular SLAM[C]// European Conference on Computer Vision. Cham: Springer International Publishing, 2014: 834-849.

[9] ENGEL J, STURM J, CREMERS D. Semi-dense visual odometry for a monocular camera[C]// Proceedings of the IEEE International Conference on Computer Vision. 2013: 1449-1456.

第 7 章　机器人视觉同时定位与建图

7.1　SLAM 概述

7.1.1　SLAM 的概念与分类

同时定位与建图（Simultaneous Localization and Mapping，SLAM）所关注的问题是机器人利用自身搭载的传感器，在没有环境先验信息的情况下，在运动过程中建立环境模型，同时利用环境信息进行自主定位，是机器人感知自身状态和外部环境的关键技术。在 1986 年的 IEEE 国际机器人与自动化（ICRA）会议上，SLAM 技术被首次提出。该技术最先用于军事机器人领域，先后经历了古典时期、算法分析时期和鲁棒性时期。随着 SLAM 领域的蓬勃发展，很多优秀的研究成果被提出并受到广泛的关注和应用，这促进了 SLAM 技术在复杂真实场景中的部署。现阶段，该技术已广泛应用于虚拟现实、增强现实、自动驾驶、家用服务机器人、无人机、特种机器人、数字孪生等领域。

按照获取环境信息的传感器种类不同，可以将 SLAM 技术分为视觉 SLAM、激光雷达 SLAM 以及多传感器融合 SLAM。SLAM 中常用的几种传感器如图 7-1 所示。

a) 激光雷达　b) 单目摄像头　c) 惯性测量单元

d) RGB-D 摄像头　　e) 双目摄像头

图 7-1　传感器示意图

1. 视觉 SLAM

视觉 SLAM 利用图像传感器，常见的有单目摄像头、双目摄像头和 RGB-D 摄像头。这种 SLAM 方法主要依靠视觉信息来评估自身的运动，并根据这个运动去构建环境模型。由于视觉 SLAM 处理的是图像数据，所以它需要依赖特征提取算法对图像中的特征进行识别，并通过比较不同图像中同一特征点的变化来计算相机的运动，并进一步更新地图。

视觉 SLAM 的特点主要体现在对环境的精细描述，如在建筑物测绘和虚拟现实中有广泛应用。但视觉 SLAM 的缺点也十分明显。首先，视觉信息对光照和纹理条件十分依赖，对于光照不足、变化或者纹理单一的环境，其性能会受到较大影响；其次，视觉信息处理计算量较大，保证实时性是一大挑战。

2. 激光雷达 SLAM

激光雷达 SLAM 利用激光雷达作为主要的传感器设备。激光雷达可以通过发射激并接收反射回的激光束来计算激光束的往返时间，从而得到环境中物体的距离，进一步构建出环境三维空间模型。其模型的典型表达方式为点云模型。

激光雷达 SLAM 的优点在于其准确性高，能提供精确的距离信息，在无人驾驶和物流机器人等需要精确导航和避障的领域有着广泛应用。同时，激光雷达不依赖环境光照和纹理，性能稳定。但其缺点是成本高且激光雷达观测数据较为稀疏。在几何结构单一的环境中，激光雷达 SLAM 容易因为几何约束缺失而失效。

3. 多传感器融合 SLAM

多传感器融合 SLAM 是根据需要，将视觉 SLAM 和激光雷达 SLAM 以及其他种类的传感器相结合，通过多种传感器数据的融合，如加速度计、陀螺仪等，更全面、更精确地获取环境信息。多传感器融合 SLAM 兼具了以上两种 SLAM 的优点：既可以获得精细的环境描述，又能得到精确的距离信息。这种 SLAM 适用于更复杂的环境，尤其是对于动态干扰、光照变化等环境有着良好的适应性。

7.1.2 经典视觉 SLAM 算法框架

经典视觉 SLAM 算法框架包含传感器信息读取、前端视觉里程计、后端非线性优化、闭环检测、建图五个步骤，整体流程图如图 7-2 所示。

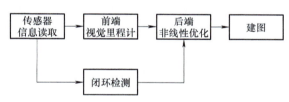

图 7-2 经典视觉 SLAM 算法框架流程图

经典视觉 SLAM 算法框架包括以下步骤。

1. 传感器信息读取

视觉 SLAM 的第一步是读取传感器信息，其中最重要的是来自相机的图像数据。这些图像数据经过预处理，可以提供对环境的光学成像与测量。此外，如果 SLAM 系统部署在机器人中，还可以包括从编码器和惯性测量单元（Inertial Measurement Unit，IMU）等其他传感器获取的数据，这些数据可以帮助在移动过程中更准确地估计机器人的运动。

2. 前端视觉里程计

视觉里程计（Visual Odometry，VO）的步骤是利用相邻图像之间的视觉信息来估计相机的运动或机器人的位姿。通过在连续的视觉信息中提取和匹配关键点，视觉里程计能够通过相邻帧间的图像估计相机运动，并恢复场景的空间结构，以得到一种有效地描述相机运动的方式。视觉里程计还负责构建一个局部地图，用于帮助前端模块在位姿估计过程中进行局部优化。

3. 后端非线性优化

如果仅仅通过前端视觉里程计来估计机器人的运动轨迹，会不可避免地出现比较大的累积漂移（Accumulating Drift）。这是由于视觉里程计仅仅估计连续图像间的运动造成的，每次估计都带有一定的误差，先前时刻的误差会传递到下一时刻，导致经过一段时间之后，估计的轨迹不再准确。考虑到该问题，可引入后端优化（Optimization）环节进行整体轨迹校正来缓解。后端优化负责接收视觉里程计和闭环检测的信息，通过对这些信息进行一致性检查和全局优化，得到一个全局一致的相机轨迹和地图。后端主要采用滤波框架或者非线性优化框架来实现。

4. 闭环检测

闭环检测也叫回环检测（Loop Closure Detection），主要通过检测重复到达某一个地点的信息来解决随时间累积形成的位置估计漂移问题。想象一种情景，一个机器人在行走一段时间后返回原点，但由于位置估计的漂移，它并没有认识到已经回到了出发点。要解决这个问题，需要让机器人能识别已访问过的地点，然后将其位姿估计调整至实际地点，这就是闭环检测的主要目标。

闭环检测与机器人的定位和建图功能密切相关。它的总体目标是要通过地图让机器人重新识别已到过的地方，从而触发闭环轨迹优化的后端优化程序。为了实现这一点，机器人需要具有识别相同场景的能力。我们希望机器人能够使用其搭载的视觉传感器，来实现闭环检测。这可以通过计算图像间的相似性来实现。在检测到闭环后，算法会将此信息反馈给后端优化算法，进而调整轨迹和地图以符合闭环检测结果。这样，只要有足够多且正确的闭环检测，就可以在一定程度上消除累积误差，并得到全局一致的轨迹和地图。

5. 建图

建图（Mapping）指创建代表环境的地图，这个过程会根据 SLAM 的不同应用场景产生不同的需求。如图 7-3 所示，家用扫地机器人的运动主要在地平面上，一个标记通行区域和障碍物的二维地图便能满足其导航定位需求，而对于具有 6 个自由度的移动机器人，至少需要一个三维地图来进行导航和定位，某些应用场景可能需要一个带纹理的三维模型。因此，地图可呈现出多种形式，如空间点集合的地图，准确的三维模型地图，或者标记城市、村镇、铁路和河流的二维地图等，它们的形式取决于机器人应用的实际需求。地图主要可以分为度量地图与拓扑地图两类。

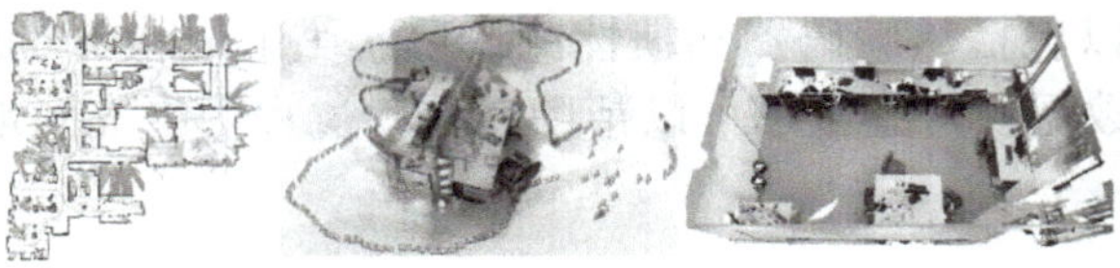

a) 二维地图　　b) 三维点云地图　　c) 带纹理的三维模型地图　　图 7-3 彩图

图 7-3　三种环境地图

（1）度量地图是一种用于精确导航和定位的地图。它的特点在于地图中的每一个元素都具有明确的几何特性，这使得在地图中可以方便地计算出元素间的距离和角度等几何关系。常见形式包括特征地图和栅格地图。

（2）拓扑地图是一种具有图结构的地图，其主要关注空间中物体和地标点之间的关系。在这种地图中，各物体或地标被表示为节点，节点间的连通性被表示为边。因此，拓扑地图更关注连通性，适合描述从一点到另一点是否存在可通行的路径。

7.2 前端设计方案

7.2.1 传感器选型

视觉 SLAM 所使用的传感器以光学相机为主，通过一定的帧率拍摄机器人周围的环境，以形成连续的视频流。按照工作方式，视觉 SLAM 常用的相机可以分为三种类型：单目（Monocular）、双目（Stereo）和 RGB-D 相机，如图 7-4 所示。此外，还有全景相机和事件相机（Event Camera）等新型相机也被应用于视觉 SLAM 研究中。

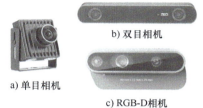

图 7-4　单目、双目和 RGB-D 相机

1. 单目相机

单目 SLAM 是最简单的视觉 SLAM 系统。单目相机结构简单，成本较低，因而非常受研究者关注。单目相机的图像本质上是三维环境在相机的二维成像平面上留下的投影，以二维的形式记录三维的世界，丢掉了环境的深度信息。因此，仅靠单张图像无法计算场景中的物体与相机之间的距离，而这个距离在 SLAM 系统中起着至关重要的作用。若要恢复环境的三维结构，必须改变相机的视角，即通过移动相机的方式来获得视差（Disparity），从而估计相机的运动和环境的结构信息。值得注意的是，如果把相机的运动和场景大小同时放大相同倍数，单目相机的图像是相同的。这意味着，单目 SLAM 估计的轨迹和地图与真实的轨迹和地图之间相差一个因子，这个因子称为尺度（Scale）因子。单目视觉 SLAM 无法仅凭图像确定这一真实尺度的性质被称为尺度不确定性。

2. 双目相机

使用双目相机的目的是通过某种方式得到环境中物体与相机之间的距离，从而克服单目相机缺失深度信息的缺点。有了深度信息，环境的三维结构便可以用单张图像恢复，消除尺度不确定性。双目相机由两个单目相机组成，且二者之间的距离（即基线）是已知的。双目相机能测量的深度范围与基线相关，基线越长，则能测量的深度越大，如图 7-5 所示。双目相机的配置与标定较为复杂，其深度量程和精度受基线和分辨率所限制，而且视差的计算非常消耗计算资源，需要使用 GPU 或 FPGA 进行加速，才能实时输出整张图像的深度信息。

a) 左目图像　　b) 右目图像　　c) 深度图

图 7-5　双目相机可以计算得到深度

3. RGB-D 相机

RGB-D 相机是光学与深度相机的结合，不但能采集彩色图像，还能输出每个像素的深度值，如图 7-6 所示。其测距原理是通过红外结构光或者飞行时间（ToF）原理，像激光雷达一样主动向物体发射光并接收物体返回的光，测出物体与相机之间的距离。它并不像双目相机那样通过软件计算距离，而是用物理方法测量距离，因而比双目相机更节省计算资源。但是，由于 RGB-D 相机存在测距范围窄、噪声大、视野小、易受日光干扰和无法测量投射材质等问题，其主要应用于室内场景的 SLAM，室外环境较难应用。

a) RGB 图像　　b) 深度图　　　　　图 7-6 彩图

图 7-6　RGB-D 相机数据

7.2.2　里程计估计方法

一般而言，一个经典的 SLAM 系统可分为前端和后端，其中前端也称为视觉里程计（VO）。视觉里程计根据相邻图像的信息估计出粗略的相机运动，给后端提供较好的初始值。如第 6 章所述，视觉里程计主要分为特征点法和直接法两大类。其中，基于特征点法的视觉里程计具有运行稳定，对光照、动态物体不敏感等特点，是目前较为成熟的视觉里程计解决方案，被认为是视觉里程计的主流方法。与之相对，基于直接法的视觉里程计不依赖于特征点，避免了关键点和描述子的计算，直接利用图像的灰度信息估计相机的运动，既避免了特征计算耗时的缺陷，又规避了场景特征缺失的情况。

虽然视觉里程计是视觉 SLAM 的关键，但仅靠视觉里程计来估计轨迹，会带来无法避免的累计漂移，这是由于视觉里程计在最简单的情况下只估计两张图像间的运动造成的。该累计漂移将会导致我们无法建立前后一致的地图，如图 7-7 所示。为了解决这一问题，需要 SLAM 中的另外两种技术：后端优化和闭环检测。

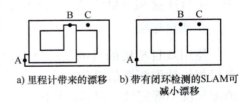

a) 里程计带来的漂移　　b) 带有闭环检测的 SLAM 可减小漂移

图 7-7　里程计的累计漂移

7.3　后端优化方法

SLAM 系统中的后端方法包括滤波器方法和光束平差法（BA）与图优化方法。这两大类方法在解决 SLAM 问题时各有优劣，理解它们对于掌握 SLAM 技术至关重要。

首先回顾基础的滤波器原理，并探讨它与优化方法的联系。为了便于理解，可以从状态估计问题入手。在 SLAM 问题中，无论是定位还是建图，都可以归纳为状态估计问题。典型的离散时间状态估计问题包括一组运动方程和一组观测方程：

第 7 章 机器人视觉同时定位与建图

$$\begin{cases} x_k = f(x_{k-1}, u_k) + w_k, k = 1, \cdots, N \\ z_k = h(x_k) + v_k \end{cases} \tag{7-1}$$

式中，f 称为运动方程，描述了系统状态的演化；h 称为观测方程，描述了观测值如何从状态中获取；$w_k \sim \mathcal{N}(0, R_k)$ 和 $v_k \sim \mathcal{N}(0, Q_k)$ 为零均值高斯分布的随机噪声。

为了简化问题，假设 f 和 h 是线性的，此时状态估计问题转化为线性高斯（Linear Gaussian，LG）系统：

$$\begin{cases} x_k = A_k x_{k-1} + u_k + w_k \\ z_k = C_k x_k + v_k \end{cases} \tag{7-2}$$

在这个线性系统中，A_k 和 C_k 分别是状态转移矩阵和观测矩阵。线性系统的状态估计问题可以通过卡尔曼滤波器来求解，卡尔曼滤波器提供了无偏且具有最小方差的估计。通过引入卡尔曼滤波器的概念，可以进一步探讨滤波器与优化方法之间的联系。例如，卡尔曼滤波器实际上是通过最小化估计误差的二次型来优化状态估计的，这与许多优化方法的目标函数极为相似。通过这种联系，可以利用优化理论的工具和方法，进一步提高滤波器的性能和适用范围。

7.3.1 滤波器方法

滤波器方法是 SLAM 系统中经典且广泛应用的方法之一。根据系统的线性或非线性特性，滤波器方法可以进一步分为多种类型：线性系统的卡尔曼滤波（Kalman Filter，KF）、非线性系统的扩展卡尔曼滤波（Extended Kalman Filter，EKF）、无迹卡尔曼滤波（Unscented Kalman Filter，UKF）以及粒子滤波（Particle Filter，PF）。这些滤波器方法各有优劣，适用于不同类型的 SLAM 问题。线性系统可以通过卡尔曼滤波器高效解决，而非线性系统通常依赖于扩展卡尔曼滤波、无迹卡尔曼滤波或粒子滤波来处理。通过选择合适的滤波器方法，可以有效地提高 SLAM 系统的性能和鲁棒性，从而实现更加准确和稳定的定位与建图。接下来将直接给出各类滤波器的典型计算公式，具体推导过程可参考卡尔曼滤波相关的书籍。

1. 线性系统的卡尔曼滤波

卡尔曼滤波（KF）是用于线性系统的一种递推算法，通过最小化均方误差来估计系统的状态。卡尔曼滤波器主要由两个步骤组成：预测步骤和更新步骤。前者根据系统的状态转移模型，预测下一个时刻的状态和协方差矩阵；后者根据观测值修正状态和协方差矩阵。

卡尔曼滤波的核心公式为

（1）预测。

$$\begin{cases} \check{x}_k = A_k \hat{x}_{k-1} + u_k \\ \check{P}_k = A_k \hat{P}_{k-1} A_k^\mathrm{T} + Q \end{cases} \tag{7-3}$$

（2）更新。

① 先计算 K_k，即卡尔曼增益。

$$K_k = \check{P}_k C_k^\mathrm{T}(C_k \check{P}_k C_k^\mathrm{T} + R)^{-1} \tag{7-4}$$

② 再根据卡尔曼增益和观测误差计算修正后的状态和协方差矩阵。

$$\begin{cases} \hat{x}_k = \check{x}_k + K_k(z_k - C_k \check{x}_k) \\ \hat{P}_k = (I - K_k C_k)\check{P}_k \end{cases} \tag{7-5}$$

式中，$\hat{x}_k$ 为后验估计；$\check{x}_k$ 为先验估计；$z_k - C_k \check{x}_k$ 为观测误差修正项。

卡尔曼滤波适用于线性、高斯噪声的系统，且计算效率高。然而，对于非线性或非高斯噪声系统，其效果会显著下降。

2. 非线性系统的扩展卡尔曼滤波

扩展卡尔曼滤波（EKF）是卡尔曼滤波的非线性扩展，通过对非线性函数进行一次泰勒展开，将非线性问题线性化。EKF 的核心在于将非线性状态转移和观测方程线性化，其核心公式为

（1）预测。

$$\begin{cases} \check{x}_k = f(\hat{x}_{k-1}, u_k) \\ \check{P}_k = F_k \hat{P}_{k-1} F_k^\mathrm{T} + Q \end{cases} \tag{7-6}$$

这其中蕴含着将状态转移方程线性化的操作：将非线性函数在固定点进行泰勒展开并保留一阶系数。

$$f(x_{k-1} + \delta x) = f(x_{k-1}) + J\delta x + \frac{1}{2}\delta x^\mathrm{T} H \delta x + O(\delta x^2) \tag{7-7}$$

式中，J 称为雅可比矩阵；H 称为海塞矩阵。这是线性化中最重要的两个矩阵。当只保留一阶项时，$f(x_{k-1} + \delta x) \approx f(x_{k-1}) + J\delta x$。由于展开点不断变化，将上文中 J 记为 F_k。

（2）更新。

① 先计算 K，即卡尔曼增益。

$$K_k = \check{P}_k H_k^\mathrm{T}(H_k \check{P}_k H_k^\mathrm{T} + R)^{-1} \tag{7-8}$$

② 再根据卡尔曼增益和观测误差计算修正后的状态和协方差矩阵。

$$\begin{cases} \hat{x}_k = \check{x}_k + K_k(z_k - h(\check{x}_k)) \\ \hat{P}_k = (I - K_k H_k)\check{P}_k \end{cases} \tag{7-9}$$

式中，H_k 是观测函数 h 的雅可比矩阵。

比较 KF 和 EKF，可以发现它们的基本公式是相同的，只是 EKF 的几个系统矩阵随着线性化点的变化而变化。EKF 在处理强非线性系统时可能会产生较大误差，因为此时

一次泰勒展开的线性化近似偏差会比较大。

3. 无迹卡尔曼滤波

无迹卡尔曼滤波（UKF）通过一组精心选择的采样点（称为 Sigma 点）来近似非线性函数的传递过程。这些 Sigma 点用来捕捉状态分布的均值和协方差的演化。UKF 的具体步骤如下。

（1）生成 Sigma 点。从上一时刻的状态估计 $\hat{x}_{k-1}$ 和协方差矩阵 $\hat{P}_{k-1}$ 中生成一组 Sigma 点 χ_{k-1}。

$$\chi_{k-1} = \text{sigma\_points}(\hat{x}_{k-1}, \hat{P}_{k-1}) \tag{7-10}$$

（2）预测 Sigma 点。通过系统的非线性函数预测这些 Sigma 点的下一时刻的值 χ_k。

$$\chi_k = f(\chi_{k-1}, u_k) \tag{7-11}$$

（3）状态估计更新。通过对预测后的 Sigma 点加权平均来更新状态估计 $\hat{x}_k$，再通过计算预测 Sigma 点的加权协方差来更新协方差矩阵 $\hat{P}_k$。

$$\begin{cases} \hat{x}_k = \sum_i W_i \chi_k^{(i)} \\ \hat{P}_k = \sum_i W_i (\chi_k^{(i)} - \hat{x}_k)(\chi_k^{(i)} - \hat{x}_k)^T + Q \end{cases} \tag{7-12}$$

相较于扩展卡尔曼滤波，UKF 在处理非线性系统时通常更准确，因为它无须对非线性函数进行线性化近似。然而，这种精度提升也增加了计算复杂度。UKF 需要对每个时间步生成和处理多个 Sigma 点，增加了计算负担。为了进一步提升精度，UKF 的迭代版本通过多次更新步骤来更精确地逼近系统的状态分布。尽管这种迭代方法能够提高估计精度，但相应地增加了计算负担。因此，UKF 的使用需要在精度和计算复杂度之间进行权衡，根据具体应用场景选择最优的方案。

4. 粒子滤波

粒子滤波（PF）通过一组随机采样的粒子来表示状态的概率分布，是处理任意非线性、非高斯系统的强大工具。该方法非常适用于复杂的 SLAM 问题，尽管其计算复杂度较高，但在处理多种不确定性和复杂性问题方面表现出色。

粒子滤波通过递推公式更新每个粒子的权重并进行重采样。

（1）状态预测。根据系统的状态转移模型，预测每个粒子的下一时刻状态。

$$x_k^{(i)} \sim p(x_k | x_{k-1}^{(i)}, u_k) \tag{7-13}$$

式中，$x_k^{(i)}$ 表示第 i 个粒子在时刻 k 的状态；u_k 是控制输入。

（2）权重更新。根据观测模型，更新每个粒子的权重，以反映观测数据的可信度。

$$w_k^{(i)} \propto p(z_k | x_k^{(i)}) \tag{7-14}$$

式中，z_k 是当前观测值；$w_k^{(i)}$ 是第 i 个粒子的权重，表示粒子与实际观测的匹配程度。

（3）重采样。根据粒子的权重进行重采样，生成新的一组粒子。这一步是为了消除权重较小的粒子，将计算资源集中在权重较大的粒子上，从而提高估计的准确性和稳定性。

$$\{x_k^{(i)}, w_k^{(i)}\}_{i=1}^{N} = \text{resample}(\{x_k^{(i)}, w_k^{(i)}\}_{i=1}^{N}) \tag{7-15}$$

粒子滤波非常适用于复杂的 SLAM 问题，因为它能够处理任意形式的非线性和非高斯分布，且在面对高维状态空间和多种不确定性时表现出色。然而，其主要挑战在于计算复杂度。为了确保估计的精度，通常需要大量粒子来覆盖状态空间，这导致计算资源需求较高。

在实际应用中，为了在计算复杂度和估计精度之间找到平衡，可以采用多种改进方法。例如，使用自适应粒子滤波，通过动态调整粒子的数量来优化计算资源的分配；结合其他滤波方法，如卡尔曼滤波，来提升性能。通过粒子滤波，SLAM 系统能够在复杂和动态的环境中实现高精度的定位和建图，其灵活性和适应性使其成为解决复杂 SLAM 问题的有力工具。

7.3.2 图优化方法

近年来，图优化方法已成为 SLAM 后端的主流方向。通过构建和优化图模型，将 SLAM 问题转化为图上的优化问题，显著提高了算法的效率和鲁棒性。图优化方法的核心在于将位姿和观测数据表示为图中的节点和边，通过优化整个图的结构来得到最优解。

1. BA 求解

BA 方法是图优化中的一种关键技术，通过最小化重投影误差来同时优化相机位姿和地图点的位置。其目标是最小化如下目标函数：

$$\min_{x,p} \sum_{i,j} |z_{ij} - h(x_i, p_j)|^2 \tag{7-16}$$

式中，x_i 和 p_j 分别表示第 i 个相机位姿和第 j 个地图点的位置；z_{ij} 是第 i 个相机位姿下对第 j 个地图点的观测值，通常使用特征点匹配的方式得到；函数 $h(x_i, p_j)$ 表示从相机位姿 x_i 和地图点 p_j 根据相机投影模型计算得到的理论观测值。

BA 问题通常采用非线性优化方法求解，如列文伯格-马夸尔特（Levenberg-Marquardt）或高斯-牛顿（Gauss-Newton）法。这些方法通过以下步骤进行迭代。

（1）初始化参数。设定初始的相机位姿 x 和地图点位置 p。

（2）计算雅可比矩阵。对于每个观测值，计算相对于其所涉及的位姿 x 和地图点 p 的偏导数，即雅可比矩阵 J。

（3）构建正规方程。根据雅可比矩阵和观测误差，构建正规方程。

$$J^T W J \Delta x = -J^T W r \tag{7-17}$$

式中，W 是权重矩阵；r 是残差向量。

（4）求解更新步长。解正规方程，得到参数更新步长 Δx。
（5）更新参数。按照步长更新相机位姿和地图点位置。

$$x \leftarrow x + \Delta x J^T W J \Delta x = -J^T W r \tag{7-18}$$

（6）迭代收敛。重复上述步骤，直到误差收敛到预设阈值。

这种迭代方法通过不断更新参数，逐步减少目标函数值（即总残差值），最终实现相机位姿和地图点位置的最优估计。

2. 位姿图的概念与优化

位姿图（Pose Graph）是 SLAM 问题的一种抽象表示，通过节点表示位姿，边表示约束，如图 7-8 所示。位姿图中的节点表示机器人在不同时间的位姿，边表示位姿间的相对变换。图优化通过最小化误差函数来调整位姿，使得观测约束得到满足。

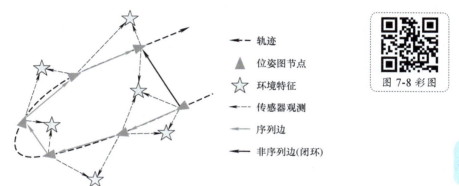

图 7-8 位姿图示例

在位姿图中，节点 x_i 表示机器人或相机在第 i 个时刻的位姿，边 (x_i, x_j) 表示第 i 个和第 j 个位姿之间的相对变换或观测约束。优化过程如下。

（1）构建误差函数。根据观测数据构建误差函数：

$$E(x) = \sum_{(i,j) \in \mathcal{E}} |z_{ij} - h(x_i, x_j)|^2 \tag{7-19}$$

式中，z_{ij} 是第 i 个和第 j 个位姿间的观测值；$h(x_i, x_j)$ 是理论计算的相对位姿。

（2）初始化位姿。使用传感器数据对机器人在每个时间点的初始位姿进行估计。

（3）迭代优化。使用开源图优化工具，如 g2o 或 Ceres，计算并迭代调整节点位置，最小化误差函数：

$$x \leftarrow x + \Delta x \tag{7-20}$$

（4）更新误差。在每次迭代中，计算新的误差并更新雅可比矩阵，重复此过程直到收敛。

常见的图优化工具如 g2o 和 Ceres，实现了高效的图优化算法，并广泛应用于实际的 SLAM 系统中。这些工具提供了灵活的框架，支持多种类型的约束和优化方法。

3. 利用稀疏性进行边缘化

SLAM 的图优化问题可以表示为一个由节点和边组成的图模型。节点表示机器人在不同时间点的位姿，边表示这些位姿之间的相对变换或观测约束。信息矩阵反映了这些约束关系。

例如，如果机器人在时间 t 和 $t+1$ 的位姿之间存在约束，这个约束会体现在信息矩阵的相应位置上，而远离的节点之间没有直接约束，其对应的信息矩阵元素为零。这种结构使得信息矩阵呈现出稀疏的特性。

在视觉 SLAM 问题中，信息矩阵通常具有稀疏结构。这意味着在信息矩阵中，矩阵的大部分元素为零。这种稀疏性使得我们可以利用稀疏矩阵技术来显著提高计算效率。

边缘化是一种常用的技术，通过消除不重要变量来简化计算。具体方法包括 Schur 补和其他稀疏矩阵技术。Schur 补通过将边缘化变量对主变量的影响压缩到一个较小的矩阵中，从而降低计算复杂度。边缘化的过程如下。

（1）选择边缘化变量。首先，需要选择哪些变量要进行边缘化处理。这些变量通常是不再需要更新的旧位姿或其他不重要的变量。例如，在 SLAM 中，如果某些旧位姿已经得到精确估计且不会再变化，则可以将这些旧位姿进行边缘化处理。

（2）构建信息矩阵。将边缘化变量和保留变量的雅可比矩阵构建成块信息矩阵。

$$H = \begin{pmatrix} H_{pp} & H_{pm} \\ H_{mp} & H_{mm} \end{pmatrix} \tag{7-21}$$

式中，H_{pp} 是保留变量与保留变量之间的雅可比矩阵；H_{pm} 是保留变量与边缘化变量之间的雅可比矩阵；H_{mp} 是边缘化变量与保留变量之间的雅可比矩阵；H_{mm} 是边缘化变量与边缘化变量之间的雅可比矩阵。

（3）计算 Schur 补。通过 Schur 补来消除边缘化变量对保留变量的影响，得到简化后的信息矩阵：

$$H' = H_{pp} - H_{pm} H_{mm}^{-1} H_{mp} \tag{7-22}$$

式中，H' 是边缘化后的信息矩阵。这一步的关键在于，通过计算 Schur 补，可以有效地消除边缘化变量，同时将其对系统的影响压缩到保留变量的子矩阵中。

（4）更新信息矩阵。使用 Schur 补后的矩阵替代原信息矩阵，进行后续优化。

通过上述过程，边缘化不仅能减少需要直接处理的变量数量，还能有效地降低计算复杂度，从而提高图优化的整体效率。

在大规模 SLAM 问题中，边缘化技术尤为重要。因为 SLAM 系统常常需要处理大量的位姿和观测数据，直接优化所有变量会导致计算量非常大且难以处理。通过边缘化，可以显著减少优化问题的规模，使得系统能够在合理的时间内完成计算，保持高效的性能和准确的结果。

总之，边缘化通过消除不重要变量，将其影响压缩到剩余变量中，使得优化问题在计算上更加高效。结合稀疏矩阵技术，边缘化为 SLAM 系统提供了强大的计算能力和实用性，特别是在面对大规模和复杂环境时，显著提升了 SLAM 系统的性能和鲁棒性。

以上，通过深入探讨滤波器方法和图优化方法，可以使读者更好地理解 SLAM 系统的后端实现。这些方法不仅在理论上有着重要意义，在实际应用中也广泛存在，掌握这些技术将为进一步研究和应用 SLAM 技术奠定坚实基础。

7.4 闭环检测

在视觉 SLAM 系统中，闭环检测模块发挥着至关重要的作用。它不仅能够有效限制累积误差，还能为长期一致性轨迹和地图的估计提供有效的约束，最终获得全局一致（Global Consistent）且精确的轨迹与地图结果。

7.4.1 闭环检测的概念与意义

具体来说，SLAM 系统的前端负责提取视觉特征及初始化轨迹和地图，而后端对所有数据进行优化处理。如果仅考虑相邻时刻的关联关系，那么之前产生的误差将会不可避免地累积至下一时刻，导致整个系统出现累积漂移。为了解决这一问题，需要闭环检测模块提供的外部约束。

闭环检测能够检测出相机在运动过程中是否重新拍摄到了之前出现过的场景。一旦发现这种重复场景，就意味着可以得到两个时间点之间的运动约束，即时隔较长的位姿变换关系。利用这种长期约束信息，能够进一步优化和校正带有累积误差的轨迹，获得更加精确和全局一致的结果。

可以将优化后端的位姿图（Pose Graph）理解为一个质点弹簧系统。在这个系统中，每个位姿节点相当于一个质点，观测数据相当于连接质点的弹簧。而闭环检测为该系统引入了额外的"弹簧"，从而提高了整个系统的稳定性和收敛性。从另一个角度看，闭环边也可以被视为将带有累积误差的边校正到正确的位置。

闭环检测对于 SLAM 系统意义重大，它关系到估计的轨迹和地图在长时间下的正确性。除了限制累积误差外，闭环检测还能增强系统的鲁棒性。由于它将当前数据与所有历史数据建立了关联，因此在视觉跟踪算法失效的情况下，仍可利用回环信息实现重新定位。这种重定位能力对于在复杂动态环境中运行的 SLAM 系统而言尤为重要。

总的来说，闭环检测对提升 SLAM 系统的精度和稳健性具有重要意义。有些研究人员甚至将仅包含前端和局部优化后端的系统称为视觉里程计（VO），而具备闭环检测和全局优化后端的系统才被视为完整的 SLAM。因此，在设计和实现 SLAM 系统时，闭环检测模块应当被重点关注和优化。

7.4.2 词袋模型

视觉里程计是通过图像特征点的匹配来估计相机的运动，直观考虑，也可以通过两张图像的特征点匹配数量大于一定阈值来判断是否出现了回环。这种做法虽然可行，但存在一些不足，如特征点匹配计算耗时、在光照变化下特征描述不稳定等。而词袋模型能够较好地解决上述问题。

词袋（Bag of Words，BoW）模型的核心思想是用图像中存在的特征"单词"来描述整个图像,而不涉及单词出现的位置和顺序。具体来说,建立词袋模型需要以下步骤。

(1) 构建"字典"(Dictionary)。字典包含了预先定义的一系列特征"单词"(Word),如"人""车""狗"等,用 w_1、w_2 和 w_3 表示。

(2) 对每张图像进行编码,生成"单词直方图",即统计图像中出现了字典中的哪些单词,用一个向量进行描述,如图像 A 可表示为 $[1,1,0]^T$,表示含有 w_1 和 w_2 但不含 w_3。

(3) 比较不同图像编码向量的相似性,作为判断两张图像相似程度的标准。

这种向量表示图像的方式具有两个显著优势。首先,编码向量描述的是图像是否包含某些特征,相比原始像素值更加稳健;其次,由于不关注特征在图像中的具体位置排列,当相机产生少量运动时,只要场景中的物体仍在视野内,编码向量就能保持不变。"词袋"思想强调单词的有无,而无关其顺序,因此字典类似于单词的一个集合。

在词袋模型中,需要先构建一个"字典",其由许多"单词"组成。与普通文本的单词不同,这里的"单词"代表了一类视觉特征的集合,可以看作局部图像特征的聚类中心。因此,构建字典的问题实际上就是一个典型的聚类(Clustering)问题。

聚类是无监督机器学习(Unsupervised Machine Learning)中一个非常常见的问题,旨在让机器自动发现数据中潜在的规律和模式。具体到词袋模型中,假设已经从大量图像中提取了 N 个局部特征,现在需要将它们聚合成 K 个"单词"以构成字典,最直接有效的方法就是经典的 K-means 聚类算法,如图 7-9 所示。它的基本思路如下。

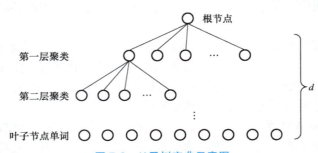

图 7-9　K 叉树字典示意图

(1) 随机选取 K 个点作为初始聚类中心:$c_1, c_2, \cdots, c_K$。

(2) 计算每个数据样本与这 K 个中心的距离,将其归入距离最近的那一类。

(3) 重新计算每一类的聚类中心。

(4) 重复(2)、(3)直至聚类中心不再发生明显变化。

在词袋模型中,应该如何高效地将新的图像特征归入字典中的某个单词?最简单的做法是逐一比较,将该特征与字典中所有单词进行距离计算,取最近的一个作为匹配结果。然而,实际应用中字典的规模往往很大,这种线性查找的效率非常低下。为了提高查找效率,可以借助特殊的数据结构,如二叉查找树等。一种较为简单的方法是使用 K 叉树结构。该方法的思路如下。

(1) 在根节点处,使用 K-means 算法将所有特征划分为 K 类。

(2) 对第一层的每个节点,再将属于该节点的特征继续划分为 K 类,作为它的子节点。

（3）依次递归，直至构建出一棵深度为 D、每个节点有 K 个分支的树。

（4）最底层的叶节点即作为字典中的"单词"。

图 7-9 的树状结构利用了层次聚类的思想，每个节点实际上是一个聚类中心。在查找时，只需要沿着树枝，按层与每个节点的聚类中心进行 D 次距离比较，即可找到最终的匹配"单词"，大大提高了速度。这种树状结构不仅保证了对数级的查找效率，而且灵活性较好。通过调节树的深度 D 和分支因子 K，可以构建大小合适的字典，有效应对不同场景下词袋模型对字典大小的需求。

7.4.3 相似度计算

已经构建了词袋模型的"字典"，接下来需要解决的是如何计算两幅图像之间的相似度问题。具体地，给定一幅图像，提取到了 N 个局部特征，通过在树状字典中逐层查找，可以将这 N 个特征分别映射到字典中对应的 N 个单词上。根据这 N 个单词的分布情况编码一个表示该图像语义特征的向量描述。

在文本检索中，常用的编码方式是 TF-IDF（Term Frequency-Inverse Document Frequency），被广泛用于评价某个词对文档的重要性程度，通过对单词的区分性或重要性加以评估，赋予不同的权值以起到更好的效果。TF 的思想：某单词在当前图像中出现的频率越高，区分度越高。IDF 的思想：某单词在字典中出现的频率越低，则它对图像的区分能力越强。将 TF-IDF 思想应用到词袋模型中，为每个单词赋予权重的步骤如下。

（1）计算 IDF 值，即某单词中的特征数量占所有特征数量的比例。假设图像中有 n 个特征，其中第 i 个单词 w_i 对应 n_i 个特征，则该单词的 IDF 值为

$$\text{IDF}_i = \log \frac{n}{n_i} \tag{7-23}$$

可见，一个单词在整个字典中出现得越少，其 IDF 值就越大。

（2）计算 TF 值，即某个特征在单个图像中出现的频率。对于第 i 个单词 w_i，假设在当前图像中出现了 k_i 次，则其 TF 值为

$$\text{TF}_i = \frac{n_i}{k_i} \tag{7-24}$$

（3）将 TF 和 IDF 相乘，得到该单词在当前图像中的权重。

$$\eta_i = \text{TF}_i \times \text{IDF}_i \tag{7-25}$$

通过这种加权方式，可以突出那些在当前图像中频繁出现、同时在整个字典中较为稀有的"关键词"，进而提高了该向量对图像语义特征的描述能力。

（4）针对某图像 I，将所有加权后的单词拼接成一个稀疏向量，组成 BoW 向量。

$$I = \{(w_1, \eta_1), \cdots, (w_i, \eta_i)\} \triangleq v_I \tag{7-26}$$

通过以上步骤，可以将原始图像映射到一个高维语义特征向量的表示空间中。针对两幅图像对应的语义特征向量表示，可以计算它们之间的距离或相似度来评价两幅图像的语

义关联程度。常见的相似度计算方法有余弦相似度、L1 范数、L2 范数等，可根据具体情况选择合适的方式。

由于各种原因（如视野遮挡、光照变化等），闭环检测可能会存在错误或遗漏的情况。因此，评估闭环检测算法的性能非常重要。准确率和召回率（Precision & Recall）是两个常用的评估指标。

准确率是指在算法检测为闭环的所有情况中，真实为闭环的比例。数学定义如下：

$$\text{Precision} = \frac{TP}{TP + FP} \tag{7-27}$$

式中，TP（True Positive）表示正确检测为闭环的情况数量；FP（False Positive）表示错误检测为闭环的情况数量。准确率反映了算法对于检测为闭环的情况的"纯度"。一个较高的准确率意味着算法检测为闭环的情况中，真实为闭环的比例较高，错误率较低。

召回率是指在所有真实为闭环的情况中，被正确检测为闭环的比例。数学定义如下：

$$\text{Recall} = \frac{TP}{TP + FN} \tag{7-28}$$

式中，FN（False Negative）表示错误检测为非闭环的情况数量。召回率反映了算法检测闭环的"覆盖面"。一个较高的召回率意味着算法能够检测出更多真实的闭环情况，漏检的情况较少。

在实际应用中，准确率和召回率是一对矛盾的指标，因此需要进行权衡，根据具体场景来设置合适的阈值。有时更看重准确率，避免引入错误的闭环检测，有时更看重召回率，尽可能检测出所有真实的闭环。

为了全面评价闭环检测算法的性能表现，通常会在不同的配置下测试该算法，并计算对应的准确率和召回率值，绘制出一条 P-R 曲线（Precision-Recall Curve）。这条曲线的横轴表示召回率，纵轴表示准确率，如图 7-10 所示。

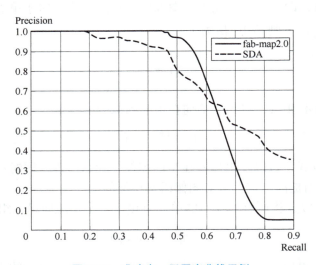

图 7-10　准确率 – 召回率曲线示例

一般会关注以下几个主要指标。

（1）曲线偏向右上方的程度。理想的算法，其 P-R 曲线应该尽可能偏向于右上方，这意味着在大多数情况下，算法都能同时获得较高的准确率和较高的召回率。

（2）100% 准确率下的召回率。这个指标反映了算法在最严格的条件下，能够覆盖真实闭环情况的程度。

（3）50% 召回率时的准确率。这个指标反映了算法在中等覆盖面的情况下，能够保持的"纯度"水平。

传统的基于手工特征的方法（如 SIFT、SURF 等）虽然具有一定的鲁棒性，但在复杂环境下表现并不理想。而近年来，借助深度学习的发展，基于神经网络的闭环检测方法取得了长足的进步，展现出更加优异的性能。下面简单介绍代表性的基于神经网络的闭环检测方法：VLAD。

VLAD（Vector of Locally Aggregated Descriptors）是一种将局部特征聚合为全局描述子的编码方法。它的基本思想是将图像分块，对每一块计算局部描述子（如 SIFT 或 CNN 特征），然后基于预先学习的视觉词典将这些局部描述子进行编码，最终形成一个固定长度的全局特征向量。

将 VLAD 编码应用于 SLAM 闭环检测，网络流程如下所述。

（1）CNN 主干网络。用于提取图像的局部特征，通常采用较浅的卷积网络，如 AlexNet、VGG 等。

（2）VLAD 编码层。接收 CNN 主干网络输出的 N 个 D 维特征，对全部的 $N \times D$ 特征图进行 K-means 聚类，获得 K 个聚类中心，记为 c_k，并通过以下公式将 $N \times D$ 的局部特征图转为一个全局特征图 V，维度为 $K \times D$。

$$V(j,k) = \sum_{i=1}^{N} a_k(\boldsymbol{x}_i)(\boldsymbol{x}_i(j) - \boldsymbol{c}_k(j)), k \in K, j \in D \tag{7-29}$$

式中，$\boldsymbol{x}_i$ 表示第 i 个局部特征；$\boldsymbol{c}_k$ 表示第 k 个聚类中心；$\boldsymbol{x}_i$ 和 $\boldsymbol{c}_k$ 都是 D 维向量。$a_k(\boldsymbol{x}_i)$ 是一个符号函数，如果 $\boldsymbol{x}_i$ 不属于聚类中心 $\boldsymbol{c}_k$，$a_k(\boldsymbol{x}_i)=0$，反之，$a_k(\boldsymbol{x}_i)=1$。式（7-29）累加了每个聚类的所有特征残差，最终得到了 K 个全局特征。这 K 个全局特征表达了聚类范围内局部特征的某种分布，这种分布通过 $\boldsymbol{x}_i - \boldsymbol{c}_k$ 抹去了图像本身的特征分布差异，只保留了局部特征与聚类中心的分布差异。

在训练阶段，该网络的目标是使得相似的图像对应的 VLAD 特征向量距离较小，而不同的图像对应的 VLAD 特征向量距离较大。常用的损失函数包括对比损失（Contrastive Loss）和三元组损失（Triplet Loss）等。

NetVLAD 为经典的改进模型，从 VLAD 到 NetVLAD 的最大变化是之前需要通过聚类获得参数 c_k 变成了需要通过训练得到。这样就可以把 VLAD 变成一个分类问题，即设定有 K 个分类，计算局部特征在这 K 个分类的差值分布来得到全局特征 $V(j,k)$，如图 7-11 所示。

在 SLAM 的闭环检测任务中，可以将 VLAD 编码应用于连续的图像帧，并通过计算不同时刻 VLAD 特征向量之间的距离，判断是否存在潜在的闭环。VLAD 得到的全局描述子具有较强的分辨能力，能够有效区分不同的场景；其编码过程无须复杂的训练，计算高效。

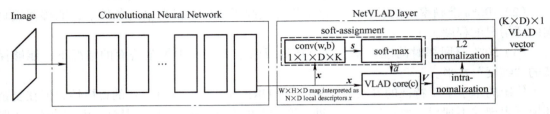

图 7-11 NetVLAD 网络结构图

7.5 全局地图构建与表示

SLAM 被称为同时定位与建图，可见建图是 SLAM 的目标之一。在经典的 SLAM 方法中，地图一般指代路标点的集合，即确定了路标点位置就可认为完成了建图，这可以通过视觉里程计、Bundle Adjustment 对路标点位置建模并优化来实现。然而，这种稀疏的路标地图只能满足底层定位的需求，对于机器人如导航、避障、重建甚至交互等上层的功能无法满足，接下来在应用层面介绍几种适用于不同应用场景的地图表示，从而为机器人的上层需求提供合适的地图构建。

7.5.1 面向机器人应用的地图表达与存储

在机器人领域，地图的常见应用可大致归纳为下述五类，如图 7-12 所示。

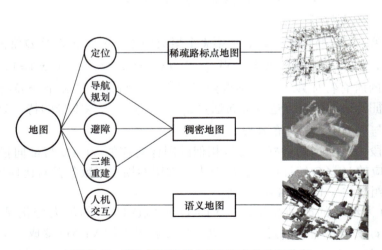

图 7-12 面向不同机器人应用任务的地图种类

1. 定位

定位是 SLAM 中地图最基本的功能，视觉里程计可以通过局部地图实现定位，闭环检测则可以通过全局描述子信息实现定位。这类地图一般是稀疏的路标点地图，通常具有较小的存储需求，并且需要对定位任务具有较好的鲁棒性。易于存储的特性使得地图便于保存，并且使得机器人在重启后仍能定位，而无须重建做 SLAM 全过程。

2. 导航规划

导航规划是使得机器人能在地图中进行路径规划，从地图中任意两点之间寻找可行路径从而能够运动到目标位置的过程。因此，地图需要有可通行、不可通行位置的信息，而稀疏路标点地图无法做到。因此，需要一种稠密的地图形式来实现这一任务。

3. 避障

避障与规划任务比较类似，同样是在机器人运动过程中实现的目标。但是，避障往往是局部的，更注重局部信息以及动态障碍物处理。稀疏路标点地图只具备一些角点、直线特征或其他可区分的视觉特征点，无法判断某个特征点是否为障碍物。因此，需要一种稠密的地图形式来实现避障。

4. 三维重建

除了机器人本身的应用外，往往也希望获得的地图能够有展示效果，能真实美观地展示出场景信息，使人能够依据地图进行决策。这就需要对地图进行更全面的重建，这种重建地图必须是稠密的、准确的，而且有美观等要求，因此除了一般的稠密点云重建还往往会构建纹理等信息，从而实现更逼真的效果。

5. 人机交互

人机交互主要是指人与地图之间的互动，如在场景中放置虚拟的物体、场景中进行仿真实验与场景设置等。这种交互可以作用于很多领域，并且使得人、地图、机器人实现良好的互动。这一需求需要机器人对于地图有更高级的认知，符合人类对地图的认识层级，因此需要引入语义层面的信息来进一步构建语义地图。

本节主要介绍基于视觉传感器的稠密地图重建方法。视觉传感器即相机一般只能返回成像角与亮度信息，无法直接提供距离和深度。但是对于稠密重建而言，每个像素点所对应的距离非常重要。为解决视觉相机的这一问题，根据不同的相机传感器有大概以下解决思路。

（1）使用单目相机时，利用相机之间的物理移动，进行三角化计算，测量出像素距离。

（2）使用双目或多目相机时，利用各目之间的视差计算像素距离。

（3）使用 RGB-D 相机时，其中的 D 为深度信息，可以直接获取。

前两者可以称为立体视觉，而通过移动相机的方式一般被称为 MVS（Moving View Stereo），相较于 RGB-D 直接获取深度信息，立体视觉的方式往往需要进行大量的复杂计算，同时深度估计结果的准确性不能得到很好的保障。但是，在一些 RGB-D 传感器信息无法轻松获取的场景中，依然需要用立体视觉方式来得到深度信息。

基于立体视觉的稠密深度图估计往往需要先对多图间的像素点或特征进行匹配，从而在匹配点之间根据相机的移动数据构建三角形。但是匹配往往是不准确、不可靠的，因此需要进行多次三角测量以及多点匹配，并通过深度滤波器技术进行优化收敛。这一过程可以简单总结为以下步骤。

（1）假设所有像素的深度满足某个初始化高斯分布。

（2）有新数据产生时，通过极限搜索和块匹配等方法确定投影点位置。

（3）根据几何关系计算三角化后的深度以及不确定性。

（4）将当前观测融合到上一次估计中，判断是否收敛。收敛则结束计算，未收敛则返回步骤（2）。

上述流程构成了一个简单可行的深度估计方法框架，可以用于深度估计。但是，由于真实数据的复杂性，在实际环境和应用中，还需要引入很多其他算法，如对像素梯度问题、逆深度、图像间变换、并行计算等问题的针对性处理，感兴趣的读者可以进一步探索与学习。

稠密重建的另一常用思路是使用RGB-D相机传感器。由于RGB-D相机的结构光或飞行时间（Time of Flight）原理，深度数据是和纹理无关的，因此面对纯色物体也能够通过反射光实现深度测量。RGB-D进行稠密建图相对更加容易，建图方式主要由地图形式决定。最简单的方式是建立点云地图，直接根据相机位姿将RGB-D数据转换为点云并进行拼接。当对物体表面外观有进一步要求时，可以用三角网格（Mesh）、面片（Surfel）等模型进行建图。对导航规划等任务，则可以使用体素（Voxel）建立占据网格地图（Occupancy Grid Map）。

对于语义地图的构建，一般需要结合深度学习的方法，为机器人提供更高级别的理解和认知能力。语义地图不仅包含了物体的位置和几何属性，还包括物体的语义类别和语义关系等信息。一般而言，需要使用基于深度学习的特征识别等算法对传感器采集到的数据（如点云、图片）进行特征提取和分类，再将提取到的语义信息与地理信息融合构建场景来表示，如使用图结构表示道路网络和物体之间的关系。最后对地图中的语义信息进行标注与更新。语义地图更加直观，更容易实现人与地图之间的交互。

7.5.2 典型地图表示方法

本节介绍一些典型的常用地图表示方法。根据不同的应用场景，不同的地图表示方法有各自的优点，因此如何选择合适的地图表示方法非常关键。本节主要介绍常用的点云地图、栅格地图、八叉树地图以及近年来兴起的隐式地图。

1. 点云地图

点云地图是指由一系列离散点组成的地图，通常包含三维世界坐标x、y、z，以及可能的颜色信息r、g、b。当已知相机位姿时，通过MVS方法或RGB-D本身的深度信息，结合相机位姿，可以将所获得的点云进行相加拼接，得到全局的点云，从而得到一个由点云构建的地图。一般情况下，点云还需要进行滤波处理以获得更好的可视化效果，滤波器的种类很多，如外点去除滤波器、降采样滤波器等。点云地图以三维方式存储，而且能够用RGB-D图像直接生成，但是对于大多数机器人应用而言都相对基础。

2. 栅格地图

栅格地图是一种常用的地图表示方法，它将环境划分为规则的网格单元。每个网格单元表示一个离散的空间区域，可以用来表示障碍物、自由空间、未知区域等信息。栅格地图可以使用二值或概率值表示每个网格单元的状态。例如，1 表示障碍物，0 表示自由空间，中间的值可以表示未知或概率。栅格地图简单直观，易于构建和更新，常用于避障和路径规划等任务。

3. 八叉树地图

在很多机器人应用任务中，地图需要具备表示能力，还要有好的压缩存储能力以及随时可以更新的性质。在导航规划等任务中，一般会使用灵活、可压缩、可随时更新的八叉树（Octo-map）地图形式，如图 7-13 所示。这一地图形式避免了点云地图规模大、无法处理运动物体的缺陷，因此有广泛的应用。

对于三维空间，能够直观地建模为由众多小方块（体素）组成的模型，如果对于每个方块的每个面切成两片，即可将方块分为八个更小的子方块。不断重复这一过程，可以将方块分割为很高精度的模型。而这一过程，从树的角度理解，就是每一个节点都可以不断展开为八个子节点，因此可以视为一颗八叉树，其中整个空间的大方块视为根节点，最大分辨率下的最小子方块则是叶子节点。

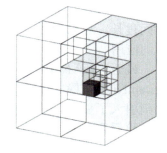

图 7-13　八叉树地图表示示意图

在八叉树地图中，每个节点存储是否被占据的信息。当上层节点没有被占据时，下层节点就无须展开，而地图中的空白等区域一般都是连续大块存在的，因此大多数八叉树节点都无须展开到最底层叶子节点，在能保证最高精度分辨率的同时极大地节约了存储空间。对于节点是否被占据，可以使用 0-1 存储的方式，0 表示空白，1 表示被占据。但这种方式受噪声影响较大，因此一般采用概率形式进行节点存储，即存储这一节点是否被占据的概率 $x \in [0,1]$，在地图优化过程中不断更新概率来进行动态建模。

然而，直接使用概率进行存储，可能会出现超出范围的情况。在实际应用中，一般用概率对数值取代概率进行描述。假设 $y \in \mathbf{R}$ 代表概率对数值，x 为 $0 \sim 1$ 之间的概率，则 logit 变换为

$$y = \mathrm{logit}(x) = \log\left(\frac{x}{1-x}\right) \tag{7-30}$$

反变换形式为

$$x = \mathrm{logit}^{-1}(y) = \frac{\exp(y)}{\exp(y)+1} \tag{7-31}$$

通过对数形式，可以方便对概率值进行更新和查询，同时能够对运动物体进行处理。一般而言，八叉树地图所占据的存储空间较小，与点云地图相比能够更有效地建模和存储大场景。

4. 隐式地图

近年来，隐式神经表示（Neural Radiance Fields，NeRF）的方法取得了广泛的研究

与应用，基于 NeRF 的方法能够使用一个隐式编码器（深度神经网络）对场景中的信息进行编解码，以网络权重对场景进行存储。结合体渲染方法或 Matching Cube 得到关于场景的新视图或 Mesh，从而对场景进行表示与存储。

NeRF 方法将采集的有相机参数的 RGB 图片作为输入，以沿光线采样的方式进行点采样，将点的三维位置坐标和视角坐标输入多层感知机（Multilayer Perceptron，MLP）中，预测该点的颜色信息和体渲染密度信息，再通过体渲染方式获取像素颜色，从而进行训练优化。NeRF 方法能够连续地对场景进行表示，不存在任何空洞现象，同时存储紧凑，得到的新视图也非常逼真，满足应用和美观要求。但是，由于原有 NeRF 模型的训练时间过长，且只能针对单一静态场景进行优化而不具备泛化性，因此限制了在 SLAM 领域的应用。

最近基于 NeRF 的方法对于实时性和泛化性问题进行了充分的研究扩展，如 InstantNGP 在隐式基础上加入了哈希编码方法，极大地提升了训练速度。TensoRF 等方法则引入了显示表示，快速提升了实时性。Triplane NeRF、GeoNeRF 等方法使得隐式模型不再受限于单一场景，而可以具备泛化性，在 AIGC 领域基于 NeRF 的方法甚至实现了对未知物体的文本或图片生成 3D。可以预见，在未来基于隐式地图表示的方法将成为 SLAM 领域新的研究方向之一。

本章小结

本章首先介绍了 SLAM 的概念与分类，对经典视觉 SLAM 算法框架中的前端视觉里程计、后端优化、闭环检测等部分进行了概述。接着从传感器选型和里程计估计方法两方面介绍了前端设计方案。然后对后端优化方法中的滤波器和 BA 与图优化两种经典方法进行了详细介绍；介绍了以词袋模型和相似度计算为核心的闭环检测方法。最后介绍了 SLAM 中的全局地图构建与表示方法。

习题与思考题

1. 简述经典视觉 SLAM 算法的框架，并解释各步骤的功能。
2. 试说明为何仅靠视觉里程计来估计轨迹，将会带来无法避免的累计漂移。
3. 试推导 EKF 算法的预测与更新方程。
4. 描述闭环检测的常用指标及其含义。
5. 列举面向机器人应用的地图表示形式，以及各种地图的主要应用场景。

参考文献

[1] CADENA C, CARLONE L, CARRILLO H, et al. Past, present, and future of simultaneous localization and mapping: Toward the robust-perception age[J]. IEEE Transactions on Robotics, 2016, 32（6）: 1309-1332.

[2] KALMAN R E. A new approach to linear filtering and prediction problems[J]. 1960: 35-45.

[3] CORKE P I, JACHIMCZYK W, PILLAT R. Robotics, vision and control: fundamental algorithms in MATLAB[M]. Berlin: Springer, 2011.

[4] CHIRIKJIAN G S. Stochastic models, information theory, and Lie groups, volume 2: Analytic methods and modern applications[M]. Berlin: Springer Science & Business Media, 2011.

[5] EDITION F, PAPOULIS A, PILLAI S U. Probability, random variables, and stochastic processes[M]. McGraw-Hill Europe: New York, NY, USA, 2002.

[6] LLOYD S. Least squares quantization in PCM[J]. IEEE Transactions on Information Theory, 1982, 28(2): 129-137.

[7] SIVIC J, ZISSERMAN A. Video Google: A text retrieval approach to object matching in videos[C]//Proceedings Ninth IEEE International Conference on Computer Vision. IEEE, 2003: 1470-1477 vol. 2.

[8] ROBERTSON S. Understanding inverse document frequency: on theoretical arguments for IDF[J]. Journal of Documentation, 2004, 60(5): 503-520.

[9] MILDENHALL B, SRINIVASAN P P, TANCIK M, et al. Nerf: Representing scenes as neural radiance fields for view synthesis[J]. Communications of the ACM, 2021, 65(1): 99-106.

[10] MÜLLER T, EVANS A, SCHIED C, et al. Instant neural graphics primitives with a multiresolution hash encoding[J]. ACM Transactions on Graphics (TOG), 2022, 41(4): 1-15.

[11] CHEN A, XU Z, GEIGER A, et al. Tensorf: Tensorial radiance fields[C]//European Conference on Computer Vision. Cham: Springer Nature Switzerland, 2022: 333-350.

[12] HU W, WANG Y, MA L, et al. Tri-miprf: Tri-mip representation for efficient anti-aliasing neural radiance fields[C]//Proceedings of the IEEE/CVF International Conference on Computer Vision. 2023: 19774-19783.

[13] JOHARI M M, LEPOITTEVIN Y, FLEURET F. Geonerf: Generalizing nerf with geometry priors[C]//Proceedings of the IEEE/CVF Conference on Computer Vision and Pattern Recognition. 2022: 18365-18375.

第 8 章　机器人目标识别

8.1　目标识别的基本任务和分类

目标识别是指在图像或视频中自动识别、定位和分类特定对象或目标的过程。目标可以是各种类型的物体、人物、动物，甚至是抽象的概念。目标识别的任务是将这些目标从图像或视频中准确地提取出来，并对其进行分类、定位和识别，如图 8-1 所示。

 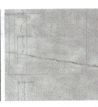 

a) 医学图像中的息肉识别　b) 桥梁表观病害识别　c) 行人识别

图 8-1　目标识别实例

目标识别作为计算机视觉的核心任务，涵盖了目标分类、目标检测和目标分割三个主要的子任务。

（1）目标分类。目标分类是指将图像中的目标按照类别进行区分和识别的任务。目标分类需要对目标的特征进行提取和学习，从而将目标分为不同的类别。

（2）目标检测。目标检测是在图像或视频中定位和识别多个目标的任务。与目标分类不同，目标检测不仅需要对目标进行分类，还需要准确定位目标在图像中的位置。

（3）目标分割。目标分割是将图像中的目标从背景中精确地分割出来的任务。目标分割旨在生成每个像素属于目标的概率图或者直接输出目标的轮廓。

目标识别在自动驾驶、安防监控、医学影像分析等领域有着广泛的应用。它为实现智能识别、智能监测和自动化决策提供了重要的技术支持，对于提高生产效率、改善生活质量具有重要意义。

8.2　目标分类方法

目标分类是计算机视觉领域的基础任务，旨在通过分析图像中的主要物体，确定它们所属的类别。传统方法依赖于特征工程和机器学习算法，如 SVM、kNN 等，适用于小规模数据和低计算资源的场景。近年来，基于深度学习的方法，如 LeNet、AlexNet 和 ResNet 等，通过在大规模数据集上取得的巨大成功，显著提升了目标分类的准确性和泛化能力，成为目前主流且广泛应用的技术手段之一。本节首先介绍一些传统的目标分类算法，体会目标分类的基本流程，然后介绍一些主流的基于深度学习的算法。

8.2.1 基于聚类的方法

在介绍基于聚类的方法之前，首先要理解聚类和分类的区别。分类是从特定的数据中挖掘模式，做出判断的过程，分类目标是已知的、预定义的。虽然聚类的目的也是把数据分类，但是分类目标是未知的，聚类算法根据各条数据之间的相似性，将相似的数据归在一起，然后根据分好的数据，去赋予类别标签。

1. K-means 聚类算法

K-means 是一种常用的无监督学习算法，用于对数据进行聚类分析。它的目标是将数据集划分为 k 个不同的组或簇，使得每个数据点都属于其中一个簇，并且每个簇的数据点之间的相似度尽可能高，而不同簇之间的数据点的相似度尽可能低。

K-means 聚类算法过程如图 8-2 所示。其中，图 8-2a 表示初始的数据集，假设 $k=2$。在图 8-2b 中，随机选择了两个点作为初始簇中心，即图中的红色质心和蓝色质心。然后分别求样本中所有点到这两个质心的距离，对于每个样本点，将其分配到离它最近的簇中心所对应的簇中，如图 8-2c 所示。

经过计算样本和红色质心和蓝色质心的距离，可以得到所有样本点的第一轮迭代后的类别。此时可以对当前标记为红色和蓝色的点分别求其新的质心，如图 8-2d 所示。新的红色质心和蓝色质心的位置已经发生了变动。图 8-2e 和图 8-2f 重复了在图 8-2c 和图 8-2d 的过程，即将所有点的类别标记为距离最近的质心的类别并求新的质心。最终将所有样本点分为两个类别，如图 8-2f 所示。

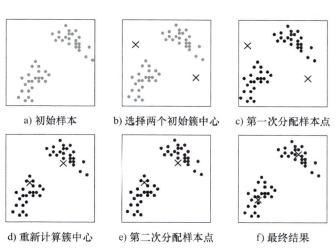

a) 初始样本　　b) 选择两个初始簇中心　　c) 第一次分配样本点

d) 重新计算簇中心　　e) 第二次分配样本点　　f) 最终结果

图 8-2　K-means 聚类算法过程示意图

该算法的基本思想是：首先随机选择 k 个中心点作为初始的簇中心，然后通过迭代的方式，将数据集中的每个点分配到最近的簇中心，然后更新每个簇的中心点为该簇所有数据点的平均值，不断重复这个过程，直到簇中心点不再发生变化或达到预定的迭代次数为止。算法具体步骤如下。

假设输入样本集为 $D=\{x_1,x_2,\cdots,x_m\}$，输出簇划分为 $C=\{C_1,C_2,\cdots,C_k\}$，聚类的簇数为 k，最大迭代次数为 N。

（1）从数据集 C 中随机选择 k 个样本作为初始的 k 个质心向量：$\{\mu_1,\mu_2,\cdots,\mu_k\}$。

（2）对于 $n=1,2,\cdots,N$，在每一次迭代中：

① 首先将簇划分 C 初始化为 $C_t=\varnothing$，$t=1,2,\cdots,k$。

② 然后计算每一个样本 x_i 和各个质心向量 $\mu_j(j=1,2,\cdots,k)$ 的距离：$d_{ij}=\left\|x_i-\mu_j\right\|_2^2$。

③ 将 x_i 标记为最小的 d_{ij} 所对应的类别 λ_i，此时更新 $C_{\lambda_i}=C_{\lambda_i}\bigcup\{x_i\}$。

④ 对 C_j 中所有样本点重新计算新的质心：$\mu_j=\dfrac{1}{|C_j|}\sum_{x\in C_j}x$，如果所有的 k 个质心都没有发生变化，则转到步骤（3）。

（3）输出簇划分 $C=\{C_1,C_2,\cdots,C_k\}$。

K-means 聚类算法通常用于无监督学习的聚类任务，它能够将数据点划分为 k 个紧凑且高度可区分的簇，但也受到初始簇中心的选择、簇数 k 的确定以及对异常值敏感等限制。因此，在实际应用中，可能需要进行多次运行，并选择聚类效果最好的结果。

2. DBSCAN 密度聚类算法

DBSCAN 是一种常用的密度聚类算法，与 K-means 算法相比，它不需要预先指定聚类的数量。相反，DBSCAN 根据数据点的密度将其分为核心点、边界点和噪声点，并以此来构建簇。如果一个数据点的邻域内至少包含指定数量的数据点，则该点被视为核心点；如果一个数据点的邻域内的数据点数量不足以被定义为核心点，但它位于某个核心点的邻域内，则该点被视为边界点；既不是核心点也不是边界点的数据点被视为噪声点。

DBSCAN 是基于一组邻域来描述样本集的紧密程度的，使用 ϵ 和 MinPts 来描述邻域的样本分布紧密程度。其中，ϵ 描述了某一样本的邻域距离阈值，MinPts 描述了某一样本的距离为 ϵ 的邻域中样本个数的阈值。假设样本集为 $D=\{x_1,x_2,\cdots,x_m\}$，则 DBSCAN 的密度描述定义如下。

（1）ϵ 邻域。对于 $x_j\in D$，其中 ϵ 邻域包含样本集 D 中与 x_j 的距离不大于 ϵ 的子样本集，即 $N_\epsilon(x_j)=\{x_i\in D\,|\,\text{distance}(x_i,x_j)\leqslant\epsilon\}$，这个子样本集的个数记为 $|N_\epsilon(x_j)|$。

（2）核心对象。对于任一样本 $x_j\in D$，如果其 ϵ 邻域对应的 $N_\epsilon(x_j)$ 至少包含 MinPts 个样本，即 $|N_\epsilon(x_j)|\geqslant\text{MinPts}$，则 x_j 为核心对象。

（3）密度直达。如果 x_i 位于 x_j 的 ϵ 邻域中，且 x_j 是核心对象，则称 x_i 由 x_j 密度直达。

注意，反之不一定成立，即此时不能说x_j由x_i密度直达，除非x_j也是核心对象。

（4）密度可达。对于x_i和x_j，如果存在样本序列$P_1, P_2, \cdots, P_T$，满足$P_1 = x_i, P_T = x_j$，且P_{t+1}由p_t密度直达，则称x_j由x_i密度可达。也就是说，密度可达满足传递性。此时序列中的传递样本$P_1, P_2, \cdots, P_T$均为核心对象，因为只有核心对象才能使其他样本密度直达。注意，密度可达也不满足对称性，这个可以由密度直达的不对称性得出。

（5）密度相连。对于x_i和x_j，如果存在核心对象样本x_k，使x_i和x_j均由x_k密度可达，则称x_i和x_j密度相连。注意，密度相连是满足对称性的。

通过图8-3中可以很容易理解上述定义，图中MinPts = 5，红色的点都是核心对象，因为其ϵ邻域至少有5个样本。黑色的样本是非核心对象。所有核心对象密度直达的样本在以红色核心对象为中心的超球体内，如果不在超球体内，则不能密度直达。图中用绿色箭头连起来的核心对象组成了密度可达的样本序列。在这些密度可达的样本序列的ϵ邻域内所有的样本相互都是密度相连的。

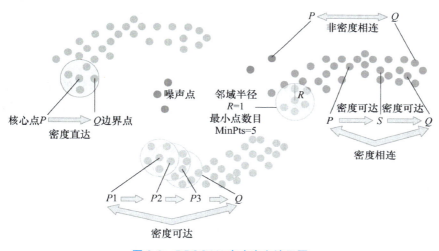

图8-3 彩图

图8-3 DBSCAN密度定义演示图

DBSCAN聚类算法的核心思想是利用数据点周围的密度来确定簇的形状和大小，其基本步骤如下。

（1）初始化核心对象集合$\boldsymbol{\Omega} = \varnothing$，初始化聚类簇数$k = 0$，初始化未访问的样本集合$\boldsymbol{\Gamma} = \boldsymbol{D}$，簇划分$\boldsymbol{C} = \varnothing$。

（2）对每一个样本数据进行判断，找出所有的核心对象。

① 通过距离度量方式，找到样本x_j的ϵ邻域子样本集$N_\epsilon(x_j)$。

② 如果子样本集样本个数满足$|N_\epsilon(x_j)| \geq \text{MinPts}$，将样本$x_j$加入核心对象样本集合：$\boldsymbol{\Omega} = \boldsymbol{\Omega} \cup \{x_j\}$。

（3）如果核心对象集合$\boldsymbol{\Omega} = \varnothing$，则算法结束，否则转入步骤（4）。

（4）在核心对象集合$\boldsymbol{\Omega}$中，随机选择一个核心对象o，初始化当前簇核心对象队列

$\Omega_{cur} = \{o\}$,初始化类别序号 $k = k + 1$,初始化当前簇样本集合 $C_k = \{o\}$,更新未访问样本集合 $\Gamma = \Gamma - \{o\}$。

(5)如果当前簇核心对象队列 $\Omega_{cur} = \varnothing$,则当前聚类簇 C_k 生成完毕,更新簇划分 $C = \{C_1, C_2, \cdots, C_k\}$,更新核心对象集合 $\Omega = \Omega - C_k$,转入步骤(3)。否则更新核心对象集合 $\Omega = \Omega - C_k$。

(6)在当前簇核心对象队列 Ω_{cur} 中取出一个核心对象 o',通过邻域距离阈值 ϵ 找出所有的 ϵ 邻域子样本集 $N_\epsilon(o')$,令 $\Delta = N_\epsilon(o') \cap \Gamma$,更新当前簇样本集合 $C_k = C_k \cup \Delta$,更新未访问样本集合 $\Gamma = \Gamma - \Delta$,更新 $\Omega_{cur} = \Omega_{cur} \cup (\Delta \cap \Omega) - o'$,转入步骤(5)。

(7)输出结果:簇划分 $C = \{C_1, C_2, \cdots, C_k\}$。

与 K-means 算法相比,DBSCAN 算法可以对任意形状的稠密数据集进行聚类,且对聚类结果没有偏倚。除此之外,DBSCAN 算法可以在聚类的同时发现异常点,对数据集中的异常点不敏感。但是,DBSCAN 算法对于密度不均匀、聚类间距差相差很大的样本集聚类质量较差,且调参相对于传统的 K-means 之类的聚类算法稍复杂,主要需要对距离阈值 ϵ 和邻域样本数阈值 MinPts 联合调参,不同的参数组合对最后的聚类效果有较大影响。

3. 谱聚类算法

谱聚类算法是一种基于图论的聚类方法,它可以有效地处理非凸形状的簇和复杂的数据结构。相比于传统的基于距离的聚类算法(如 K-means),谱聚类算法在某些情况下表现更好。谱聚类算法的基本思想是将数据点表示为图中的节点,通过图的拉普拉斯矩阵进行特征分解,然后利用特征向量对数据进行聚类。以下是谱聚类算法的基本步骤。

(1)构建相似度图。首先,通过计算数据点之间的相似度,构建一个相似度图,图中的节点对应于数据点,边的权重表示相似度。

(2)构建拉普拉斯矩阵。根据相似度图构建拉普拉斯矩阵。

(3)特征分解。对拉普拉斯矩阵进行特征分解,得到特征值和特征向量。通常选择特征值较小的前 k 个特征向量,其中 k 为聚类的簇数。

(4)K-means 聚类。将特征向量作为新的特征空间,使用 K-means 等传统聚类算法对特征向量进行聚类,得到最终的聚类结果。

相比传统的 K-means 等聚类算法,谱聚类能够更好地处理非凸形状的簇以及噪声数据,因此在某些数据分布情况下表现更优秀。然而,谱聚类的计算复杂度较高,尤其是在大规模数据集上的应用会面临挑战,同时对参数的选择也相对敏感。

8.2.2 基于机器学习的算法

1. 支持向量机

支持向量机(Support Vector Machine,SVM)是一种强大的监督学习算法,主要用于分类和回归任务。SVM 的基本原理是构建一个能够将不同类别的数据点有效分隔开的超平面，并且使得该超平面到最近的数据点（支持向量）的距离最大化。

首先，介绍几个相关的概念和定义。

（1）线性可分。在二维空间上，两类点被一条直线完全分开叫作线性可分。其严格数学定义为：$\boldsymbol{P}_0$ 和 $\boldsymbol{P}_1$ 是 n 维欧氏空间中的两个点集。如果存在 n 维向量 $\boldsymbol{\omega}$ 和实数 b，使得所有属于 $\boldsymbol{P}_0$ 的点 $\boldsymbol{x}_i$ 都有 $\boldsymbol{\omega}\boldsymbol{x}_i+b>0$，而对于所有属于 $\boldsymbol{P}_1$ 的点 $\boldsymbol{x}_j$ 有 $\boldsymbol{\omega}\boldsymbol{x}_j+b<0$，则称 $\boldsymbol{P}_0$ 和 $\boldsymbol{P}_1$ 线性可分。

（2）超平面和间隔。超平面是一个维度比原空间少一维的子空间。例如，在二维空间中，超平面就是一条直线，如图 8-4 所示。对于二分类问题，超平面将数据空间分成两个部分，使得同一类别的数据点在超平面同一侧，不同类别的数据点在超平面不同侧。超平面与最近的数据点之间的距离称为间隔。

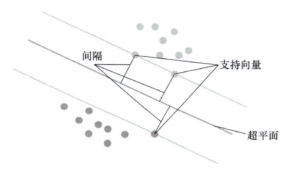

图 8-4　二维空间中的超平面

（3）支持向量。支持向量指离超平面最近的数据点，它们对于定义超平面和间隔具有关键作用，决定了最优超平面的位置和方向，同时决定了最大化间隔的大小和方向。这些关键样本在训练过程中起到重要作用，对于 SVM 模型的性能和鲁棒性有着重要的影响。

通过上述定义，SVM 的最优化问题可以表述为寻找一个最优的超平面，使得两个类别的支持向量到超平面的距离最大化，同时要求所有数据点都被正确分类。

对于线性可分的情况，SVM 的最优化问题可以表示为：假设有一个训练数据集 $D=\{(\boldsymbol{x}_1,y_1),(\boldsymbol{x}_2,y_2),\cdots,(\boldsymbol{x}_n,y_n)\}$，其中 $\boldsymbol{x}_i$ 是第 i 个样本点的特征向量，y_i 是其对应的类别标签，取值为 -1 或 1。目标是找到一个超平面 $\boldsymbol{\omega}^{\mathrm{T}}\boldsymbol{x}+b=0$，使得所有的正例样本 $\boldsymbol{x}_i$ 满足 $\boldsymbol{\omega}^{\mathrm{T}}\boldsymbol{x}_i+b\geqslant 1$，所有的负例样本 $\boldsymbol{x}_i$ 满足 $\boldsymbol{\omega}^{\mathrm{T}}\boldsymbol{x}_i+b\leqslant -1$，并且使得间隔最大化。SVM 的最优化问题可以化为

$$\begin{cases}\min\limits_{\boldsymbol{\omega},b}\dfrac{1}{2}\|\boldsymbol{\omega}\|^2\\ y_i(\boldsymbol{\omega}^{\mathrm{T}}\boldsymbol{x}_i+b)\geqslant 1, i=1,2,\cdots,n\end{cases} \tag{8-1}$$

这个优化问题的目标是最小化 $\boldsymbol{\omega}$ 的范数，即最大化间隔，并且要求所有数据点都被正确分类。这个问题可以通过拉格朗日对偶性和 KKT 条件来求解。通过引入拉格朗日乘子和构建拉格朗日函数，可以得到对偶问题的形式，见式（8-2）。

$$\begin{cases} \max_{\alpha} \sum_{i=1}^{n}\alpha_i - \frac{1}{2}\sum_{i=1}^{n}\sum_{j=1}^{n}\alpha_i\alpha_j y_i y_j <x_i,x_j> \\ \sum_{i=1}^{n}\alpha_i y_i=0, 0\leq \alpha_i \leq C, i=1,2,\cdots,n \end{cases} \quad (8\text{-}2)$$

式中，α_i 是拉格朗日乘子；C 是一个正则化参数。通过求解对偶问题得到的 α_i 值，可以计算出最优的超平面参数 $\boldsymbol{\omega}$ 和 b。

$$\boldsymbol{\omega} = \sum_{i=1}^{n}\alpha_i \boldsymbol{x}_i y_i \quad (8\text{-}3)$$

$$b = y_j - \sum_{i=1}^{n}\alpha_i y_i(\boldsymbol{x}_i \cdot \boldsymbol{x}_j) \quad (8\text{-}4)$$

需要注意的是，这里引入了一个正则化参数 C，它可以控制间隔的大小和分类错误的程度。较大的 C 会使模型更倾向于减少分类错误，但可能导致过拟合；而较小的 C 会使模型更倾向于拟合数据的特征，但可能导致欠拟合。合理地选择参数能够提升算法的性能。

对于非线性分类问题，SVM 可以通过使用核函数来将数据映射到高维空间中，从而在新的高维空间中找到能够有效分割数据的超平面，转化为线性可分的问题，从而实现目标分类。核函数的作用是将输入空间中的数据映射到一个更高维的特征空间，使得原本线性不可分的数据在这个高维空间中变得线性可分。这样，支持向量机就可以利用线性分类器在高维特征空间中对数据进行线性分隔，进而实现非线性分类。

常用的核函数包括以下 4 种。

（1）线性核函数。线性核函数直接使用原始特征向量的内积作为核函数，适用于线性可分的情况，其数学表达式为

$$K(x_i,x_j) = \boldsymbol{x}_i^{\mathrm{T}}\boldsymbol{x}_j \quad (8\text{-}5)$$

（2）多项式核函数。

$$K(x_i,x_j) = (\gamma \boldsymbol{x}_i^{\mathrm{T}}\boldsymbol{x}_j + r)^d \quad (8\text{-}6)$$

式中，γ 是核函数的系数；r 是常数；d 是多项式的阶数。多项式核函数可以处理一定程度上的非线性问题。

（3）高斯核函数。

$$K(x_i,x_j) = \exp\left(-\frac{\|\boldsymbol{x}_i - \boldsymbol{x}_j\|^2}{2\sigma^2}\right) \quad (8\text{-}7)$$

式中，σ 是高斯核函数的宽度参数。高斯核函数可以处理更复杂的非线性问题，因为它将数据映射到一个无限维的特征空间。

(4) Sigmoid 核函数。

$$K(x_i, x_j) = \tanh(\gamma \boldsymbol{x}_i^T \boldsymbol{x}_j + r) \tag{8-8}$$

式中，γ 是核函数的系数；r 是常数；Sigmoid 核函数也可以用于处理非线性分类问题。

选择合适的核函数取决于数据的特征和问题的性质。高斯核函数通常在实际应用中效果较好，因为它具有更强的表达能力和适应性。但是，对于大型数据集或者高维数据，计算复杂度可能会增加，因此需要根据具体情况进行选择。

2. 随机森林

随机森林（Random Forest）是一种集成学习方法，通过构建多个决策树并将它们组合起来进行预测，以提高预测准确性和泛化能力，如图 8-5 所示。随机森林具有很强的鲁棒性和适应性，适用于分类和回归问题，并且在实际应用中表现优异。

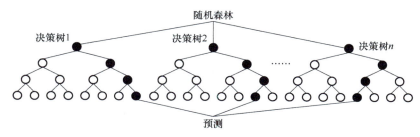

图 8-5　随机森林算法示意图

首先，介绍决策树。决策树是一种常见的监督学习算法，可用于分类和回归分析。它基于对数据集中的特征进行递归划分，以构建一个树形结构的模型，从而实现对数据的预测和分类。决策树包括节点划分、特征选择及树的生长和剪枝等过程。

（1）节点划分。决策树通过对特征进行递归划分，将数据集划分为不同的子集。在每个节点上，选择一个特征和对应的划分点，使得划分后的子集尽可能的纯净，即同一类别的样本尽可能聚集在一起。

（2）特征选择。通常使用信息增益、基尼指数等方法来选择最佳的特征和划分点，以便在每次划分时都能获得最大的分类纯度提升。

（3）树的生长和剪枝。决策树会继续划分直到满足停止条件，可能是达到最大深度、节点中样本数量小于某个阈值等。为了防止过拟合，决策树还可以进行剪枝操作，即删除部分节点以降低复杂度。

决策树模型直观地展示了基于特征的判断过程，具有较强的可解释性。与此同时，决策树模型能够很好地捕捉特征之间的非线性关系，具有较好的鲁棒性。但是，决策树容易产生过拟合，尤其是在处理高维稀疏数据和包含大量类别特征的数据时，需要进行适当的剪枝和正则化操作。

然后，介绍 Bagging 策略，它是一种集成学习方法，用于减小模型的方差。它通过有放回地对训练集进行采样，生成多个不同的训练子集，然后基于这些子集训练多个独立的模型，最后将它们的预测结果进行平均或投票来得到最终结果。例如，假设有一个包含 n 个样本的训练集 D，可以通过有放回地抽取样本来生成一个大小为 n 的训练子集 D_i，其中每个样本被选中的概率为 $1/n$。

对于分类问题，随机森林中的每棵决策树都是一个分类器，那么对于一个输入样本，N 棵树会有 N 个分类结果。而随机森林集成了所有的分类投票结果，将投票次数最多的类别指定为最终的输出，这就是一种最简单的 Bagging 思想。随机森林中每棵树都是独立训练的，通过对数据进行有放回的随机抽样，使得每棵树的训练集都略有不同。

在随机森林中，每棵决策树的建立包括以下步骤。

（1）随机抽样。对训练集 D 进行有放回的随机抽样，生成一个大小为 n 的训练子集 D_i。

（2）随机特征选择。在每个节点处，从 m 个特征中随机选择一个子集进行分裂。假设选择了 k 个特征子集，其中 k 通常远小于 m。

（3）决策树构建。基于随机抽样的训练子集 D_i 和随机选择的特征子集，构建一棵决策树。

（4）集成预测。对于新样本，将它们输入每棵决策树，得到多个预测结果，然后根据投票或平均来得到最终预测结果。随机森林的预测结果可表示为

$$\hat{y} = \frac{1}{T} \sum_{i=1}^{T} f_i(x) \tag{8-9}$$

式中，$\hat{y}$ 是最终预测结果；T 是树的数量；$f_i(x)$ 是第 i 棵树对样本 x 的预测结果。

随机森林在实际应用中被广泛使用，尤其在分类和回归问题中取得了良好的效果。它不需要太多的调参就能表现出色，对于大规模数据集和高维特征空间也有很好的适应性。值得注意的是，随机森林可能在处理包含大量稀疏特征的数据集时表现不佳，因为随机选取特征可能导致一些重要特征被遗漏。

8.2.3　基于深度学习的算法

深度学习是机器学习的一种分支，通过使用多个非线性变换层来从数据中自动提取高级特征，并不断调整模型参数以实现数据的分类、预测和表示。近年来，随着硬件技术、计算能力和训练数据量的快速发展，深度学习已经成为图像处理领域中最重要的技术之一。

卷积神经网络是计算机视觉中最常用、最经典的一种神经网络。卷积神经网络是一种利用卷积核进行特征提取的深度学习模型。由于卷积神经网络中卷积核只与输入数据的某些部分进行连接，因此可以在不损失模型准确性的情况下大幅减少网络的参数量。此外，卷积神经网络还采用了权重共享机制，即对于卷积核的不同位置采用相同的权重参数，这也进一步减少了网络的参数量，有效地缓解了这种现象。卷积神经网络能够通过卷积操作来提取图像中的特征信息，包括颜色、形状、纹理等。这些特征信息不需要手动设计而是由网络自动学习生成的且它们不会忽视图像的细节，能够有效地实现图像分类、分割、检测等任务。

卷积神经网络基本构成组件包括卷积层、池化层和全连接层，它们可以组成多种多样的结构形式。在卷积层中，网络通过应用多个滤波器（也称为卷积核）来提取输入图像的

特征，每个滤波器负责检测图像中的某种特定模式或特征。池化层则用于降低特征图的维度，减少计算量同时保留关键信息。最后，全连接层将提取的特征映射到输出类别上，完成分类任务。

卷积神经网络的学习过程就是对网络层之间的连接权重进行不断调整，包含前向传播和反向传播两个过程。神经网络进行前向传播的过程是指通过一系列计算处理输入数据后，得到网络最终的预测输出结果。而神经网络的反向传播过程是指根据此时前向传播得到的神经网络预测的结果与真实的标签间的误差来调整各种参数的值，不断重复前向传播过程，不断迭代，直到网络收敛。

神经网络训练的目的就是找出一组合适的网络权重，使网络的输出接近真实值。网络权重的质量决定了网络性能的好坏，反向传播在深度学习的模型参数微调中扮演着至关重要的角色。在进行网络训练时，目标是通过调整网络权重来达到更好的输出结果。而反向传播是一种通过计算梯度来调整网络权重的方法，它能够使得网络不断地优化其预测能力。梯度下降法是神经网络训练中最常用的反向传播算法之一，通过不断地更新网络的权重来最小化代价函数。

下面介绍卷积神经网络的一些基本结构和功能。

1. 卷积层

卷积层是卷积神经网络的核心组件之一，其目的是提取输入图像的特征，如图像的水平边界、垂直边界、颜色和纹理等。卷积层中实现这一功能的叫卷积核，也称过滤器。通常，一个卷积核包括三个重要参数，分别为核大小、步长和填充方式。这三个参数共同作用于输入特征图，最终决定了输出特征图的大小。

卷积层的卷积过程如图 8-6 所示。假设原始图像大小为 5×5，卷积核大小为 3×3，步长为 1。卷积时，卷积核先和原始图像左上角大小为 3×3 区域进行卷积。然后将卷积核右移一位，直至遍历完整个输入图像。卷积核定义了卷积操作的模板，决定了每次卷积在图像或特征图上滑动的步长和卷积核的大小。它的大小表示了网络中感受野的大小，即每个神经元所接收的输入数据区域大小。通常在二维卷积中，3×3 大小的卷积核是最常见的。

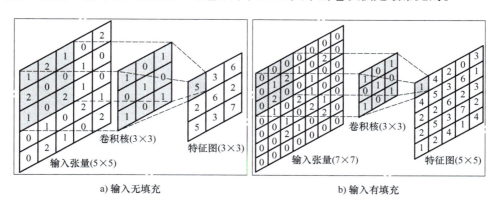

a) 输入无填充　　　　　　　　　　b) 输入有填充

图 8-6　卷积过程（卷积核为 3×3、无/有填充，步长为 1 的示例）

步长是指卷积核在对图像进行卷积操作时每次移动的距离，它对于提取特征的准确性至关重要。对于 2×2 的特征图，当步长为 1 时，在相邻的感受野间会出现一个重复的区域，可能会导致信息被重复计算，增加了计算量；如果步长为2，那么相邻感受野之间不会有重叠或者遗漏的区域，可以有效地降低计算量，同时保证覆盖了所有的像素点；如果步长为3，那么相邻的感受野之间会有一个大小为1个像素的区域，这样原特征图的信息就会被遗漏，影响模型的性能。

通过图8-6a可以看出，输入图像大小为5×5，输出却只有3×3，这是因为边缘像素永远不会成为卷积核的中心，也就无法执行卷积操作。为了避免这种情况，需要对原始图像进行边界填充处理，一般采用"0"填充。填充后，卷积操作可以扩展到边缘外部的伪像素，从而使输出特征图的尺寸与输入图像一致，如图8-6b所示。一般的，卷积操作的步长都不为1，假设输入图像大小为$w \times w$，卷积核大小为$f \times f$，填充为p，步长为s，则卷积后输出的特征图$n \times n$大小为

$$n = \frac{w - f + 2p}{s} + 1 \tag{8-10}$$

2. 激活函数

如果在神经网络中不使用激活函数，那么每一个神经元的输出与输入都成线性关系，网络的性能将会受到很大的影响。几乎所有激活函数都是非线性的，这是因为线性激活函数只能产生有限的表达能力。这些非线性激活函数能够增加神经网络的非线性建模能力，并提高网络的表达能力和泛化能力。在神经网络中，常见的非线性激活函数包括Sigmoid、Tanh、ReLU、Leaky ReLU等。图8-7是典型的非线性激活函数曲线图。

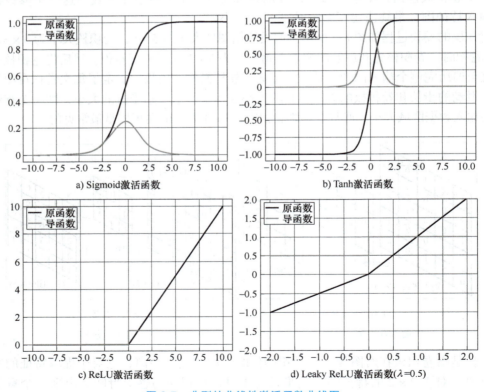

图8-7 典型的非线性激活函数曲线图

（1）Sigmoid 非线性激活函数是最常见的 S 型函数，是应用最广泛的一个激活函数。它将输入的函数值挤压到 0～1 之间，因此主要用于归一化或者概率表示。其数学表达式为

$$f(x) = \frac{1}{1+e^{-x}} \tag{8-11}$$

（2）Tanh 激活函数也是一种常用的非线性函数，它可以将输入的值映射到范围在 -1～1 之间，其数学表达式为

$$f(x) = \frac{e^x - e^{-x}}{e^x + e^{-x}} \tag{8-12}$$

Sigmoid 和 Tanh 激活函数存在饱和问题。当输入值非常大或小时，导数接近 0，导致网络出现梯度消失。但 Tanh 激活函数和 Sigmoid 激活函数不同的是，Tanh 的输出均值为 0，这使得它在一些特定的应用场景中更加适用。

（3）ReLU 是目前最常用的激活函数之一，其计算简单，且在训练过程中可以加速收敛。其数学表达式为

$$f(x) = \max(0, x) \tag{8-13}$$

ReLU 激活函数在一定程度上缓解了神经网络的梯度消失问题。在训练的时候，当一个较大的梯度经过 ReLU 激活函数激活后，可能会导致神经元进入一种特殊状态。在这种状态下，神经元的输出为 0，这意味着该神经元对于后续的数据输入将不再起到激活的作用，进而导致训练过程的损失函数无法更新。需要注意的是，该特殊状态只出现在 ReLU 激活函数中，而在其他的激活函数中不会出现这个问题。因此这种情况被称为"ReLU"死亡问题。

（4）Leaky ReLU 激活函数的提出是为了解决"ReLU"死亡问题。其数学表达式为

$$f(x) = \begin{cases} x & x > 0 \\ \lambda x & x \leq 0 \end{cases} \tag{8-14}$$

式中，λ 是一个很小的常量，位于 0～1 之间，可以使负轴的信息得以保留。

3. 池化层

池化层的主要作用是降低数据的空间维度，即减少特征图的长和宽，并且可以提取出特征图中最显著的特征，减少网络的参数量，这样可以有效地避免数据的过拟合，增加对新样本的泛化能力。通常卷积神经网络都需要周期性地插入池化层来防止过度拟合。常用的池化操作包括最大池化和平均池化。

（1）最大池化将某一区域内的数据进行汇聚，并选取最大的数值作为该区域的输出值。例如，对于一张图像，可以将其拆分成若干小块，对于每一块中的像素值，选择其中最大的数值作为该块的输出值。这样，整张图像就能够通过最大池化操作被压缩成一个更小的特征图。最大池化可以更多地保留图像最显著的特征，如纹理特征。

（2）平均池化将一个图像区域的像素平均值作为该区域池化后的输出值。这样更好

地保留图像的次重要信息，如背景细节。图 8-8 展示了一个 4×4 的图像经过 2×2 的最大池化和平均池化操作后输出的 2×2 的图像示例。

4. 全连接层

全连接层主要用于图像分类，它的主要功能就是根据不同的识别任务输出特定的分类。卷积神经网络中通常会使用一个或多个全连接层。这些全连接层通常在网络的末尾被使用。当使用神经网络解决分类问题时，通常使用最后一层的全连接层作为输出层。在这种情况下，输出层的节点数应该等于数据集中的类别数。例如，如果要进行三分类任务，则最后一个全连接层应该有三个节点，如图 8-9 所示。每一个输出节点的概率值表示该数据属于这一类的概率。全连接层的计算过程可以表示为

$$\begin{cases} \boldsymbol{z}^{(l)} = \boldsymbol{W}^{(l)} \cdot \boldsymbol{a}^{(l-1)} + \boldsymbol{b}^{(l)} \\ \boldsymbol{a}^{(l)} = f(\boldsymbol{z}^{(l)}) \end{cases} \quad (8\text{-}15)$$

式中，$z^{(l)}$ 是全连接层的加权和；$\boldsymbol{W}^{(l)}$ 是权重矩阵；$\boldsymbol{a}^{(l-1)}$ 是上一层的输出；$b^{(l)}$ 是偏置项；f 是激活函数。

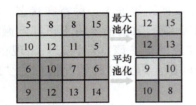

图 8-8 最大池化和平均池化操作示意图

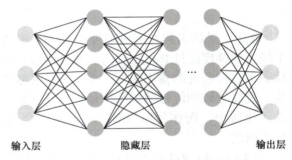

图 8-9 输出为三分类的全连接层示意图

5. 损失函数

损失函数（Loss Function）是深度学习中的一个重要概念，用于衡量模型预测结果与真实结果之间的差异或误差。通过对模型输出和真实标签之间的比较，提供了对模型性能的度量。在训练深度学习模型时，损失函数被用作优化算法的目标函数。通过最小化损失函数，可以调整模型的参数，使模型能够更好地逼近真实结果。

不同的损失函数适用于不同类型的问题和模型。通过选择合适的损失函数，可以根据问题的特性来优化模型的性能，并对不同模型进行比较和选择。下面介绍一些目标分类任务中常见的损失函数。

（1）交叉熵损失。交叉熵损失函数是用于多类别分类问题的常见损失函数。对于每个样本，该损失函数根据模型输出的概率分布和真实标签的概率分布计算损失值，然后对所有样本的损失值进行平均，设 y_i 是真实标签，$\hat{y}_i$ 是模型输出的预测概率，其计算公式如下：

$$\mathrm{CE}(y,\hat{y}) = -\frac{1}{n}\sum_{i=1}^{n}\sum_{c=1}^{C} y_{ic}\log(\hat{y}_{ic}) \tag{8-16}$$

在二分类问题中，上述公式也可以优化为

$$\mathrm{BCE}(y,\hat{y}) = -\frac{1}{n}\sum_{i=1}^{n}(y_i\log(\hat{y}_i)+(1-y_i)\log(1-\hat{y}_i)) \tag{8-17}$$

（2）均方误差。均方误差常用于回归问题，也可以用于二分类问题。其计算公式为

$$\mathrm{MSE}(y,\hat{y}) = \frac{1}{n}\sum_{i=1}^{n}n(y_i-\hat{y}_i)^2 \tag{8-18}$$

（3）对数损失（对数似然损失）。对数损失函数通常用于二分类问题，特别是在逻辑回归模型中作为损失函数。它也是基于模型输出的概率分布和真实标签的概率分布计算损失值。其计算公式为

$$\mathrm{LogLoss}(y,\hat{y}) = -\frac{1}{n}\sum_{i=1}^{n}(y_i\log(\hat{y}_i)+(1-y_i)\log(1-\hat{y}_i)) \tag{8-19}$$

卷积神经网络是一种特殊的神经网络架构，它采用卷积层和池化层等操作将原始数据转化为能够提取有效特征的中间表征。其中，卷积层可以看作提取图像特征的过程，而池化层可以有效地降低特征图的维度，从而减少参数数量和计算复杂度。与此同时，全连接层可以被视为卷积神经网络中的分类器，它将卷积层和池化层生成的特征向量映射到对应的类别标签上。通过这些层的协同作用，卷积神经网络可以实现高效、准确的图像识别和分类任务。

8.3 目标检测方法

目标检测（Object Detection）是计算机视觉领域中一项至关重要的任务，它不仅要求识别图像中的目标类别，还需精确定位每个目标的位置。随着深度学习技术的不断发展，目标检测算法在精度和速度上取得了显著进步。根据处理流程的不同，目标检测算法可以大致分为两阶段检测算法和一阶段检测算法。一阶段检测算法以其高效的检测速度适用于实时应用场景，而两阶段检测算法则在检测精度上更具优势。

8.3.1 两阶段检测

两阶段检测算法通常包括两个主要步骤：候选提取和分类定位。这种方法将目标检测任务分解为两个独立的阶段，每个阶段都专注于特定的子任务，以提高检测的准确性和效率。在候选提取阶段，算法会生成大量的候选区域，其中可能包含目标对象。在分类定位阶段，候选区域的特征将被提取，并送入分类器进行目标分类和位置定位。

1. R-CNN

R-CNN（Region-Based Convolutional Neural Network）是一种经典的两阶段目标检

测方法，其基本思想是先生成候选区域，然后对这些候选区域进行分类和边界框回归。其网络结构流程如图 8-10 所示。

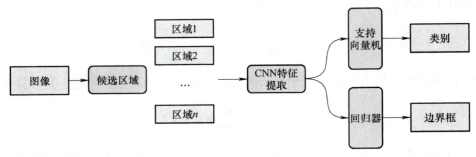

图 8-10　R-CNN 网络结构流程图

（1）生成候选区域。R-CNN 使用 Selective Search 算法生成候选区域。Selective Search 的核心思想是通过合并和分割不同的图像区域来生成候选区域，以尽可能涵盖各种可能的目标。该算法首先计算各个区域的相似度，并将相似度较高的区域进行合并，直到生成一组候选区域。这个过程类似于图像分割的思路，但更加灵活和多样化。

Selective Search 算法首先将图像分割成许多小区域，每个小区域都是一个初始候选区域。然后计算不同区域之间的相似性，通常使用颜色直方图、纹理特征等进行相似性度量。根据相似性度量，选择相似性较高的区域进行合并，形成更大的候选区域。不断重复合并和分割的过程，直到得到一组多样性和覆盖性较好的候选区域。

（2）特征提取。对于每个候选区域，R-CNN 使用一个预训练的卷积神经网络（CNN）来提取特征。假设用符号 $F_{CNN}(I)$ 表示 CNN 提取特征的函数，其中 I 为输入图像。对于每个候选区域 R，将其裁剪并调整为固定大小的输入，然后送入 CNN 中提取特征，即 $F_{CNN}(I_R)$，其中 I_R 表示裁剪并调整大小后的区域图像。

（3）SVM 分类器。R-CNN 使用支持向量机作为分类器，判断候选区域是否包含目标物体。假设有一个 SVM 分类器 C_{SVM}，其输出为 $y_{SVM}(R)$，表示区域 R 包含目标物体的置信度。SVM 分类器的训练目标是最大化正确分类的区域与错误分类的区域之间的边界间隔，即最小化以下损失函数，见式（8-20）。

$$L_{SVM}(\omega) = \frac{1}{N} \sum_{i=1}^{N} \max(0, 1 - y_i \cdot y_{SVM}(x_i)) \tag{8-20}$$

式中，ω 为 SVM 分类器的权重；N 为训练样本数；(x_i, y_i) 表示训练样本和标签；y_i 为目标物体的真实标签。

（4）回归器。R-CNN 使用回归器来微调候选区域的边界框，以更精确地定位目标物体的位置。假设有一个回归器 R_{reg}，其输出为调整后的边界框坐标 $\hat{b}(R)$，其中 $b(R)$ 表示候选区域 R 的原始边界框。回归器的训练目标是最小化预测边界框与真实边界框之间的差异，通常采用平滑的 L_1 损失函数来表示：

$$L_{reg}(\omega) = \frac{1}{N} \sum_{i=1}^{N} \text{smooth}_{L1}(\hat{b}_i - b_i) \tag{8-21}$$

式中，ω 为回归器的权重；N 为训练样本数；$\hat{b}_i$ 和 b_i 分别表示预测边界框和真实边界框；smooth_{L1} 为平滑的 L_1 损失函数。

在训练过程中，通过最小化 SVM 分类器的损失 L_{SVM} 和回归器的损失 L_{reg}，R-CNN 可以同时学习到有效的特征表示和精确的目标定位信息，从而达到准确的目标检测效果。然而，R-CNN 计算流程复杂导致较慢的速度和高昂的计算成本，同时需要大量的训练数据和计算资源支持，限制了其在实时性和大规模应用上的表现。

2. Fast R-CNN

Fast R-CNN 是在 R-CNN 的基础上改进的，主要针对 R-CNN 速度慢和计算资源需求高的问题进行优化。其网络结构流程如图 8-11 所示。

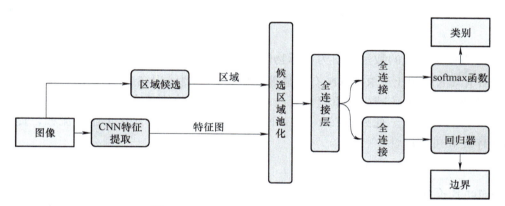

图 8-11 Fast R-CNN 网络结构流程图

（1）卷积特征提取。将输入图像 I 输入卷积神经网络中，得到特征图 $F_{CNN}(I)$。

（2）候选区域提取。与 R-CNN 相同，使用 Selective Search 等算法生成候选区域 $R_1, R_2, \cdots, R_N$，其中 N 为候选区域的数量。

（3）候选区域池化。候选区域池化是在卷积特征图上对每个候选区域进行特征提取，而无须对每个候选区域单独运行 CNN。这个过程涉及将候选区域映射到特征图上，并对其进行池化操作以获得固定大小的特征向量。假设候选区域 R_i 的大小为 $H_i \times W_i$，候选区域池化的过程可表示为

$$\text{RoIPooling}(F_{CNN}(I), R_i) = \text{maxpool}\left(F_{CNN}(I)[x:x+H_i, y:y+W_i]\right) \tag{8-22}$$

式中，$[x:x+H_i, y:y+W_i]$ 表示卷积特征图上对应于候选区域 R_i 的区域；maxpool 表示最大池化操作。

（4）特征向量处理。对于每个候选区域 R_i，经过候选区域池化后得到固定长度的特

征向量 V_i，然后将这些特征向量送入全连接层进行进一步处理。假设全连接层的参数为 W_{cls}（用于分类）和 W_{reg}（用于边界框回归），特征向量处理过程可以表示为

$$\text{ClassificationScore}(V_i) = W_{cls} \cdot V_i \tag{8-23}$$

$$\text{BoundingBoxRegression}(V_i) = W_{reg} \cdot V_i \tag{8-24}$$

Fast R-CNN 的训练过程是端到端的，包括了特征提取网络（CNN）的微调和分类器（SVM）以及回归器的训练。分类器的训练目标是最小化分类误差，见式（8-25）。

$$L_{cls} = \frac{1}{N} \sum_{i=1}^{N} \text{softmax\_loss}(\text{Classification Score}(V_i), y_i) \tag{8-25}$$

回归器的训练目标是最小化边界框回归误差，见式（8-26）。

$$L_{reg} = \frac{1}{N} \sum_{i=1}^{N} \text{smooth\_L1\_loss}(\text{BoundingBoxRegression}(V_i), b_i) \tag{8-26}$$

式中，N 为候选区域的数量；y_i 为目标物体的真实标签；b_i 为真实边界框。

Fast R-CNN 相比于 R-CNN 有着显著的优势，主要体现在速度和计算资源上的优化。候选区域池化技术大幅减少了重复计算的步骤，提高了检测速度，并且整个系统的计算量大幅减少，更加高效。此外，Fast R-CNN 采用端到端训练，简化了整个流程，提高了模型的鲁棒性和可扩展性。

3. Faster R-CNN

Faster R-CNN 是对 Fast R-CNN 的进一步优化，主要引入了区域候选网络（RPN）来实现更快速的候选区域生成。其结构与 Fast R-CNN 相同，只是它用内部深层网络代替了候选区域方法。设计了两个卷积网络 CNN 和 RPN，分别用于提取特征和生成候选区域。新的候选区域网络 RPN 在生成候选区域时效率更高。Faster R-CNN 网络结构流程如图 8-12 所示。

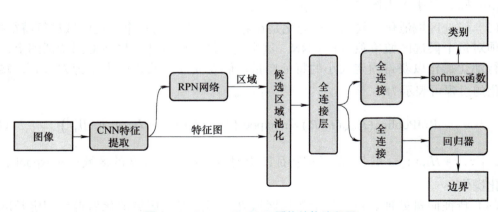

图 8-12　Faster R-CNN 网络结构流程图

区域候选网络（RPN）是 Faster R-CNN 中的一个关键组件，用于生成候选区域。RPN 通过卷积神经网络在输入特征图上滑动不同尺度和比例的锚框，然后对每个锚框进行分类（目标/非目标）和边界框回归（预测边界框的坐标）。

假设有 N 个锚框，每个锚框由四个参数 (x,y,w,h) 表示，其中 (x,y) 是锚框的中心坐标，(w,h) 是锚框的宽度和高度。RPN 的输出包括两部分：二分类得分 P 和边界框回归预测 B。二分类得分 P 的大小为 $2N(H-K+1)(W-K+1)$，其中 H 和 W 是特征图的高度和宽度，K 是滑动窗口的大小，2 表示两个类别（目标和非目标）。边界框回归预测 B 的大小为 $4N(H-K+1)(W-K+1)$，其中 4 表示每个锚框的四个参数 (x,y,w,h)。

RPN 的损失函数包括了候选区域的二分类损失（目标/非目标）和边界框回归损失（预测边界框的误差）。二分类损失采用交叉熵损失函数：

$$L_{cls} = \frac{1}{N_{cls}} \sum_i \sum_j CE(P_{ij}, P_{ij}^*) \tag{8-27}$$

式中，N_{cls} 表示二分类样本的数量；CE 表示交叉熵损失函数；P_{ij} 表示预测的二分类得分；P_{ij}^* 表示真实的二分类标签。

边界框回归损失采用平滑的 L_1 损失函数来表示：

$$L_{reg} = \frac{1}{N_{reg}} \sum_i \sum_j \text{smooth}_{L1}(B_{ij}, B_{ij}^*) \tag{8-28}$$

式中，N_{reg} 表示边界框回归样本的数量；smooth_{L1} 表示平滑的 L_1 损失函数；B_{ij} 表示预测的边界框坐标；B_{ij}^* 表示真实的边界框坐标。

Faster R-CNN 相对于 Fast R-CNN 的主要优势在于候选区域生成速度更快，且更加准确，同时能够端到端地进行训练和优化。RPN 的引入使得目标检测整体的速度和准确率都得到了提升，成为了目标检测领域的重要突破。

8.3.2 一阶段检测

与两阶段检测算法相比，一阶段检测算法将目标检测任务简化为单个阶段，并通过端到端的方式直接输出目标的类别和位置信息。这种方法通常具有更高的实时性和效率，尤其适用于需要快速推断的应用场景。一阶段检测算法典型的代表模型包括 SSD（Single Shot MultiBox Detector）和 YOLO（You Only Look Once），它们在保持高精度的同时具有较快的检测速度，非常适合实时应用场景，如自动驾驶、视频监控和增强现实。SSD 通过在不同尺度的特征图上直接预测边界框和类别，而 YOLO 先将图像分割成网格，在每个网格预测多个边界框和相应的类别概率。

1. SSD

SSD 是一种流行的目标检测算法，其能够在多个不同尺寸的特征图上生成先验框，并通过卷积运算得到预测结果。这样的做法既考虑了在不同感受野上进行目标检测的需求,又兼顾了不同尺寸目标的检测效果。生成的先验框具有先验知识,直接参与了预测和损失计算,将先验框的生成、分类和回归整合到同一个阶段,形成了可端到端训练的一阶模型。

(1) SSD 模型框架。SSD 模型框架如图 8-13 所示,其采用了 VGG16 作为骨干网络,并对其进行了改进。首先,将 VGG16 的最后两个全连接层替换为卷积层,这样做可以保留更多的空间信息,使得模型更适合目标检测任务。其次,SSD 在 VGG16 的基础上增加了多个卷积层,这些额外的卷积层有助于提取更高级别的语义特征,从而提高了检测精度。最后,SSD 利用这些经过改进的卷积层得到的特征图进行卷积运算,以得到分类和回归的预测结果。这些预测结果来自于特定几层,这些层的特征图可以提供丰富的语义信息,有助于更好地理解图像内容。SSD 采用了特征金字塔结构进行检测,即 SSD 在六张尺寸不同的特征图上进行卷积预测,然后将各特征图的结果汇聚在一起,以满足不同尺寸目标的检测需求。

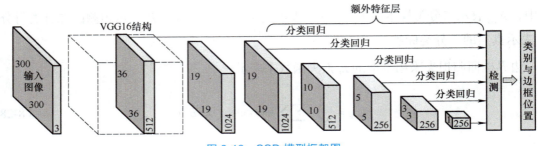

图 8-13　SSD 模型框架图

(2) 设置先验框。先验框是 SSD 算法的核心思想之一。在每个特征图单元上,都有一系列固定大小的框,可能是 4 个、6 个或其他数量。设每个特征图单元有 k 个先验框,则每个先验框需要预测 c 个类别得分和 4 个偏移量(表示位置信息)。如果一个特征图的大小是 $m \times n$,即有 $m \times n$ 个单元,那么这个特征图一共有 $(c+4) \times k \times m \times n$ 个输出。

这些输出的含义是:当采用 3×3 的卷积核对该层的特征图进行卷积时,输出为卷积核的个数。这个输出包含两部分:数量 $c \times k \times m \times n$ 是置信度输出,表示每个先验框的置信度,即类别的概率;数量 $4 \times k \times m \times n$ 是位置回归输出,表示每个先验框经过回归后的坐标。实际上,SSD 在每个特征图层上使用不同数量的 3×3 卷积核对特征图进行卷积,以产生这些输出。这些输出中的置信度用于确定先验框中是否存在目标,而位置回归用于精确定位目标的位置。通过这种方式,SSD 算法可以在多尺度和多比例下有效地检测和定位不同大小的目标。

先验框的大小并非随意确定,而是根据各个特征图层的大小来调整的。SSD 算法利用不同尺度和比例的先验框来适应各种不同大小和形状的目标。随着特征图的尺寸降低,先验框的尺度也会线性增加。这意味着在更高层的特征图上,先验框会有更大的尺度,以便捕捉更大尺寸的目标;而在更低层的特征图上,先验框则会有较小的尺度,以适应更小尺寸的目标。这种设置方式有效地考虑了目标在不同尺度上的变化,并为模型提供了更广泛的检测范围。

先验框的大小设置涉及尺度和长宽比两个参数。对于先验框的尺度，遵循了一种线性递增规则，见式（8-29）。

$$s_k = s_{\min} + \frac{s_{\max} - s_{\min}}{m-1}(k-1), k \in [1, m] \tag{8-29}$$

式中，$s_{\min}$ 表示最底层的尺度；$s_{\max}$ 表示最高层的尺度。而长宽比 a_r 可能有 5 种取值。

$$a_r \in \left\{1, 2, 3, \frac{1}{2}, \frac{1}{3}\right\} \tag{8-30}$$

则先验框的宽度 w 和高度 h 为

$$w_k^a = s_k\sqrt{a_r}, \qquad h_k^a = s_k/\sqrt{a_r} \tag{8-31}$$

通常情况下，每个特征图会有一个 $a_r = 1$ 且尺度为 s_k 的先验框。除此之外，还会设置一个尺度为 $s_k' = \sqrt{s_k s_{k+1}}$ 且 $a_r = 1$ 的先验框，这样每个特征图都设置了两个长宽比为 1 但大小不同的正方形先验框。

（3）正负样本筛选。对于生成的大量先验框，需要判断哪些与真实目标相关，哪些与真实目标无关。这就需要利用非极大值抑制（NMS）技术，以及计算先验框与真实边界框之间的交并比来区分正样本和负样本。

在判断正负样本时，将交并比阈值设置为 0.5，即当一个先验框与所有真实边界框的最大交并比小于 0.5 时，判断该框为负样本。与真实边界框有最大交并比的先验框，即使该交并比不是此先验框与所有真实边界框交并比中最大的，也要将该框对应到真实边界框上，这是为了保证真实边界框的召回率。在预测边框位置时，SSD 与 Faster R-CNN 相同，都是预测相对于先验框的偏移量，因此在确定匹配关系后，还需要进行偏移量的计算。

确定好正负样本之后，通常正负样本数量会严重不均衡，SSD 采用难样本挖掘来处理负样本。具体方法是，计算所有负样本的损失并进行排序，然后选取损失较大的前 K 个负样本，其中 K 设为正样本数量的 3 倍。在 Faster R-CNN 中，通过限制正负样本的数量来保证样本均衡，而 SSD 采用了限制正负样本的比例。

通过以上步骤，可以有效地筛选出与真实目标相关的先验框，并用于模型的训练和预测。这种策略可以提高模型的精度和泛化能力，同时保持了训练数据的样本均衡性。

（4）损失函数。SSD 损失函数定义为位置误差与置信度误差的加权和，其公式为

$$L(x, c, l, g) = \frac{1}{N}(L_{\text{conf}}(x, c) + \alpha L_{\text{loc}}(x, l, g)) \tag{8-32}$$

式中，N 是先验框的正样本数量；c 为类别置信度预测值；l 为先验框所对应边界框的位置预测值；g 是真实标签的位置参数；L_{conf} 代表置信损失；L_{loc} 代表定位损失；权重系数 α 通过交叉验证设置为 1。

在计算分类置信损失时，SSD 采用交叉熵损失；在计算定位损失时，采用 smooth_{L1} 损

失,见式(8-33)。采用smooth_{L1}损失的原因是为了在加快模型收敛的同时避免梯度爆炸,因为误差较小时,采用平方求导,梯度增大为原来的两倍,加快优化速度;当误差较大时,求导为1,避免了梯度过大,造成梯度爆炸,以及模型优化过程中的震荡。

$$\text{smooth}_{L1}(x) = \begin{cases} 0.5x^2 & |x| < 1 \\ |x| - 0.5 & \text{其他} \end{cases} \quad (8\text{-}33)$$

SSD算法以其高效的检测速度和多尺度特征检测能力,在目标检测任务中表现出色,特别适用于实时检测场景,如自动驾驶等。它通过单次前向传播直接生成目标检测结果,无须候选区域生成和后续分类步骤,实现了快速而准确的目标检测。同时,SSD在不同尺度的特征图上进行检测,使其能够更好地识别各种尺寸的目标,从而在处理中大型目标时具有较高的检测精度。图8-14所示为利用SSD网络对桥梁表观病害进行检测的效果图。

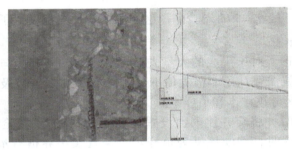

图8-14 SSD算法检测桥梁表观病害效果图

然而,SSD在检测小目标和处理复杂背景时效果较差。较低分辨率的特征图对小目标的表示能力有限,导致小目标易被漏检或误检。此外,SSD的边界框回归精度不如二阶段检测算法,如Faster R-CNN,因为它直接从特征图预测目标位置和大小,精确度有所欠缺。在复杂背景或高度重叠的目标场景中,SSD的检测效果也可能不尽如人意,受限于其特征提取和分类能力。

尽管存在这些局限,SSD凭借其简单的网络结构和易于实现的特点,在实际应用中仍然具有较高的实用价值。通过合理设计锚框和优化模型结构,SSD的检测性能可以进一步提升。总的来说,SSD在速度和精度上的良好平衡,使其成为一种广泛应用的目标检测算法。

2. YOLO

YOLO(You Only Look Once)是一个备受关注的目标检测算法。它与传统的目标检测方法不同,因为它可以在单个前向传播中直接完成对图像中所有物体的类别和位置信息的预测。这意味着YOLO在处理大规模数据时非常高效,并且能够实现实时目标检测的需求。YOLO的工作原理是将图像分成固定大小的网格,每个网格负责预测物体的边界框、类别以及置信度。它采用了单阶段的方法,避免了传统两阶段方法中的候选区域生成和分类器的复杂操作,从而简化了整个检测流程。

由于YOLO的高效性和简单性,它被广泛应用于许多领域,如视频监控、自动驾驶、物体跟踪等。它在处理大量数据和实时性要求较高的场景下表现出色,并且随着不断改进和优化,YOLO 系列算法已经成为计算机视觉领域中的重要工具之一。

(1) YOLO 算法的网络结构。YOLO 算法采用深度卷积神经网络作为基础,通常包括卷积层、池化层和全连接层。YOLOv1 的初始版本使用了一个 24 层的卷积神经网络,其网络结构如图 8-15 所示。而后续版本如 YOLOv2 和 YOLOv3 采用了更深层次的网络结构,如 Darknet 等。

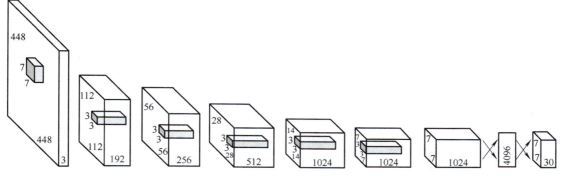

图 8-15　YOLOv1 网络结构

YOLO 算法的网络结构在训练过程中经历了多个关键阶段。首先,输入图像经过卷积层和池化层进行特征提取,然后通过全连接层将特征映射到目标检测的预测空间。在划分网格的阶段,图像被划分为网格单元,每个单元负责预测一定数量的边界框和对应的置信度。边界框预测包括位置参数和置信度分数的计算,而类别预测使用 softmax 函数输出各类别的概率分布。此外,YOLO 还采用联合损失函数优化模型参数,包括位置损失和类别损失,通过反向传播算法实现参数的更新,从而训练出高效且准确的目标检测模型。

(2) YOLO 算法原理。

① 网格划分和边界框预测。首先,将输入图像 I 划分为 $S \times S$ 个网格单元。对于每个网格单元 (i,j) 和每个边界框 b,YOLO 会预测边界框的参数,包括中心坐标 (x,y)、宽度 w、高度 h 以及置信度 c。这些参数的计算公式如下:

$$\hat{b}_x = \sigma(t_x^b) + c_x \tag{8-34}$$

$$\hat{b}_y = \sigma(t_y^b) + c_y \tag{8-35}$$

$$\hat{b}_w = p_w e^{t_w^b} \tag{8-36}$$

$$\hat{b}_h = p_h e^{t_h^b} \tag{8-37}$$

$$\hat{c} = \sigma(t_c^b) \tag{8-38}$$

式中,σ 表示 Sigmoid 函数;t_x^b、t_y^b、t_w^b 和 t_c^b 是网络输出的边界框参数;c_x、c_y、p_w 和 p_h

是网格单元的位置偏移和先验框的宽度、高度。

② 类别预测。除了边界框参数，YOLO 还预测每个边界框中包含物体的类别概率。这些类别概率使用 softmax 函数计算，其数学表达式为

$$\hat{p}_i^b = \frac{e^{t_i^b}}{\sum_{C=1}^{C} e^{t_C^b}} \tag{8-39}$$

式中，C 表示类别的数量；t_i^b 是网络输出的第 i 个类别分数。

③ 损失函数。为了优化模型参数，YOLO 使用综合的损失函数，包括位置损失和类别损失。位置损失衡量预测边界框和真实边界框之间的差异，类别损失衡量类别预测的准确性。

位置损失：

$$L_{\text{box}} = \lambda_{\text{coord}} \sum_{i=0}^{S^2} \sum_{j=0}^{B} 1_{ij}^{\text{obj}} \left[(x_{ij} - \hat{x}_{ij})^2 + (y_{ij} - \hat{y}_{ij})^2 + (w_{ij} - \hat{w}_{ij})^2 + (h_{ij} - \hat{h}_{ij})^2 \right] + \lambda_{\text{noobj}} \sum_{i=0}^{S^2} \sum_{j=0}^{B} 1_{ij}^{\text{noobj}} (c_{ij} - \hat{c}_{ij})^2 \tag{8-40}$$

类别损失：

$$L_{\text{class}} = \sum_{i=0}^{S^2} \sum_{j=0}^{B} 1_{ij}^{\text{obj}} \sum_{C=0}^{C} (p_{ij}^C - \hat{p}_{ij}^C)^2 \tag{8-41}$$

式中，λ_{coord} 和 λ_{noobj} 是位置损失和无目标损失的权重；1_{ij}^{obj} 和 1_{ij}^{noobj} 分别表示当前网格单元是否包含物体和是否包含正确边界框的指示函数；C 是类别的数量；x_{ij}、y_{ij}、w_{ij}、h_{ij} 和 c_{ij} 是预测的边界框参数和置信度；$\hat{x}_{ij}$、$\hat{y}_{ij}$、$\hat{w}_{ij}$、$\hat{h}_{ij}$ 和 $\hat{c}_{ij}$ 是真实边界框的参数和置信度；p_{ij}^C、$\hat{p}_{ij}^C$ 是预测和真实的类别概率。

YOLOv1 算法以其极高的检测速度和全局推理能力在目标检测中表现出色。通过将目标检测任务转化为一个单一的回归问题，YOLOv1 在一次前向传播中即可同时预测多个边界框和类别概率，从而实现实时处理。这使其特别适用于自动驾驶和监控系统等对速度要求较高的应用场景。YOLOv1 利用整个图像作为输入，能够更好地理解图像中的语义内容，从而减少背景误检的概率。此外，YOLOv1 的网络结构相对简单，易于实现和训练，端到端的训练方式简化了检测过程，并减少了计算资源的消耗。

然而，由于 YOLOv1 采用固定网格划分，每个网格只能预测一个目标，因此在检测小目标和处理重叠目标时效果较差。当多个小目标出现在同一个网格中时，YOLOv1 可能无法准确检测出所有目标。其边界框定位精度也不如一些二阶段检测算法，直接回归目标位置和大小的方式导致在定位小而精细的目标时精度较低。此外，YOLOv1 在处理密集或重叠目标时表现不佳，网格划分和预测机制限制了对重叠目标的区分能力。虽然 YOLOv1 的最初版本并未使用锚框策略，导致在检测不同尺度和形状的目标时灵活性较

低，但这一问题在后续版本如 YOLOv2 中得到了改进。

尽管存在这些局限，YOLOv1 凭借其简单的模型结构和较低的背景误检率，成为目标检测领域的一项重要创新。它不仅展示了单阶段检测算法的潜力，还为后续版本的不断改进和优化奠定了基础，推动了目标检测技术的发展。

8.4 目标分割方法

目标分割是从图像或视频中准确地分割出特定的目标或对象。目标分割任务主要有两类：语义分割和实例分割。语义分割就是把图像中每个像素赋予一个类别标签，而实例分割不仅要区分不同类别的像素，还需要对同一类别的不同个体进行区分。

卷积神经网络（CNN）广泛用于图像处理的相关任务，如图像分类、目标识别等，并取得卓越的成绩。然而传统的卷积神经网络由于存在全连接层，要求输入尺寸固定，且输出无法保留空间信息，难以实现图像到图像的像素级语义分割。因此，加州大学 Long 等人于 2014 年提出了一种可以接受任意尺寸图像输入的全卷积网络（Fully Convolutional Network，FCN），其将传统 CNN 模型中的全连接层替换为全卷积层以进行像素级的稠密估计。从这以后，语义分割领域的相关模型绝大多数都采用了类似的结构。本节将介绍一些经典的语义分割深度学习网络模型。

8.4.1 全卷积网络

全卷积网络（Fully Convilutional Networks，FCN）解决了传统分割网络由于使用像素块而带来的重复存储和计算卷积问题，从而推动了图像语义分割的快速发展。如图 8-16 所示，全卷积网络主要由三个部分组成：下采样、上采样和跳跃连接。

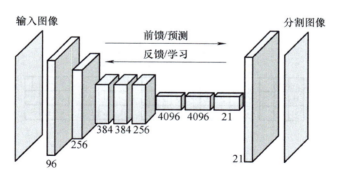

图 8-16　FCN 网络结构示意图

1. 下采样

下采样过程也称为编码，用于对输入图像进行特征提取和语义信息浓缩。其网络结构与传统卷积网络结构类似，通过卷积和池化的组合不断对图像进行下采样，特征图尺寸不断减小，得到更高层的特性。与传统卷积网络不同的是，其将网络末端的全连接层替换成卷积层，用于解决传统卷积网络结构中全连接层对特征图降维时导致图像位置信息的丢失问题,使得输出结果能够保留特征图的上下文信息和位置信息。此外,全卷积层的结构使得网络可以对任意尺寸的输入图像进行处理,实现端到端的图像分割。

2. 上采样

下采样得到的特征图尺寸远小于原始图像尺寸,为了使得输出图像与输入图像尺寸保持一致,FCN 引入上采样操作来使得网络输出的尺寸与输入图像一致。通过上采样操作,不但保留了特征图的空间信息,而且在每个像素点对应位置输出了代表其所属类别的预测值,将原本图像级别的分类改进为像素级别的分类,能够直接输出一张标记好每个像素点所属类别的图像,从而实现了图像的像素级分割。

常用的上采样方法包括双线性插值、转置卷积和反池化。双线性插值已在第 3 章的图像缩放中讲述,这里不再赘述。

(1)转置卷积。转置卷积(Transposed Convolution)也称为反卷积(Deconvolution)。与传统的插值方法不同,反卷积是一种可学习的上采样方法,可以通过反向传播算法自动学习和优化卷积核参数,从而获得更加精确的上采样结果。

反卷积的原理是将卷积操作进行反向计算,将卷积核旋转 180°,并对特征图进行填充和卷积操作,从而实现上采样的效果。具体来说,反卷积会在低分辨率特征图的每个像素周围填充一定数量的零,并使用旋转后的卷积核对特征图进行卷积操作,从而生成高分辨率的特征图。

如图 8-17 所示,核张量与输入的张量逐个元素相乘,放在对应的地方。比如说第一个元素是 0,将 0 乘上整个核张量,放在对应的位置。第二个元素是 1,则是将 1 乘上核张量放在对应滑动到的下一个位置,以此类推。得到四个图,将四个图相加即可得出最终输出。此处的例子步长为 1,由此可以推出反卷积的输出大小的公式:

$$out = (Input - 1)stride + kernel \tag{8-42}$$

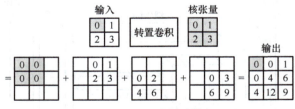

图 8-17 反卷积计算

反卷积可以自动学习和优化卷积核参数,从而获得更加精确的上采样结果,同时可以避免插值方法带来的模糊和失真等问题。但反卷积的计算量较大,需要消耗大量的计算资源,且可能出现棋盘效应,因此在实际应用中需要进行合理的调整和优化。

(2)反池化。反池化(Unpooling)可以理解为池化的逆操作,相较于前两种上采样方法,反池化用的并不是特别多。就是在下采样的过程中,进行池化的时候记录一个池化的索引,记录取得的值所在的位置。在反池化的时候,输入的值根据索引放回原来的位置,其他位置补位为 0,得到一个稀疏矩阵。与插值操作类似,反池化后面通常会增加一个卷积层来进一步优化结果。反池化通过索引记录了更多的边缘信息,可以加强刻画物体的能力，通过重用这些边缘信息，加强精确的边界位置信息。在分割的时候有助于产生更平滑的分割。

3. 跳跃连接

如果仅对最后一层的特征图进行上采样得到原图大小的分割，最终的分割效果往往并不理想。因为最后一层的特征图太小，这意味着过多细节的丢失。因此，FCN算法引入了跳跃连接（Skip Connections），这种连接方式将卷积层输出与上采样层输入连接起来，通过跳级结构将最后一层的预测（富有全局信息）和更浅层（富有局部信息）的预测结合起来，从而可以保留更丰富的语义信息，提高了分割的准确性。

如图8-18所示，通过下采样获得了原图1/32、1/16和1/8大小的特征图像，将1/32大小的特征图像进行上采样操作之后，还原成1/16大小的特征图，并将其与池化层输出的特征图进行相加，得到这一层最终的特征图。以此类推，最终得到与原图大小一致的分割结果。

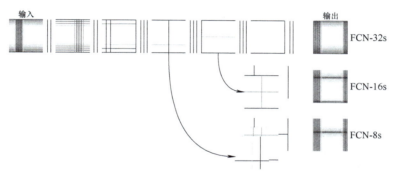

图8-18　FCN跳跃连接结构示意图

相比于卷积神经网络，FCNs不需要对每个像素点逐个进行挖块与判断，大大节省了存储空间和计算效率。卷积层和上采样的结合使网络可以输入任意尺寸的图像，并且输出相同尺寸的结果。但是，FCNs在像素级的分类过程中没有考虑各像素点之间的关系，使得输出结果在空间上可能缺乏一致性。

8.4.2　U-Net网络

FCNs通过使用卷积层替换卷积神经网络的全连接层，成为首个基于深度学习的像素级语义分割方法，为图像分割算法提供了崭新的思路。为了改善FCNs的分割性能，提升网络对细节的敏感性和结果的精确程度，Ronneberger等人提出了一种左右对称的、具有编码器-解码器（Encoder-Decoder）网络结构的"U"形网络，称为U-Net。

U-Net网络结构如图8-19所示，主要由左边的编码器、右边的解码器以及中间的跳跃连接三部分组成。U-Net的编码器与FCNs类似，都是使用卷积层提取特征图的语义信息，并借助池化层逐渐减小特征图的尺寸。和FCNs不同，U-Net的解码器包含多个与编码器对称的反卷积层，通过反卷积操作逐渐恢复特征图的尺寸，并将学习到的更深层次、更高维度的语义特征传输给分割结果。此外，U-Net增加了跳跃连接作为连接左右两个路径的桥梁，将同一层尺寸和通道数相同的特征图进行拼接和组合，并把经过组合的上下文信息传递给解码器中具有更高分辨率的层,从而实现更精确的分割。

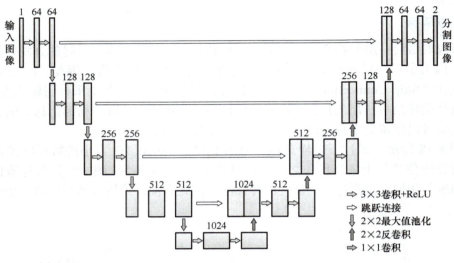

图 8-19 U-Net 网络结构

Net 共有 5 层,其左边编码器每层的操作基本相同。首先借助两次卷积操作提取特征图的语义信息,然后使用最大值池化操作,将特征图的分辨率减半,通道数翻倍。重复 4 次相同的操作之后得到最底层的特征图。U-Net 右边解码器的结构与编码器对称,每层的操作也基本一致。首先经过两次的卷积操作,然后使用反卷积操作,将特征图的分辨率翻倍,通道数减半。接下来,将输出的特征图与跳跃连接传递过来的编码器特征图进行拼接和组合,作为后一层操作的输入。重复 4 次相同的操作之后得到最高层的特征图,其尺寸已经恢复至和输入图像相同。

U-Net 凭借其强大的学习能力和优异的分割性能,一经提出就被广泛应用在生物医学图像分割领域。它借助编码器提取特征信息与减小特征图尺寸,利用解码器学习高维特征并恢复特征图尺寸,并使用跳跃连接这一开创性的结构将同一层级上分辨率和通道数量相同的特征图进行拼接,使得低维的空间信息与高维的语义信息更好地结合,最终能够得到更加精确的分割结果。在此基础上,发展出了 U-Net++、3D U-Net、Inception U-Net 和 Dense U-net 等变体,进一步提升了分割的精度。

U-Net 作为一种端到端的分割网络,在训练过程中会自动以每个像素点为中心进行学习,这种强大的学习能力使得即使训练样本数量较少也依然能充分学习到目标区域的特征信息,从而缓解了生物医学图像训练样本因标注困难而数量不足的问题。U-Net 的网络结构对称简单,网络参数量小,泛化能力强,适用于多种图像的分割任务。

8.4.3 SegNet 网络

SegNet 网络是由剑桥大学的研究团队针对自动驾驶汽车存在的语义分割问题开发的。SegNet 架构也采用了编码-解码结构,SegNet 网络结构如图 8-20 所示。其中,编码器部分负责提取图像特征,而解码器部分负责将特征映射回原始图像的尺寸,并进行像素级的分类。SegNet 的编码器部分通常由卷积神经网络(CNN)组成,可以使用预训练的网络模型，如 VGG 等。而解码器部分包含了反卷积层和池化层，用于将特征映射回原始图像尺寸，并进行像素级分类。

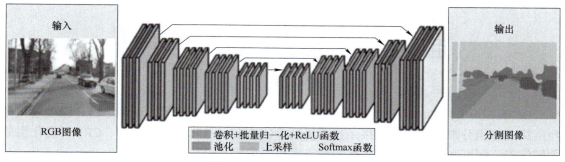

图 8-20 SegNet 网络结构

与 U-net 网络不同的是，SegNet 网络不再进行拼接操作，通过反池化操作实现上采样，从而更好地保留边界特征信息。SegNet 网络在语义分割任务中取得了很好的效果，并且具有较低的计算复杂度，适用于实时应用场景。它已经被广泛应用于医学图像分割、自动驾驶、遥感图像分析等领域。

8.4.4 DeepLab 系列

DeepLab 系列网络是由 Google 公司开发的用于语义分割任务的深度学习网络架构。与编码-解码结构不同，针对下采样或池化降低特征图的尺寸，DeepLab 网络采用了空洞卷积代替池化操作来扩展感受野，从而获取更多的上下文信息。DeepLab 系列主要包括：DeepLab v1、DeepLab v2、DeepLab v3 和 DeepLab v3+，在图像分割领域取得了显著的成就，并且已经被广泛应用于许多领域，包括自动驾驶、医学图像分析、卫星图像分析等。

在具体介绍 DeepLab 网络之前，先来介绍空洞卷积。空洞卷积（Dilated/Atrous Convolution）也叫扩张卷积或者膨胀卷积，通过在卷积核中插入空洞，起到扩大感受野的作用。空洞卷积的实现是在常规卷积核中填充 0，用来扩大感受野，且进行计算时，空洞卷积中实际只有非零的元素起了作用。加入空洞之后的实际卷积核尺寸与原始卷积核尺寸之间的关系见式（8-43）。

$$K = k + 2(k-1)(a-1) \tag{8-43}$$

式中，k 为原始卷积核大小；a 为卷积扩张率（dilation rate）；K 为经过扩展后实际卷积核大小。除此之外，空洞卷积的卷积方式跟常规卷积一样。当 $a=1$ 时，空洞卷积就退化为常规卷积。$a=1$，2，4 时，空洞卷积如图 8-21 所示。

空洞卷积主要有三个作用。第一是可以扩大感受野。相比于池化操作，空洞卷积可以在扩大感受野的同时不丢失分辨率，且保持像素的相对空间位置不变。第二是能够获取多尺度上下文信息，当多个带有不同卷积扩张率的空洞卷积核叠加时，不同的感受野会带来不同尺度的信息。第三是可以降低计算量，不会引入额外的参数。如图 8-21 所示，实际进行卷积操作时只有带有红点的元素真正进行计算。

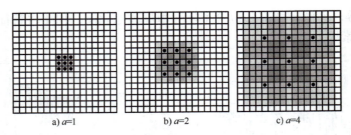

图 8-21 空洞卷积示意图

DeepLab v1 是 DeepLab 系列最原始的版本。如图 8-22 所示，该网络结合深度卷积神经网络进行粗分割，利用全连接条件随机场（Conditional Random Field，CRF）优化粗分割图像提高深度网络的定位准确性，最终实现图像语义分割。

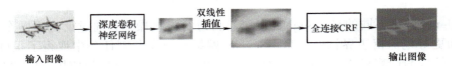

图 8-22 DeepLab v1 示意图

DeepLab v2 是在 DeepLab v1 的基础上改进的，提出了 ASPP（Atrous Spatial Pyramid Pooling），即带有空洞卷积的金字塔池化，如图 8-23 所示。该设计的主要目的就是提取图像的多尺度特征。由于拍摄距离、角度等因素的影响，图像中的目标对象大小往往并不相同，使得分割效果并不理想。为了精准地分割出不同尺寸的目标，ASPP 通过在固定的特征图上，使用不同空洞率的空洞卷积并行提取特征，能多比例捕获对象及上下文信息。

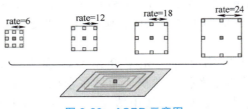

图 8-23 ASPP 示意图

从 DeepLab v3 开始，DeepLab 系列舍弃了 CRF 后处理模块，提出了更加通用的、适用任何网络的分割框架，对 ResNet 最后的 Block 做了复制和级联（Cascade），对 ASPP 模块做了升级，在其中添加了 BN 层。DeepLab v3 结构如图 8-24 所示。

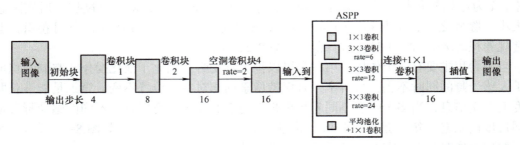

图 8-24 DeepLab v3 结构示意图

针对 DeepLab v3 池化和带步长卷积造成一些物体边界细节信息丢失且扩张卷积计算代价过高的问题，该团队又提出了 DeepLab v3+ 网络，其结构如图 8-25 所示。其将 DeepLab V3 作为网络的编码器，并在此基础上增加了解码器模块，用于恢复目标边界细节信息。同时，将深度可分离卷积添加到 ASPP 和解码器模块中，提高编码器–解码器网络的运行速率和鲁棒性，实现了图像语义分割精度和速度的均衡。

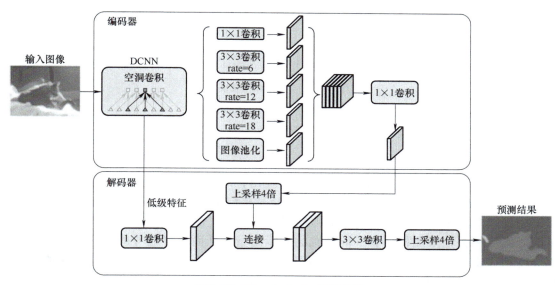

图 8-25　DeepLab v3+ 网络结构

在此，总结 DeepLab 系列网络的一些主要特点。

（1）空洞卷积。DeepLab 引入了空洞卷积，通过在卷积核之间插入空洞来增加感受野大小，从而捕获更大范围的上下文信息，有助于提高语义分割的准确性。

（2）多尺度信息融合。DeepLab 使用多尺度信息融合的方法来处理不同尺度的特征信息。通常，网络会同时使用不同步长的卷积核或不同尺寸的池化核来提取不同尺度的特征，并通过级联或并行方式将它们融合在一起，以获得更全面的语义信息。

（3）空间金字塔池化（ASPP）。DeepLab 引入了空间金字塔池化模块，用于在不同尺度下对特征图进行多尺度的空间信息提取。ASPP 通过使用多个并行的卷积核来捕获不同尺度的上下文信息，有助于提高语义分割的性能。

8.4.5　PSPNet 网络

PSPNet（Pyramid Scene Parsing Network）由卡内基梅隆大学的研究团队提出，旨在解决语义分割任务中的全局信息获取和局部信息细化之间的平衡问题。PSPNet 的主要特点是引入了金字塔池化模块（Pyramid Pooling Module），该模块可以同时捕获不同尺度的上下文信息，并且能够有效地处理输入图像中的物体在不同尺度下的大小变化。PSPNet 的核心思想是通过金字塔池化模块将全局和局部信息相结合，从而提高语义分割的准确性和鲁棒性。

PSPNet 结构如图 8-26 所示。简单来说，PSPNet 就是将 DeepLab 的 ASPP 模块之前

的特征图池化了四种尺度，然后将原始特征图和四种池化之后的特征图进行合并，再经过一系列卷积之后得到分割结果的过程。

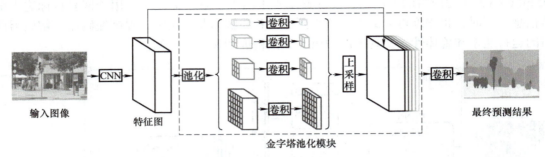

图 8-26　PSPNet 网络结构

8.4.6　Transformer

Transformer 神经网络最初是由谷歌公司提出，用于自然语言处理领域中的机器翻译任务。根据 Transformer 的设计，输入序列经过多层的编码器和解码器层交替处理，每一层中都包含了多头自注意力、前馈神经网络等操作。在自注意力中，Transformer 根据单词之间的相关性来加权计算不同位置的表示向量，从而更好地考虑上下文信息，并且不会受到固定窗口大小或滑动窗口非局部邻域等方式的限制。相比传统的循环神经网络和卷积神经网络，Transformer 具有以下优点：首先，它可以并行计算，因此训练速度更快；其次，由于没有时间或空间上的依赖性，因此可以处理任意长度的序列；最后，Transformer 通过自注意力机制可以更好地捕捉全局上下文信息。

1. 基本原理

Transformer 的模型结构如图 8-27 所示。Transformer 模型的整体结构包括位于模型结构左侧的编码器（Encoder）和位于模型结构右侧的解码器（Decoder），它们分别用于处理输入序列和生成输出序列。这里主要讲述 Transformer 的自注意力机制和多头注意力机制的原理以及位置编码的实现。

（1）自注意力机制。这是 Transformer 模型的核心组件之一。在自注意力机制中，模型能够对输入序列中的不同位置进行关注，并学习到每个位置与其他位置的相关性。这种机制使得 Transformer 模型能够捕捉到输入序列中各个部分之间的长距离依赖关系，有助于更好地理解序列的全局结构。

在自注意力机制中，输入的序列首先计算出三个向量，即查询向量（Query）q_i、键向量（Key）k_i、值向量（Value）v_i，这三个向量用来表示输入序列中的每个元素。对于每个输入向量 x_i，上述三个向量的计算表达式为

$$q_i = W_q x_i,\ k_i = W_k x_i,\ v_i = W_v x_i \tag{8-44}$$

式中，W_q、W_k 和 W_v 是学习到的权重矩阵。

第 8 章　机器人目标识别

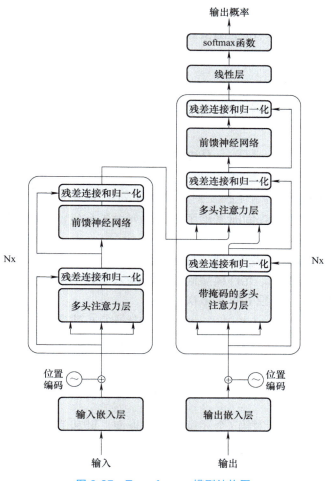

图 8-27　Transformer 模型结构图

然后通过计算查询向量和键向量之间的相似度得到注意力权重矩阵，该矩阵可视为每个位置对其他位置的相关性分布，可以用于加权计算序列中不同位置的表示向量，从而获得更好的上下文信息。具体过程为，首先对查询向量 q_i 和所有的键向量 k_j 进行点积操作，得到未经缩放的注意力分数 a_{ij}：

$$a_{ij} = q_i^T k_j \tag{8-45}$$

然后为了避免梯度消失或爆炸，进一步对注意力分数进行缩放，一般是除以点积的维度的平方根，如下：

$$\text{Scaled } a_{ij} = \frac{q_i^T k_j}{\sqrt{d}} \tag{8-46}$$

式中，d 是向量的维度。

经过缩放后的注意力分数再经过 softmax 函数进行归一化，得到注意力权重 α_{ij}：

$$\alpha_{ij} = \text{softmax}(\text{Scaled } a_{ij}) = \frac{\exp(\text{Scaled } a_{ij})}{\sum_{k=1}^{N} \exp(\text{Scaled } a_{ik})} \quad (8\text{-}47)$$

这样，可以得到每个查询向量 q_i 对应的注意力权重向量 $\alpha_i = [\alpha_{i1}, \alpha_{i2}, \cdots, \alpha_{iN}]$。最后，通过将权重矩阵与数值向量进行乘积再求和，即可得到聚合后的特征向量 $Output_i$：

$$Output_i = \sum_{j=1}^{N} \alpha_{ij} v_j \quad (8\text{-}48)$$

这个输出向量 $Output_i$ 包含了模型对于输入序列中不同位置的关注程度，是对整个输入序列的综合表示。这个过程同时考虑了输入序列中各个位置的相关性，从而能够更好地捕捉序列的长距离依赖关系。

（2）多头注意力机制。多头注意力机制是 Transformer 模型中的一个重要组成部分，它能够增强模型的表达能力，允许模型同时关注输入序列中不同位置的信息，其实质上是对上述的自注意力机制操作独立重复多次。

假设有一个输入序列 $X = [x_1, x_2, \cdots, x_N]$，其中每个 x_i 都是一个向量。首先通过输入序列进行计算，得到多组 Query、Key 和 Value 的向量。假设有 h 个注意力头，则每个注意力头的计算公式可表示为

$$Q_i = XW_i^Q, \quad K_i = XW_i^K, \quad V_i = XW_i^V \quad (8\text{-}49)$$

式中，W_i^Q、W_i^K、W_i^V 是针对第 i 个注意力头的查询、键和值的权重矩阵。

对于每个注意力头，计算对应的注意力分数 a_{ij}^i：

$$a_{ij}^i = \frac{Q_{ij} K_{ij}^{\text{T}}}{\sqrt{d_k}} \quad (8\text{-}50)$$

式中，Q_{ij}、K_{ij} 是第 i 个注意力头中的查询和键的第 j 个元素；d_k 是键的维度。然后，对每个注意力分数进行 softmax 归一化，得到注意力权重 α_{ij}^i：

$$\alpha_{ij}^i = \text{softmax}(a_{ij}^i) \quad (8\text{-}51)$$

对于每个注意力头，将注意力权重和对应的值向量进行加权求和，得到该注意力头的输出向量，见式（8-52）。

$$Head_i = \sum_{j=1}^{N} \alpha_{ij}^i V_{ij} \quad (8\text{-}52)$$

将多个注意力头的输出向量拼接起来，并经过一个线性变换和一个激活函数，得到最终的多头注意力机制的输出向量 *MultiHead*。

$$MultiHead = \text{concat}(Head_1, Head_2, \cdots, Head_h)W^O + b^O \qquad (8\text{-}53)$$

式中，W^O 和 b^O 是最终线性变换的权重矩阵和偏置向量。

通过多头注意力机制，Transformer 模型能够同时利用多组不同的查询、键和值，捕捉输入序列中不同位置的关联信息，从而提高模型的表达能力和性能。

（3）位置编码。由于 Transformer 模型不包含任何关于序列位置的信息，为了使模型能够区分不同位置的词或像素，在输入嵌入向量中加入了位置编码。这种编码方式可以告诉模型每个词或像素在序列中的相对位置信息，使得模型能够更好地处理序列数据。

假设有一个输入序列 $X = [x_1, x_2, \cdots, x_N]$，其中每个 x_i 都是一个向量，而序列的长度为 N。位置编码通常使用正弦和余弦函数来表示位置信息，见式（8-54）。

$$\begin{cases} PE_{(pos,2i)} = \sin\left(\dfrac{pos}{10000^{2i/d_{\text{model}}}}\right) \\ PE_{(pos,2i+1)} = \cos\left(\dfrac{pos}{10000^{2i/d_{\text{model}}}}\right) \end{cases} \qquad (8\text{-}54)$$

式中，pos 表示位置；i 表示维度；也就是位置编码向量的索引；d_{model} 表示模型的维度，也就是词嵌入的维度或特征的维度；$PE_{(pos,2i)}$ 和 $PE_{(pos,2i+1)}$ 分别表示位置编码向量的偶数和奇数索引处的值。

于是，对于输入序列中的每个位置 pos 和每个维度 i，都可以计算出对应的位置编码值 $PE_{(pos,2i)}$ 和 $PE_{(pos,2i+1)}$。最后，将这两个编码值拼接在一起，得到该位置的完整位置编码向量 PE_{pos}。

$$PE_{pos} = (PE_{(pos,0)}, PE_{(pos,1)}, \cdots, PE_{(pos,d_{\text{model}}-1)}) \qquad (8\text{-}55)$$

这样就得到了输入序列中每个位置的位置编码向量，可以将它们与输入向量相加，从而为模型提供位置信息。

2. Vision Transformer 神经网络

虽然 Transformer 最初是针对自然语言处理任务设计的，但由于其强大的建模能力和高效的计算能力，如今已经广泛应用于其他领域，如音乐生成、计算机视觉等。Dosovitskiy 等人于 2020 年出提出了用于图像分类的 ViT 神经网络。相较于 CNN 网络，ViT 网络具有更强大的特征提取能力。因此，基于 ViT 的算法开始广泛地应用和发展起来，如 SETR 和 SegFormer 等语义分割算法。

（1）SETR。基于编码 – 解码结构的深度学习分割网络模型虽然取得了很好的效果，但是通过不断堆叠卷积层来增加感受野无法有效地学习图像信息中的远距离依赖关系。为了解决这个问题，复旦大学和腾讯公司联合提出了一个基于 ViT 的新型架构的语义分割模型 SETR。SETR 的编码器将输入图像看作图像块序列，通过全局注意力建模学习图像特征；解码器利用从 Transformer 编码器中学到的特征，将图像恢复到原始大小，完成分割任务。

SETR 的核心架构仍然是编码器 – 解码器的结构，只不过相比于传统的以 CNN 为主导的编码器结构，SETR 用 Transformer 来进行替代。整体架构如图 8-28 所示，可以看到编码器由纯 Transformer 层构成。

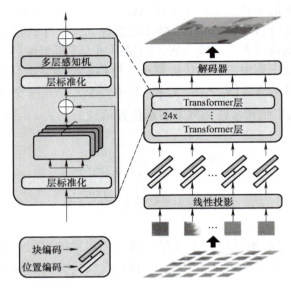

图 8-28　SETR 网络结构

SETR 作为基于序列的图像分割模型，为语义分割提供了一种全新的思路，与传统的基于 FCN 和 U-Net 等 CNN 分割模型不同，它利用 Transformer 作为序列模型的实现，并充分探索了 ViT 在分割任务中的潜力。通过设计三种不同的解码器上采样方法，SETR 深入研究了不同上采样设计对像素恢复效果的影响，从而提升了分割结果的质量。实验证明，基于 Transformer 的语义分割能够学习到比基于 FCN 等 CNN 结构更优秀的语义表征，为图像分割领域带来了新的可能性和进展。但 SETR 完全依赖 ViT 作为编码器存在多方面缺陷：ViT 的庞大参数和计算量限制了应用；ViT 柱状结构导致输出分辨率固定且对细节要求高的语义分割不利；增大输入图像或减小 patch 大小会带来计算量激增问题。这些问题制约了 SETR 在实际场景中的可用性和性能表现。

（2）SegFormer。SegFormer 是 2021 年由香港大学、南京大学等联合提出的语义分割方法，类似于 SETR，它也将 Transformer 应用于语义分割任务，并采用了编码器 – 解码器架构。针对 SETR 存在的计算量大、速度慢以及位置编码不灵活等问题，SegFormer 做了一系列优化以提高速度和效果。

在编码器模块方面，SegFormer 引入了层次化特征表示，包括多种尺度的特征图，而不仅仅是 SETR 中的 1/16 特征图，提高了语义分割的精度。它还使用有重叠的切分块，保证了切块边缘的连续性，有助于提高分割结果的准确性。

在解码器模块中，SegFormer 采用了轻量级的做法，将不同尺度的特征图先上采样到原图的 1/4，然后进行 concat 操作，再进行线性变换到原图，从而提高了分割结果的细节和准确性。这些优化使得 SegFormer 在保持精度的同时，提高了速度和效率，解决了

SETR 存在的一些问题，为语义分割任务带来了新的进展。

SegFormer 的网络结构如图 8-29 所示，主要由一个新颖的分层结构的 Transformer 编码器和 MLP 解码器组成。编码器采用分层结构，能够输出多尺度特征，避免了传统 CNN 中位置编码的插值问题，提高了模型的鲁棒性和准确性。解码器采用 MLP 结构，能够有效地聚集来自不同层的信息，结合局部注意和全局注意，呈现强有力的表示。

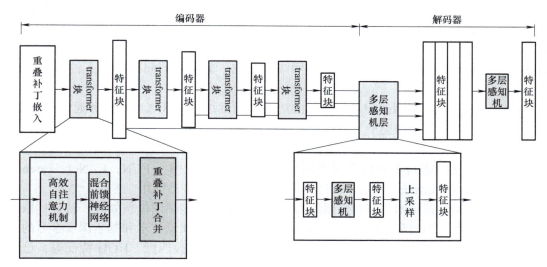

图 8-29　SegFormer 网络结构

在编码器部分，SegFormer 采用分层结构将输入图像分成多个区域，并在每个区域上应用 Transformer 模块。这种分层结构能够提取多尺度的特征信息，提高了模型对不同大小物体的分割能力。同时，由于 Transformer 模块的使用，SegFormer 能够捕捉到图像中的全局上下文信息，进一步提升了分割的准确性。

在解码器部分，SegFormer 采用 MLP 结构对编码器输出的特征进行聚合和处理。MLP 解码器能够有效地将来自不同层的特征信息进行融合，从而生成高质量的分割结果。与传统的解码器相比，MLP 解码器更加简单、轻量，显著减少了计算复杂度。

在分割任务中，Transformer 模型也得到了广泛的应用和探索。通过结合自注意力机制和卷积操作，Transformer 能够有效地捕获图像中的全局和局部特征，从而提高了分割任务的准确性和鲁棒性，为图像分析和计算机视觉领域带来了新的发展机遇。

本章小结

机器人目标识别是指利用机器视觉技术和图像处理算法，从摄像头或激光雷达等感知设备获取的图像数据中，自动检测和识别出目标物体的信息，包括目标的位置、形状、大小和类别等。目标识别是机器人视觉系统的核心功能之一，也是实现机器人智能化的重要手段。

本章首先对目标识别的基本任务进行了概述，目标识别的目的是在图像或视频中确定和定位感兴趣的物体，从传统的数学建模算法发展到基于深度学习的算法，检测的精度与速度都有了很大提升。然后依次介绍了目标识别的三个子任务：目标分类、目标检测和目标分割，对每个任务的基本内容和常用方法进行了概述。

目标分类是目标识别中重要的基础问题，旨在将图像中的目标物体分类到预定义的类别中。常用的目标分类方法可分为基于聚类的目标分类方法、基于机器学习的目标分类方法和基于深度学习的目标分类方法。在本节中重点介绍了卷积神经网络在目标分类任务中的应用。

目标检测是指在图像或视频中确定目标物体的位置，通常使用边界框来标记目标的位置。基于深度学习的目标检测算法通常可以分为两阶段检测和一阶段检测。两阶段检测中第一级网络用于候选区域提取，第二级网络对提取的候选区域进行分类和精确坐标回归，如 R-CNN 系列。一阶段检测只用一级网络就完成了分类和回归两个任务，如 YOLO 和 SSD 等。

目标分割旨在识别图像中不同对象的边界和像素级别的区域。该任务通常可以分为：语义分割和实例分割两种类型。前者旨在将图像中的每个像素分配给预定义的类别，从而实现对不同物体类别的像素级别标记。后者旨在在像素级别标记图像中的不同物体实例，即对每个物体实例进行单独的像素级别标记。本节重点介绍了 FCN、U-Net、DeepLab、SegNet 以及 Transformer 等深度网络模型在目标分割任务中的应用。

机器人目标识别技术的核心是图像处理和分析算法，包括图像预处理、特征提取、目标检测和跟踪等。当前常用的技术包括基于传统的计算机视觉技术和基于深度学习的机器学习技术。基于传统的计算机视觉技术，如边缘检测、模板匹配、HOG 特征等，已经被广泛应用于机器人目标识别；而基于深度学习的机器学习技术，如卷积神经网络（CNN）等，由于其在图像识别方面的优越性，正在逐渐成为机器人目标识别的主流技术。

习题与思考题

1. 简述目标识别三个主要子任务的定义，并比较它们的异同。

2. 目标分类的方法可以分为几类？请在每一类中分别举出一个经典的目标分类算法，并说明它们的优缺点。

3. 卷积层中的卷积核包括三个重要参数，分别为核大小、步长和填充方式。对于一个 128×128 的特征图，假设卷积核的大小为 3×3，请分别计算步长为 1、2、3 时输出特征图的大小。若将卷积核的大小改为 5×5 或者 7×7，输出特征图的大小会变为多少？

4. 目标检测的方法可以分为哪两类？并比较两类方法的优缺点。

5. 请简述五个经典的语义分割深度学习网络模型的特点。

参考文献

[1] LLOYD, S. Least squares quantization in PCM[J]. IEEE Transactions on Information Theory, 1982, 28（2）: 129-137.

[2] ESTER M, KRIEGEL H P, SANDER J, XU X. A density-based algorithm for discovering clusters in large spatial databases with noise[C]. In Proceedings of the Second International Conference on Knowledge Discovery and Data Mining, 1996, 226-231.

[3] SHI J, MALIK J. Normalized cuts and image segmentation[J]. IEEE Transactions on Pattern Analysis and Machine Intelligence, 2000, 22（8）: 888-905.

[4] CORTES C, VAPNIK V. Support-vector networks[J]. Machine Learning, 1995, 20 (3): 273-297.
[5] BREIMAN L. Random forests[J]. Machine Learning, 2001, 45 (1): 5-32.
[6] LECUN Y, BOTTOU L, BENGIO Y, HAFFNER P. Gradient-based learning applied to document recognition[J]. Proceedings of the IEEE, 1998, 86 (11): 2278-2324.
[7] GOODFELLOW I J, POUGET-ABADIE J, MIRZA M, et al. Generative adversarial nets[J]. Advances in Neural Information Processing Systems, 2014, 27.
[8] GIRSHICK R, DONAHUE J, DARRELL T, MALIK J. Rich feature hierarchies for accurate object detection and semantic segmentation[C]. Proceedings of the IEEE Conference on Computer Vision and Pattern Recognition, 2014, 580-587.
[9] GIRSHICK R. Fast R-CNN[C]. Proceedings of the IEEE International Conference on Computer Vision, 2015, 1440-1448.
[10] REN S, HE K, GIRSHICK R, SUN J. Faster R-CNN: Towards real-time object detection with region proposal networks[J]. Advances in Neural Information Processing Systems, 2015, 28: 91-99.
[11] LIU W, ANGUELOV D, ERHAN D, et al. SSD: Single shot multibox detector[C]. Proceedings of the European Conference on Computer Vision, 2016, 21-37.
[12] REDMON J, DIVVALA S, GIRSHICK R, FARHADI A. You only look once: Unified, real-time object detection[C]. Proceedings of the IEEE Conference on Computer Vision and Pattern Recognition, 2016, 779-788.
[13] LONG J, SHELHAMER E, DARRELL T. Fully convolutional networks for semantic segmentation[C]. Proceedings of the IEEE Conference on Computer Vision and Pattern Recognition, 2015, 3431-3440.
[14] RONNEBERGER O, FISCHER P, BROX T. U-Net: Convolutional networks for biomedical image segmentation[J]. Medical Image Computing and Computer-Assisted Intervention, 2015, 234-241.
[15] BADRINARAYANAN V, KENDALL A, CIPOLLA R. SegNet: A deep convolutional encoder-decoder architecture for image segmentation[J]. IEEE Transactions on Pattern Analysis and Machine Intelligence, 2017, 39 (12): 2481-2495.
[16] CHEN L C, PAPANDREOU G, KOKKINOS I, et al. DeepLab: Semantic image segmentation with deep convolutional nets, atrous convolution, and fully connected CRFs[J]. IEEE Transactions on Pattern Analysis and Machine Intelligence, 2018, 40 (4): 834-848.
[17] CHEN L C, ZHU Y, PAPANDREOU G, et al. Encoder-Decoder with atrous separable convolution for semantic image segmentation[C]. Proceedings of the European Conference on Computer Vision, 2018, 801-818.
[18] ZHAO H, SHI J, QI X, et al. Pyramid scene parsing network[C]. Proceedings of the IEEE Conference on Computer Vision and Pattern Recognition, 2017, 2881-2890.
[19] VASWANI A, SHAZEER N, PARMAR N, et al. Attention is all you need[J]. Advances in Neural Information Processing Systems, 2017.
[20] ZHENG X, YANG Z, TIAN Y, TORR P H. Rethinking semantic segmentation from a sequence-to-sequence perspective with transformers[C]. Proceedings of the IEEE/CVF Conference on Computer Vision and Pattern Recognition (CVPR), 2021, 3796-3805.
[21] XIE E, WANG W, YU Z, et al. SegFormer: Simple and efficient design for semantic segmentation with transformers[J]. Advances in Neural Information Processing Systems, 2021, 34: 12077-12090.

第 9 章 机器人目标位姿估计

9.1 面向抓取的目标位姿估计应用背景

9.1.1 工业场景

在现代工业生产中，机器人及其智能化水平是提高效率、降低成本的关键。工业场景中的目标位姿估计是指通过机器人视觉相关的算法和技术来确定工业机器人需要抓取物体的准确位置和姿态。这在自动化生产线上具有重要意义，因为它可以帮助机器人准确地抓取并放置物体，从而提高生产效率。这类技术在许多工业领域都有应用，如自动化装配线、物流仓储、产品质量检测等，可以让机器人代替人工完成各种复杂的操作任务。

在汽车制造和电子产品组装等领域，机器人需要识别和抓取不同的部件进行精确装配。这要求机器人视觉系统具备高精度的目标位姿估计能力，以确保每个组件能够准确地被抓取并安装在正确的位置上。在仓储领域，工业机器人负责货物的搬运、分类和存储。目标位姿估计技术可以帮助机器人识别货物的位置和方向，从而实现高效且精确的操作，提高仓储管理的自动化水平和效率。在生产线质检领域，机器人需要通过视觉系统对产品进行全面质量检测。目标位姿估计可确保产品检测过程的完整性和准确性，能够发现产品不同部位细微的缺陷和瑕疵，从而保障产品的质量和一致性。

尽管如此，机器人目标位姿估计技术在工业场景中的应用仍面临着诸多技术挑战。首先，工业环境中的物体形状、大小和材质比较多样，这就增加了位姿估计的难度。其次，工业环境存在光照变化、设备震动等不确定因素，也会影响视觉系统的可靠性。此外，工业生产对机器人的操作速度有严格要求，目标位姿估计需要快速响应以满足实时性的需求。目前，为了克服这些挑战，高分辨率摄像头和先进的图像处理技术被引入到视觉系统，来提高目标识别和位姿估计的精度。同时，机器学习与深度学习算法的加入也使机器人能够一定程度适应复杂环境，并提高位姿估计的准确性。

未来，随着机器学习和人工智能技术的不断进步，机器人目标位姿估计将变得更加准确可靠，有望适应更加复杂和动态的工业场景。机器人的自主学习能力也将得到进一步加强，使其能够更好地适应生产过程中的需求变化。这些进步对于提高工业场景生产效率、保证产品质量、降低人力成本具有重要意义。

9.1.2 家用场景

随着人工智能和机器人技术的快速发展，家用服务机器人逐渐成为现代家庭的一部分。这些机器人被设计用于执行清洁、烹饪、物品整理等基础任务。机器人目标位姿估计作为机器人视觉系统的重要组成部分，对于家用机器人准确抓取和操作家庭环境中的物品同样至关重要。

在具体应用中，清洁机器人通过目标位姿估计算法能够准确识别并避让家具、宠物等障碍物，提高清洁效率和安全性。同时，通过对家庭环境中各类物体位姿的精确估计，可使机器人完成安全高效的任务规划和路径规划。此外，家庭服务机器人基于位姿估计技术可以准确识别和抓取生活物品，如取放厨房用具、搬运杂物等。同时，机器人通过对家庭成员体态与手势等的估计，可以更好地理解用户需求，提供物品递送、辅助医疗等智能服务。

尽管机器人目标位姿估计技术在家用机器人中有广泛的应用需求，但在实际应用中仍面临诸多技术挑战。首先，家庭环境复杂多变，家具布局、物品种类和位置不断变化，增加了目标位姿估计的难度。其次，家庭环境中光照条件频繁变化，如自然光和人工光源交替，可能影响视觉系统的准确性。再者，家用机器人需要快速响应用户指令和环境变化，目标位姿估计技术必须具备较高的实时性。此外，家庭应用对机器人续航时间有较高要求，目标位姿估计技术需在保证性能的同时，尽可能降低计算能耗。最后，家庭环境中目标物体可能会因为堆叠而被部分遮挡或存在视觉噪声，位姿估计技术需要在复杂环境下同时保持高精度和可靠性。

为了解决上述挑战，机器人目标位姿估计技术在未来的发展方向主要包括以下几个方面。首先，利用深度学习技术进一步提升机器人对家庭环境中复杂物体和场景的感知能力。其次，增加增量的自主学习功能使机器人能够在实际使用过程中不断学习和优化，适应不同家庭环境和用户需求。再次，通过多传感多模态数据融合感知，提高机器人对环境的全面感知能力，增强位姿估计的精度和鲁棒性。最后，通过优化算法和硬件设计，提高计算效率，进一步降低目标位姿估计算法功耗。

9.1.3 目标位姿估计技术难点

机器人目标位姿估计在工业场景和家用场景都有广泛的需求，但想要实现高效准确的应用，还面临一些理论与技术层面的难点。在进行目标位姿估计时，一般需要准确估计目标的位置和姿态。在三维空间中，三个自由度的位置和三个自由度的姿态可以构成对目标状态的唯一描述，可以称之为目标的 6D 位姿估计。其技术难点主要体现在六个方面。

1. 数据源的处理

在进行目标的 6D 位姿估计时，如何充分利用 RGB 图和深度图这两个互补的数据源是一大挑战。RGB 图像提供了丰富的颜色和纹理信息，而深度图像提供了物体的三维形状和距离信息。如何有效地融合这两种信息，在什么阶段进行融合，以准确估计物体的 6D 位姿，是一个值得研究的技术难点。

2. 实时性与准确性的平衡

实时性和准确性是 6D 位姿估计的两个重要指标。然而，这两者往往是相互矛盾的。例如，一些方法可能具有较高的实时性，但在处理遮挡或低光照环境时性能会显著下降；而另一些方法可能具有更高的准确性，但计算成本较高，难以满足实时性的要求。在实际应用中，如何根据实际场景需求平衡目标 6D 位姿估计的实时性和准确性，如何设计轻量且准确的计算模型等都是理论与技术的难点。

3. 对称物体和部分可见物体的处理

在目标位姿估计时，对称物体和部分可见物体会导致多解问题。对称物体，如球形或圆柱形物体，在不同方向上的观测可能完全相同，因此存在无限多个可能的位姿真值。而对于部分可见物体，由于单一视角无法获取到完整的物体观测，也存在多个可能的位姿真值。这就要求算法能够处理这种不确定性，并给出正确的位姿估计。这也是目标位姿估计算法在具体实用化过程中必定要面临的难题。

4. 环境干扰和噪声的克服

在复杂的实际环境中，光照变化、移动目标干扰、图像噪声等因素都可能对目标位姿估计的准确性产生明显影响。光照变化可能导致图像中的特征点提取不准确，移动目标干扰则可能使得部分物体信息丢失，而噪声可能干扰到特征点的匹配和计算过程。这些干扰因素都可能使目标位姿估计的结果产生偏差。因此，这也是机器人目标位姿估计的一大难点，在未来的理论方法研究中，需要充分考虑并克服这些环境干扰因素，以提高其在实际应用中的鲁棒性和准确性。

5. 模型的泛化能力

现有的目标位姿估计方法往往针对特定的物体或场景进行训练和优化，由于模型和场景的局限性，其泛化能力非常有限，导致在实际应用中位姿估计的精度和可靠性不足。而且在一些特殊场景中，往往模型样本很难获取，这就是零样本的目标位姿估计问题。因此，如何设计一个通用的、能够处理各类物体，并在任意未知场景中可使用的目标位姿估计模型，是一个重要且具有挑战性的难题。

6. 计算资源的限制

在实际应用中，机器人一般都是移动作业，通常都是利用嵌入式计算平台进行在板计算，对于目标位姿估计算法的模型规模和计算资源限制较大。因此如何设计轻量化的模型，并且与计算平台的硬件资源深度耦合和优化，也是目标位姿估计研究领域的难点之一。

综上所述，机器人目标位姿估计在多个方面都面临着挑战和难点。数据源的处理、实时性与准确性的平衡、对称物体和部分可见物体的处理、环境干扰和噪声的去除等都是这个领域值得研究的方向。为了解决这些问题，研究者们仍然在不断探索新的方法和技术，以期望提高其性能和鲁棒性。

9.2　目标 3D 位姿表示与描述

目标物体的 3D 位姿定义为从目标对象模型 3D 空间到相机 3D 空间的刚性变换，包括三自由度的平移和三自由度的旋转，一共有 6 个自由度，反映了点在相机坐标系与物体坐标系之间的对应关系，这种对应关系可以用变换矩阵来表示。接下来，将详细介绍变换矩阵的定义、数学表示、基本运算及其在机器人位姿描述中的应用。

9.2.1　变换矩阵

1. 旋转矩阵和平移向量

三自由度的平移和三自由度的旋转，反映了空间点在相机坐标系与目标物体坐标系之间的对应关系。旋转矩阵和平移向量分别描述了物体在三个轴上的旋转与物体在空间中的平移，旋转矩阵和平移向量表示如下：

$$\boldsymbol{R} = \begin{pmatrix} r_{11} & r_{12} & r_{13} \\ r_{21} & r_{22} & r_{23} \\ r_{31} & r_{32} & r_{33} \end{pmatrix}, \quad \boldsymbol{t} = \begin{pmatrix} t_{11} \\ t_{21} \\ t_{31} \end{pmatrix} \tag{9-1}$$

式中，$\boldsymbol{R}$ 表示 3D 旋转矩阵；$\boldsymbol{t}$ 表示 3D 平移向量。

2. 变换矩阵的定义

变换矩阵（Transformation Matrices）是描述刚体在空间中的位置和姿态的重要工具。变换矩阵可以方便地将一个坐标系中的点转换到另一个坐标系中，广泛应用于机器人学、计算机图形学等领域。

变换矩阵是一个 4×4 的矩阵，用于描述刚体在三维空间中的平移和旋转。变换矩阵通常表示为

$$\boldsymbol{T} = \begin{pmatrix} \boldsymbol{R} & \boldsymbol{t} \\ 0 & 1 \end{pmatrix} \tag{9-2}$$

式中，$\boldsymbol{R}$ 是 3×3 的旋转矩阵，表示刚体的旋转；$\boldsymbol{t}$ 是 3×1 的平移向量，表示刚体的平移。

定义集合：

$$SE(3) = \left\{ \begin{pmatrix} {}^A_B\boldsymbol{R} & \boldsymbol{t} \\ 0 & 1 \end{pmatrix} \mid {}^A_B\boldsymbol{R} \in SO(3), \boldsymbol{t} \in \mathbb{R}^3 \right\} \tag{9-3}$$

刚体的不同位姿与 $SE(3)$ 中的不同齐次变换矩阵是一一对应的。

3. 数学表示及公式

变换矩阵的基本运算包括矩阵乘法和求逆。矩阵乘法用于将多个变换组合在一起，求逆则用于计算逆变换。

（1）矩阵乘法。变换矩阵的乘法满足链乘法则，即 ${}^A_B T {}^B_C T = {}^A_C T$，表示坐标系 B 到 A 的变换右乘坐标系 C 到 B 的变换等价于直接从坐标系 A 到 C 的变换。对于 n 个坐标系 $\{1, \cdots, n\}$，它们的相对位姿也满足链乘法则，即 ${}^1_n T = {}^1_2 T {}^2_3 T \cdots {}^{n-1}_n T$。

（2）矩阵求逆。

$$T^{-1} = \begin{pmatrix} R^T & -R^T t \\ 0 & 1 \end{pmatrix} \tag{9-4}$$

式中，R^T 表示旋转矩阵 R 的转置；$-R^T t$ 表示平移向量 t 的逆变换。

（3）坐标系之间的相互变换关系。基于以上定义的公式，当两个坐标系 B 到 A，A 到 B 之间相互变换时，${}^A_B T$ 与 ${}^B_A T$ 的关系满足 ${}^B_A T = {}^A_B T^{-1}$。

9.2.2 欧拉角与四元数

在机器人学、计算机图形学和航空航天等领域，3D 位姿的表示与计算是非常关键的任务。使用旋转矩阵进行描述需要处理九个矩阵元素，这并不是 3D 位姿的最小表示，处理起来比较复杂。

欧拉角和四元数是描述 3D 空间中物体旋转的其他两种常用的方法。欧拉角由于其直观性和简单的物理意义，在许多应用中被广泛使用。四元数的表示方法则能够避免万向节锁（Gimbal Lock）问题，计算效率高，数值稳定性好，因此在高精度和高稳定性的旋转计算中被广泛使用。本小节将详细介绍这两种方法的定义、数学表示、转换公式及其优缺点。

1. 欧拉角

（1）定义与基本概念。欧拉角是由莱昂哈德·欧拉提出的，主要用于描述刚体在空间中的旋转状态。欧拉角使用三个旋转角度来描述物体在三维空间中的旋转。这三个角度通常称为滚转角（Roll）、俯仰角（Pitch）和偏航角（Yaw），其表示形式为 (α, β, γ)，其中 α、β 和 γ 分别表示绕旋转轴的旋转角度。三个角度的定义如下：

① 滚转角（Roll，α）：物体绕与物体联体的 x 轴旋转的角度。
② 俯仰角（Pitch，β）：物体绕与物体联体的 y 轴旋转的角度。
③ 偏航角（Yaw，γ）：物体绕与物体联体的 z 轴旋转的角度。

（2）数学表示及公式。欧拉角的旋转可以通过三个基本旋转矩阵来表示，分别如下。
绕 x 轴旋转的矩阵 $R_x(\alpha)$ 表示为

$$R_x(\alpha) = \begin{pmatrix} 1 & 0 & 0 \\ 0 & \cos\alpha & -\sin\alpha \\ 0 & \sin\alpha & \cos\alpha \end{pmatrix} \tag{9-5}$$

绕 y 轴旋转的矩阵 $R_y(\beta)$ 表示为

$$R_y(\beta) = \begin{pmatrix} \cos\beta & 0 & \sin\beta \\ 0 & 1 & 0 \\ -\sin\beta & 0 & \cos\beta \end{pmatrix} \qquad (9\text{-}6)$$

绕 z 轴旋转的矩阵 $R_z(\gamma)$：

$$R_z(\gamma) = \begin{pmatrix} \cos\gamma & -\sin\gamma & 0 \\ \sin\gamma & \cos\gamma & 0 \\ 0 & 0 & 1 \end{pmatrix} \qquad (9\text{-}7)$$

通过欧拉角来表示旋转姿态有两种方法，分别是 ZYX 型欧拉角和 ZYZ 型欧拉角。总的旋转矩阵 R 有以下两种表示方法，即 $R = R_z(\gamma)R_y(\beta)R_x(\alpha)$ 和 $R = R_z(\gamma)R_y(\beta)R_z(\alpha)$。

（3）优缺点。欧拉角的主要优点是其表示简单、直观，易于理解和应用，特别是在动画制作和物理仿真中比较常见。然而，在连续旋转时可能会遇到万向节锁问题导致的奇异值，这会出现旋转自由度的丢失。尽管如此，只要限制好角度的使用范围，欧拉角在机器人位姿以及目标的位姿描述中仍然获得了广泛的应用。

2. 四元数

（1）定义与基本概念。四元数（Quaternion）是一种扩展的复数，由威廉·罗恩·哈密顿于 1843 年提出，由一个实部和三个虚部组成。四元数可以表示为 $q = \eta + i\varepsilon_1 + j\varepsilon_2 + k\varepsilon_3$，其中 η、ε_1、ε_2 和 ε_3 是实数，i、j 和 k 是虚数单位，满足 $i^2 = j^2 = k^2 = ijk = -1$。

（2）数学表示及公式。四元数的基本运算如下。

① 加减法：$(\eta + i\varepsilon_1 + j\varepsilon_2 + k\varepsilon_3) + (\xi + i\delta_1 + j\delta_2 + k\delta_3) = (\eta+\xi) + i(\varepsilon_1+\delta_1) + j(\varepsilon_2+\delta_2) + k(\varepsilon_3+\delta_3)$。

② 乘法：$(\eta+i\varepsilon_1+j\varepsilon_2+k\varepsilon_3)(\xi+i\delta_1+j\delta_2+k\delta_3) = (\eta\xi-\varepsilon_1\delta_1-\varepsilon_2\delta_2-\varepsilon_3\delta_3) + i(\eta\delta_1+\varepsilon_1\xi+\varepsilon_2\delta_3-\varepsilon_3\delta_2) + j(\eta\delta_2-\varepsilon_1\delta_3+\varepsilon_2\xi+\varepsilon_3\delta_1) + k(\eta\delta_3+\varepsilon_1\delta_2-\varepsilon_2\delta_1+\varepsilon_3\xi)$。

③ 共轭：$\eta+i\varepsilon_1+j\varepsilon_2+k\varepsilon_3$ 的共轭即 $(\eta+i\varepsilon_1+j\varepsilon_2+k\varepsilon_3)^* = \eta-i\varepsilon_1-j\varepsilon_2-k\varepsilon_3$。

④ 模长定义：$|\eta+i\varepsilon_1+j\varepsilon_2+k\varepsilon_3| = \sqrt{\eta^2+\varepsilon_1^2+\varepsilon_2^2+\varepsilon_3^2}$。

（3）单位四元数。单位四元数是指模长等于 1 的四元数，在目标位姿描述中又称为欧拉参数。可以定义欧拉参数为：$\begin{bmatrix} \eta & \varepsilon \end{bmatrix}^T$，它由一个标量 η 和一个长度不超过 1 的 3 维向量 ε 组成，其中：

$$\eta = \cos\left(\frac{\theta}{2}\right), \varepsilon = (\varepsilon_1\ \varepsilon_2\ \varepsilon_3)^T = \begin{bmatrix} k_x\sin(\theta/2) & k_y\sin(\theta/2) & k_z\sin(\theta/2) \end{bmatrix}^T \qquad (9\text{-}8)$$

且满足约束 $\eta^2 + \varepsilon_1^2 + \varepsilon_2^2 + \varepsilon_3^2 = 1$。

该单位四元数对应的旋转矩阵如下：

$$R = \begin{pmatrix} 2(\eta^2+\varepsilon_1^2)-1 & 2(\varepsilon_1\varepsilon_2-\eta\varepsilon_3) & 2(\varepsilon_1\varepsilon_3+\eta\varepsilon_2) \\ 2(\varepsilon_1\varepsilon_2+\eta\varepsilon_3) & 2(\eta^2+\varepsilon_2^2)-1 & 2(\varepsilon_2\varepsilon_3-\eta\varepsilon_1) \\ 2(\varepsilon_1\varepsilon_3+\eta\varepsilon_2) & 2(\varepsilon_2\varepsilon_3-\eta\varepsilon_1) & 2(\eta^2+\varepsilon_3^2)-1 \end{pmatrix} \qquad (9\text{-}9)$$

（4）优缺点。四元数的表示方法相比于欧拉角的表示，其数学公式相对抽象，不够直观，也不易于理解。但它的优势在于可以表示连续的旋转关系，不会遇到万向节锁问题而导致计算奇异，具有计算效率高和数值稳定性好的特点。因此在机器人、无人机的位姿计算和目标位姿计算等需要高精度和高稳定性旋转的计算中被广泛使用。

3. 欧拉角与四元数的转换

由于约定标准的不统一，经常需要在欧拉角与四元数两种表达之间进行转换。欧拉角和四元数之间的转换公式如下。

（1）欧拉角转四元数。

$$\begin{cases} \eta = \cos(\alpha/2)\cos(\beta/2)\cos(\gamma/2) + \sin(\alpha/2)\sin(\beta/2)\sin(\gamma/2) \\ \varepsilon_1 = \sin(\alpha/2)\cos(\beta/2)\cos(\gamma/2) - \cos(\alpha/2)\sin(\beta/2)\sin(\gamma/2) \\ \varepsilon_2 = \cos(\alpha/2)\sin(\beta/2)\cos(\gamma/2) + \sin(\alpha/2)\cos(\beta/2)\sin(\gamma/2) \\ \varepsilon_3 = \cos(\alpha/2)\cos(\beta/2)\sin(\gamma/2) - \sin(\alpha/2)\sin(\beta/2)\cos(\gamma/2) \end{cases} \qquad (9\text{-}10)$$

（2）四元数转欧拉角。

$$\begin{cases} \alpha = \arctan2(2(\eta\varepsilon_1+\varepsilon_2\varepsilon_3), 1-2(\varepsilon_1^2+\varepsilon_2^2)) \\ \beta = \arcsin(2(\eta\varepsilon_2-\varepsilon_3\varepsilon_1)) \\ \gamma = \arctan2(2(\eta\varepsilon_3+\varepsilon_1\varepsilon_2), 1-2(\varepsilon_2^2+\varepsilon_3^2)) \end{cases} \qquad (9\text{-}11)$$

9.2.3 评价指标

评价指标对于衡量算法和模型的性能至关重要，特别是在目标位姿估计应用中，准确性和鲁棒性是关键评估的两个维度。本章节将详细介绍这两类主要评价指标：ADD（Average Distance of Model Points）和 ADD–S（Average Distance of Model Points for Symmetric Objects），以及用于 BOP（Benchmark for 6D Object Pose Estimation）比赛的综合评价指标。这些指标在不同的应用场景中有广泛应用，能够有效评估目标位姿估计的精度和可靠性。

1. ADD 指标

ADD 指标是一种用于评估刚体 6D 姿态估计精度的常用评价指标。具体来说，ADD 衡量的是估计姿态和真实姿态之间的距离。对于每个模型点 p_i，ADD 计算其在估计姿态 $\hat{R}$、$\hat{t}$ 和真实姿态 R、t 下进行变换后，两个位置之间的平均欧氏距离。

$$\text{ADD} = \frac{1}{m}\sum_{i=1}^{m}\left\|(Rp_i+t)-(\hat{R}p_i+\hat{t})\right\| \qquad (9\text{-}12)$$

式中，R 和 t 分别是物体的真实旋转矩阵和平移向量；$\hat{R}$ 和 $\hat{t}$ 是估计的旋转矩阵和平移向量；p_i 是模型上的某个特征点；m 是模型点的数量。

该指标的优点是比较直观，ADD 直接反映了模型点在空间中的位置差异，便于理解和应用，而且适用性比较广。对于大多数非对称物体，ADD 是一种可靠的评价指标。但是对于具有对称性的物体，ADD 可能会高估误差，因为它无法区分对称性带来的位置变化。

2. ADD-S 指标

ADD-S 是针对对称物体的改进评价指标。它解决了 ADD 指标对对称物体评估不准确的问题。ADD-S 在计算距离时考虑了物体的对称性，选择最小距离作为评价标准，即

$$\text{ADD-S} = \frac{1}{m} \min p_j \in M \sum_{i=1}^{m} \left\| (Rp_i + t) - (\hat{R}p_j + \hat{t}) \right\| \tag{9-13}$$

式中，M 是模型点集；p_j 是模型点集中与 p_i 最近的点。

该指标的优点是适用于对称物体位姿估计的评价，通过考虑对称性，ADD-S 提供了更准确的评估结果。而且，对于具有多重对称性的复杂物体，ADD-S 能够更有效地反映估计姿态的准确性，鲁棒性强。但是该指标的计算复杂度较高，由于需要计算每个点与模型点集的最小距离，ADD-S 的计算量较大，特别是在高分辨率模型的训练中该缺点尤为明显。

3. BOP 评价指标

BOP 比赛是一个著名的目标位姿估计算法的基准测试平台，提供了一系列标准化的评价指标，用于比较不同方法的性能。BOP 评价指标综合了多种评价方法，旨在全面评估目标位姿估计算法的性能。

（1）VSD（Visible Surface Discrepancy）。VSD 衡量的是可见表面之间的差异。它通过比较估计姿态和真实姿态下可见表面的重叠程度来评估姿态估计的准确性。VSD 的计算公式为

$$\text{VSD} = \frac{1}{|V|} \sum_{p \in V} \min\left(\frac{|D(p) - \hat{D}(p)|}{\tau}, 1 \right) \tag{9-14}$$

式中，V 是可见表面点集；$D(p)$ 和 $\hat{D}(p)$ 分别是真实和估计深度图中的深度值；τ 是距离阈值。

（2）MSSD（Maximum Symmetry-Aware Surface Distance）。MSSD 是一种考虑对称性的最大表面距离指标，适用于对称物体的评估。它计算的是估计姿态和真实姿态下表面点之间的最大距离，考虑了物体的对称性。

（3）MSPD（Maximum Symmetry-Aware Procrustes Distance）。MSPD 是基于 Procrustes 分析的对称性距离指标。它通过对模型点进行刚性对齐，计算估计姿态和真实姿态之间的最大 Procrustes 距离。

（4）BOP 综合评分。BOP 比赛的最终评分是基于上述多个指标的综合结果。具体来

说，BOP 使用了加权平均的方法，将不同指标的得分结合起来，生成一个总评分。

$$\text{BOP Score} = \alpha \text{VSD} + \beta \text{MSSD} + \gamma \text{MSPD} \tag{9-15}$$

式中，α、β 和 γ 是权重系数，根据具体应用场景和任务需求进行调整。

4. 实例分析

为了更好地理解这些评价指标的应用，下面来看一些具体的例子。假设在一个机器人抓取任务中评估一个目标位姿估计算法，可以使用上述指标来衡量算法在不同场景下的表现。

示例 1：评估对称物体的位姿估计。

对于一个对称物体（如一个圆柱体），可以使用 ADD-S 指标来评估位姿估计的准确性。通过比较不同算法在 ADD-S 指标上的表现，可以选择最适合当前任务的算法。例如，在一个包含多个圆柱体的抓取任务中，算法 A 在 ADD-S 指标上的得分为 0.02，而算法 B 的得分为 0.05，这表明算法 A 在处理对称物体时表现更好。

示例 2：使用 BOP 框架进行综合评估。

在一个包含多种物体和场景的数据集中，可以使用 BOP 框架提供的多种评价指标（如 VSD、MSSD、MSPD）来全面评估算法的性能。例如，在一个复杂的工业场景中，使用 BOP 框架评估算法 C 和算法 D 的表现。结果显示，算法 C 在 VSD 指标上得分为 0.03，在 MSSD 指标上得分为 0.04，而算法 D 在 VSD 指标上得分为 0.05，在 MSSD 指标上得分为 0.06。由此可以看出，算法 C 在综合表现上优于算法 D。

综上所述，评价指标是衡量目标位姿估计算法性能的重要工具。通过合理选择和使用这些指标，研究人员可以深入了解算法的行为和表现，从而推动该领域的发展。本小节介绍的 ADD、ADD-S 和 BOP 等指标是目前广泛使用的标准，希望能为相关研究者提供参考。在实际应用中，选择合适的评价指标对于评估和改进算法至关重要。

9.3 目标位姿估计方法分类

在机器人视觉任务中，对抓取目标进行位姿估计的方法主要分为两大类：基于特征点匹配的目标位姿估计和基于深度学习的目标位姿估计。

9.3.1 基于特征点匹配的目标位姿估计

基于特征点匹配的目标位姿估计方法依赖于从图像中提取并匹配目标物体的特征点，通过几何变换来确定目标的三维位置和姿态。这种方法通常涉及几个关键步骤。首先是特征点检测，使用特征点检测算法（如 SIFT、SURF 以及 ORB 等）从图像中提取关键点，这些关键点是图像中的显著点，具有高信息量和独特性。然后是特征点描述，对检测到的特征点进行描述，生成特征向量，描述特征点周围的局部图像信息。接着是特征点匹配，将当前图像中的特征点与参考图像或三维模型中的特征点进行匹配，通常使用基于欧氏距离或汉明距离的匹配算法。最后是位姿估计，一般可使用 PnP（Perspective-n-Point）算法，通过匹配的特征点对计算出相机相对于目标物体的位姿，这需要已知的相机内参和一些特征点的三维坐标。

基于特征点匹配的目标位姿估计方法具有计算效率高、鲁棒性强的优点，特别适合实时应用。然而，对于缺乏显著特征的物体或纹理较少的物体，特征点匹配方法效果较差。此外，在噪声较大或部分遮挡的情况下，匹配精度会显著下降。

值得注意的是，在机器人视觉任务中目标位姿估计和相机运动位姿估计在数学原理上是等价的问题，都是根据观测数据来估计对象的位置和姿态，一个是估计相机自身的位姿，另一个是估计外部世界目标的位姿，两者之间只相差一个坐标系转换。因此，目标位姿估计算法通常可以借鉴相机运动位姿估计中的状态估计理论和方法进行计算。主要的理论方法包括 PnP（Perspective-n-Point）算法和 ICP（Iterative Closest Point）算法等。这些方法已在之前的相机位姿估计章节进行了详细介绍，因此这里将重点讨论它们在目标位姿估计中应用的差异。目标位姿估计任务的核心在于确定目标物体在三维空间中的位置和姿态。这一过程不仅包括目标的三维坐标，还涉及其旋转和方向。位姿估计的准确性对机器人执行抓取、操作、导航等任务至关重要。

1. 基于 PnP 算法的目标位姿估计

PnP 算法是一种经典的计算相机位姿的方法，它通过已知的三维点和其在图像中的二维投影，结合相机内参来计算相机的位姿。具体而言，PnP 算法利用三维点的世界坐标和它们在图像平面上的对应点，通过最小化投影误差，求解出相机的旋转矩阵和平移向量。然而，在目标位姿估计中，PnP 算法被用来确定目标物体相对于相机的位姿。以下是 PnP 算法在目标位姿估计中的应用步骤。

首先，从图像中检测出目标物体的特征点，并与三维模型中的特征点进行匹配。这一步通常使用 SIFT、SURF 或 ORB 等特征点检测算法。然后进行 PnP 求解，即利用检测到的二维特征点和对应的三维特征点，应用 PnP 算法计算目标物体的位姿。这需要已知相机的内参，即焦距、主点和畸变系数等参数。接着进行目标位姿优化与验证，通过优化方法（如 Levenberg-Marquardt 算法）对目标初始解进行优化，以进一步减少估计误差。最后，可以通过将计算得到的目标位姿与实际真值情况进行比对，验证目标位姿估计的准确性。

PnP 算法的优势在于计算效率高，适合实时应用。然而，其性能依赖于特征点匹配的准确性，在特征点检测不准确或匹配失败的情况下，位姿估计的精度会受到影响。

2. 基于 ICP 算法的目标位姿估计

ICP 算法是一种常用于点云配准的算法，旨在通过迭代优化，最小化两组点云之间的距离，进而计算出两组点云之间的相对位姿。在目标位姿估计中，ICP 算法通常用于当目标物体的三维点云数据可用时，将当前视图的点云与参考点云进行配准，以估计目标物体的位姿。ICP 算法的基本步骤如下：

（1）目标 3D 点云分割。将 3D 目标从背景中分离出来，获取目标的 3D 点云模型。

（2）初始配准。给定一个初始的目标位姿估计，通过最近点匹配将当前点云与参考目标的点云进行粗配准。

（3）迭代优化。在每次迭代中，计算当前点云中每个点到参考点云中最近点的距离，形成匹配对。然后，通过最小化这些匹配对之间的距离，更新目标的位姿估计。

（4）收敛判断。判断位姿更新是否收敛，即位姿变化量是否小于预设阈值。如果收敛，则停止迭代，输出最终的目标位姿；否则，继续迭代。

ICP 算法的优势在于其鲁棒性和高精度，特别适用于具有密集点云数据的场景。然而，其计算复杂度较高，通常需要较长的计算时间，因此在实时性要求高的目标位姿估计应用中需要优化或结合其他快速估计方法使用。

9.3.2 基于深度学习的目标位姿估计

基于深度学习的目标位姿估计一般可以利用卷积神经网络（Convolutional Neural Network，CNN）等深度学习模型，从图像中直接预测目标物体的三维位姿。常见的深度学习位姿估计方法包括 PoseNet、GDR-Net 和 SO-Pose 等。

基于深度学习的目标位姿估计方法在处理复杂的背景和环境变化时表现出色，具有较强的泛化能力，能够实现高精度的位姿估计。然而，这类方法需要大量的计算资源，通常需要高性能 GPU 支持，同时对大量标注数据有较强的依赖性，在数据不足或标注不准确的情况下，性能会受到影响。

综上所述，基于特征点匹配的目标位姿估计方法依赖于图像中的显著特征点，通过几何变换计算目标的三维位置和姿态，具有计算效率高和鲁棒性强的优点，但在特征点质量较差或受噪声和遮挡影响时效果有限。基于深度学习的目标位姿估计方法利用卷积等深度神经网络模型，从图像中直接预测目标的三维位姿，能适应复杂环境并具有较高的精度，但需要高性能计算资源和大量标注数据。两种方法各有优劣，可以根据具体应用场景选择适合的方法或结合使用，以进一步提升目标位姿估计的效果。

9.4 基于深度学习的 3D 目标位姿估计

基于深度学习的 3D 目标位姿估计分为非端到端和端到端两大类。两类方法都有各自的特点，代表了目前机器人目标位姿估计的主流方向。

非端到端深度学习的 3D 目标位姿估计方法通常采用分阶段处理的方式，即先进行特征提取和检测，然后在特征的基础上进行位姿估计。这种方法通常包括两个主要步骤：第一步是使用卷积神经网络等深度学习技术，从图像中提取目标物体的显著特征点或区域，并进行目标检测和特征匹配；第二步是在提取的特征点或区域的基础上，使用传统的几何计算方法，如 PnP 算法或 ICP 算法，进行位姿计算。这种方法的优点在于它能够结合深度学习和传统几何计算的优势，利用深度学习技术提高特征提取和检测的精度和鲁棒性，同时依靠几何方法确保位姿估计的准确性。然而，由于分阶段处理，非端到端方法可能存在特征提取与位姿计算之间的信息损失和误差累积的问题。

端到端深度学习的目标位姿估计方法旨在通过一个统一的深度学习模型，直接通过深度网络输出目标物体的三维位姿。这种方法通常利用深度卷积神经网络、递归神经网络（RNN）或其他深度学习架构，通过大量标注数据进行训练，使模型学习图像特征与目标位姿之间的复杂映射关系。它们通过从图像中提取特征，直接回归得到目标物体的三维位置和姿态。端到端方法的优点在于简化了处理流程，减少了中间步骤的信息损失，并且在处理复杂场景和非线性映射时表现出色。然而，端到端方法对训练数据和计算资源的要求较高,需要大量标注数据进行监督学习,并且在训练过程中可能面临模型过拟合的问题。随着深度学习技术和硬件计算能力的不断进步,端到端方法在目标位姿估计中的应用前景越来越广阔。

9.4.1 基于深度学习的非端到端目标位姿估计

1. 非端到端定义

通常,当想完成一个 RGB 图像输入的强纹理物体位姿估计任务时,需要以下步骤。
(1)特征提取:通过工程师设计的特征提取器,提取物体显著性特征点。
(2)特征表示:构建表征性强的描述符获得匹配点对。
(3)回归信息:使用 PnP/RANSAC 方法处理匹配对点,估计出物体的位姿信息。
这样就完成了一个对物体位姿识别的模型搭建。

当将上述步骤中的其中一步或者几步用深度学习框架来进行实现时,称该目标位姿估计方法为基于深度学习的非端到端目标位姿估计方法。在深度学习被引入目标位姿估计任务前,位姿估计一直停留在实例级,需要为每一个目标物体建立对应的估计模型,而在引入深度学习后,位姿估计则很快发展到了类别级,即针对纹理或几何结构上相似的物体,可以使用同一个模型进行训练并使用,这无疑避免了重复工作,减少了资源浪费。

2. 非端到端目标位姿估计方法

3D 位姿估计的常见输入有 RGB 图像、RGB-D 图像、三维点云等,其中最常用的输入是 RGB 图像。由于相机造价低廉,适用于大范围的应用,故很多研究选择 RGB 图像作为输入数据,通过对图像的不同处理方式,解决各种位姿估计的难题。其中,常见的方法有基于对应点的方法(correspondences-based method)、基于模板的方法(template-based method)和基于投票的方法(voting-based method)。

(1)基于对应点的方法。基于对应点的方法从图像中选取比较有代表性的点,确保这些点在相机视角发生少量变化后会保持不变,因此可以在各个图像中找到相同的点,称这些点为图像特征。

如图 9-1 所示,图像中的角点、边缘和区块都可以当成图像中有代表性的区域。对于这三类特征,可以很明显地观察到,角点相较边缘和区块在不同图像之间的辨识度更强。所以常以角点作为图像特征,建立 2D-3D 对应关系图,随后就可以引入 PnP 方法,由 2D-3D 对应关系计算出物体在世界坐标系中的位置。

图 9-1 角点、边缘、区块

在未引入深度学习前,面向目标位姿估计的传统特征点由关键点(Key-point)和描述子(Descriptor)两部分组成。其中,最经典的图像特征为尺度不变特征变换(Scale-Invariant Feature Transform,SIFT),但SIFT计算量极大,实际使用过程中,加入SIFT会带来巨大的计算负荷和成本负荷,所以SIFT并不常用。而ORB(Oriented FAST and Rotated BRIEF)则在FAST(Features from Accelerated Segment Test)关键点的基础上进行了改进,并采用了二进制描述子BRIEF(Binary Robust Independent Elementary Feature),能兼顾速率,同时具有较好的尺度和旋转不变性。FAST角点通过检测局部像素灰度变化明显的地方作为图像的特征点,若检测到一个像素与领域的像素差别较大(过亮或过暗),那么将该点标记为特征点。ORB在FAST角点的基础上通过构建图像金字塔添加了尺度不变性,同时由灰度质心法(Intensity Centroid)实现特征旋转的描述。这种改进后的关键点称为Oriented FAST关键点。BRIEF则是一种二进制描述子,ORB在BRIEF的基础上对Oriented FAST关键点进行描述。对于BRIEF,其描述向量由0和1组成,用以表示关键点附近两个随机像素(如p和q)的大小关系:若p比q大,则取1,反之取0。ORB结合了FAST和BRIEF的优点,在特征点提取上表现优异。

将深度学习引入位姿估计的一种方式是利用深度神经网络提取特征点来代替人工设计的特征,并通过网络匹配2D像素点和3D物体相关点之间的对应关系。

例如,DPOD(Dense Pose Object Detector)提出的对应映射建立了稠密匹配方式。该方法利用立体投影(球面投影或圆柱投影)将3D模型上的点映射到一个两通道的二维UV图上,然后利用神经网络预测图像中每个像素点对应的UV值,建立2D-3D稠密映射关系,如图9-2所示。最后利用RANSAC+PnP的方法处理匹配关系并计算出目标的位姿,还可以根据预测位姿渲染得到的图像和真实输入图像之间的差异进一步优化估计结果。

图9-2 DPOD匹配映射(Correspondence Map)

(2)基于模板的方法。对于表面具有可明显区分的纹理的物体,找出2D-3D对应点是很好的解决方法,但是对于无纹理物体而言,表面特征难以提取,基于模板的方法则更加有效。通常,基于模板的方法需要由模型生成一个模板以描述物体的不同位姿,计算实际物体与模板的相似度。若当前物体的位姿与模板相似度高至一定的阈值,那么可以认为目标物体的位姿与模板描述的位姿相同。为此,可以引入一个相似度函数来处理目标位姿与模板位姿之间的相似度。

使用RGB图像的SSD-6D算法就是基于这种策略进行的目标位姿估计方法,该方法改变了以往稀疏的采样策略,使得输入空间在整个图片上是稠密的,输出空间被离散为不同形状和尺寸的边界框。实际计算过程中,深度神经网络会输出通过前向传播得到的高于某一阈值的所有检测结果,然后进行非极大值抑制,这将得到稠密精细的2D边界框(图9-3),并且每个边界框都会带有目标ID和相应的所有视角和平面内旋转的得分。对于每个2D检测结果,分析最有可能的视角和旋转平移,进而进行一系列的目标位姿假设,并从中选取最优目标位姿估计结果。

图 9-3　SSD-6D 生成的 2D 边界框

（3）基于投票的方法。除此之外，目标位姿估计常用的方法还有基于投票的方式，该方法通过将可见部位信息输入至深度神经网络，然后由网络直接投票出待估计目标物体的关键点，最后基于这些关键点进行目标位姿的计算。

例如，2019 年 IEEE 国际计算机视觉与模式识别会议（CVPR）上提出的 PVNet（Pixel-wise Voting Network），该方法的输入数据为单张的 RGB 图像，通过网络处理图像找出物体关键点在 2D 图像上的位置，建立 2D-3D 对应关系，然后利用 PnP 算法计算得到目标物体的最终位姿。如图 9-4 所示，由于实际检测时会出现遮挡问题，选择固定的关键点会影响到检测，所以 PVNet 提出了通过投票方式找取关键点的方式，对图像上的像素预测出一个指向关键点的向量，然后利用物体的刚性特点，极大提高了找取关键点任务的鲁棒性。同时该方法还可以找出被遮挡的关键点，进一步提高了目标位姿估计的准确性。

图 9-4　PVNet 基于投票找出关键点与遮挡情况

同样，采取基于投票方法的输入也常用 RGB 结合深度图作为输入。例如，PVN3D（Deep Point-wise 3D Keypoints Voting Network）提出的用深度霍夫投票（Hough voting）网络预测每个点相对于关键点的平移偏移，如图 9-5 所示。然后由每个点为关键点投票得出关键点，同时加入集群的中心作为预测关键点。完成这部分任务后，后续则可以通过最小二乘法拟合数据估计出目标的位姿。

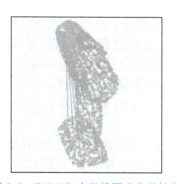

图 9-5　PVN3D 点云投票确定关键点

9.4.2 基于深度学习的端到端目标位姿估计

1. 端到端定义

端到端（End-to-End）是深度学习中的一个概念，指通过一个统一的模型或系统直接从原始输入端到最终输出端完成任务，而无须人工设计中间阶段的特征或处理步骤。端到端目标位姿估计表示使用深度神经网络从 RGB 信息或点云信息中直接回归出目标物体的位姿。

例如，同样实现一个基于匹配点的 RGB 图像输入的目标位姿估计模型，端到端的方法通常会通过引入一个深度神经网络，将 RGB 图像作为输入，对网络进行训练，直接输出物体的最终位姿信息。显然，相较于非端到端的方式，端到端在实际应用上更为直接。

由于非端到端的位姿识别难以应用于需要可微分位姿的任务中，所以尽管端到端位姿识别的准确度略逊于非端到端的方法，但它的提出依旧具有重要意义。

2. 端到端目标位姿估计方法

（1）PoseNet。2015 年提出的 PoseNet，首次利用卷积神经网络，完成了端到端的位姿估计。通过训练后的模型，可以从单张图片中直接回归物体的姿态信息。该方法通过运动恢复结构方法（Structure from Motion，SfM）构造了一个初始的点云模型，基于该模型，网络可以为训练照片自动标注，不再需要人工设计特征。对模型输入一张 RGB 图像，图像被输入编码器后得到视觉编码变量，然后将向量输入定位器，定位器会输出定位特征向量，最后用回归器直接回归物体的位置坐标和旋转坐标。然而该方法受限于 SfM 的精度，对环境变化的鲁棒性并不强。类似的方法有通过激光设备构造点云模型的方法，精度略高于该方法。这类方法计算量大且适用范围窄，但成功将深度神经网络引入目标位姿估计的领域，为后续的研究奠定了一定基础。

在 PoseNet 引入 CNN 构建端到端的网络架构进行位姿估计后，越来越多的研究致力于将深度学习用于目标位姿估计领域，也取得了很多成果。但大部分的方法仅侧重于从单张 RGB 图像中进行位姿识别，于是又有许多方法提出使用时序图像信息辅助位姿估计。循环神经网络（Recurrent Neural Network，RNN）对于处理时间序列图像的效果较好，所以 LSTM Pose Machines 提出了一种将 CNN 与 RNN 进行结合的网络模型，在 PoseNet 的基础上增加了长短期记忆（Long Short-Term Memory，LSTM）单元，对特征向量进行了结构化降维，从而提高了模型的性能，也解决了 PoseNet 的过拟合问题。

（2）GDR-Net。然而，以上提到的直接回归的方法性能仍然低于基于传统几何的方法，因此 GDR-Net 算法在原有的两阶段方法的基础上进行了改进，不仅实现了端到端网络，还大幅提高了端到端目标位姿估计的精度。该方法提出了一个简单且有效的几何引导直接回归网络（GDR-Net），如图 9-6 所示，图中展示了 GDR-Net 完成目标位姿估计任务的网络架构。

GDR-Net 首先对输入的图像进行预处理，即用 YOLOv3 算法检测图像中的 ROI（Region of Interest），然后将放大后的 ROI 输入到 CNN 网络中，由网络输出 2D-3D 对应关系 M_{SRA} 和 M_{2D-3D}。与之前的非端到端的方法大为不同的是，GDR-Net 提出了一种

PnP 算法的变体，以 2D-3D 对应关系和 PnP 计算出的位姿估计结果作为训练数据，训练出一个 Patch-PnP 网络代替了原有的位姿回归部分。Patch-PnP 网络能够嵌入到整个位姿估计网络中，实现了端到端的功能。该方法不仅适用于可微分位姿的视觉任务，还引入了一种新的位姿估计领域的深度学习方式，为端到端位姿估计算法的提出提供了崭新的思路。

图 9-6 彩图

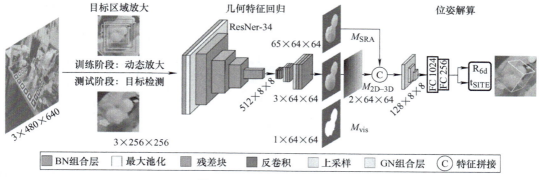

图 9-6 GDR-Net 网络架构

自 GDR-Net 提出将 PnP 算法加入深度学习的框架后，涌现出了更多基于该网络架构的目标位姿估计方法，这些方法进一步提高了端到端位姿估计的准确性。

（3）SO-Pose。在机器人实际运行的过程中，可以想象目标物体是很容易被其他物体遮挡的，所以在某些时候机器人的目标位姿估计功能还需要克服目标物体被遮挡的难题。针对该问题，研究者曾提出过多种方法来解决，包括在非端到端中提到的 PVNet，通过投票的方式寻找关键点来解决遮挡问题。

接下来要介绍的 SO-Pose 是在 GDR-Net 的基础上，针对遮挡问题提出的一种端到端的网络模型。SO-Pose 提出可以利用物体被遮挡部分提供的信息得到一个两层表示，并可以从两层表示中直接回归物体的姿态。

图 9-7 所示为 SO-Pose 对被遮挡物体进行目标位姿估计的网络架构图。给定输入图像（图 9-7a）和 3D 模型（图 9-7c），首先使用物体检测器从输入图像（图 9-7a）裁剪感兴趣的图像内容（图 9-7b），之后将送入编码器进行高级特征提取。这些特征将由两个单独的解码器网络分别处理，以预测两层表示。其中一个分支输出自遮挡映射（图 9-7d），而另一个分支估计 2D-3D 点对应关系（图 9-7e）和对象掩码（图 9-7f）。最后，将自遮挡图（图 9-7d）和 2D-3D 对应关系图（图 9-7e）输入最终 6D 的姿态估计器模块，最终计算得到目标位姿结果。

该方法巧妙地运用了被遮挡部分的信息，以提高物体被遮挡时的识别准确度。如图 9-8 所示，一条自相机中心 O 发出的光线，经过在相机显示屏上成的像相交于 ρ 点，与物体表面相交于不同的几个点。显然，除了第一个相交点 P 外，其他点在相机视角是无法观测的，故 SO-Pose 提出记录射线 OP 与物体坐标系 $o-yz$、$o-xz$、$o-xy$ 的 3 个交点 Q_x、Q_y、Q_z，合并 P 和 $\mathbf{Q}=\{Q_x,Q_y,Q_z\}$ 得到一个两层模型，将该模型信息加入到用变体 PnP 网络回归物体位姿的过程，大大提高了位姿识别的准确度。

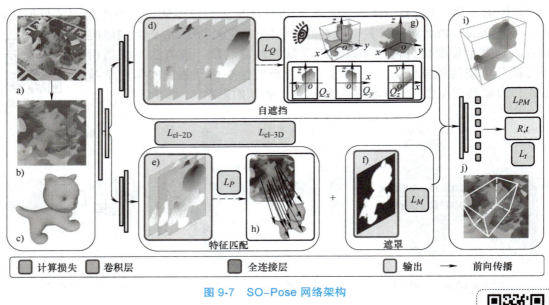

图 9-7　SO-Pose 网络架构

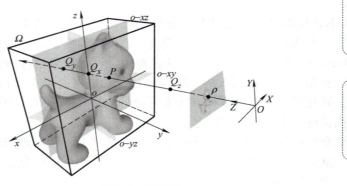

图 9-8　自遮挡

9.4.3　发展趋势

1. 算法发展趋势

近年来，深度学习在机器人目标位姿估计领域的应用越来越广泛。通过训练深度神经网络来自动学习物体的特征表示和位姿估计模型，可以减少对人工标注数据的依赖，并提高算法对新目标的泛化能力。例如，PoseCNN 算法通过结合卷积神经网络（CNN）和点云数据，实现了对物体的准确位姿估计。此外，还有一些基于深度学习的方法，如 SSD-6D、YOLO-6D 等，也都在 6D 位姿估计项目上取得了不错的效果。

在目标位姿估计任务中，引入语义信息也是一大趋势，如物体的类别、属性等。语义信息的引入可以进一步提高算法的准确性和鲁棒性。在机器人抓取任务中，如果知道要抓取的物体的类别和属性，就可以更准确地估计其位姿，并规划出更合适的抓取路径。

目标位姿估计从实例级别到类别级别的转变也是趋势。目前，主流的类别级别目标位姿估计方法可以分为两大类：一是直接回归的端到端方法；二是基于物体类别先验的两阶段方法。然而，这些方法都将该问题建模为回归任务，因此在特别处理对称物体和部分可见物体时，需要特殊的设计来应对多解问题。

近年来，越来越多的研究工作集中在类别级别的目标位姿估计问题上。其中，北京大学的研究团队提出了一种全新的类别级 6D 目标位姿估计范式，将该问题重新定义为条件分布建模问题，他们还将这一方法成功应用于机器人操作任务。训练过程无须针对对称物体和部分观测带来的多解问题做任何特殊设计，取得了新的 SOTA（State-of-the-Art）性能。未来的工作可以考虑利用扩散模型（Diffusion Model）的最新进展来加速推理过程，并考虑结合强化学习来实现主动式目标位姿估计。

多模态数据的融合也是目标位姿估计领域的热点和趋势。将来自不同模态的数据信息进行整合，以提取出更加全面、准确的信息。这种融合方式可以弥补单一模态数据在表达信息时的局限性，从而帮助模型更好地理解数据背后的含义和上下文关系。通过整合多模态数据，模型能够更全面地捕捉数据的特征，可以提高估计的准确性。

在实际应用中，多模态数据融合可以带来诸多好处。首先，它有助于增强模型的鲁棒性。由于不同模态的数据可能受到不同的噪声和干扰，通过融合多个模态的数据，模型可以更好地应对这些干扰。其次，多模态数据融合可以促进模型的创新。通过结合不同模态的数据，模型可以发现新的特征和规律。

2. 数据集发展趋势

随着深度学习技术的广泛应用，对大规模数据集的需求也越来越迫切。在目标位姿估计领域，一些大规模的数据集为研究者提供了丰富的实验资源和评估基准。这些数据集不仅包含了各种形状、大小、纹理的物体，还考虑了遮挡、光照变化等因素，使得训练出的模型更具泛化能力。

目标位姿估计的精度对于许多应用也是至关重要，因此未来数据集可能会更加注重标注的精度。通过引入更先进的标注技术和人工校验流程，减少标注错误，提高数据集的质量。这将有助于算法实现更准确的位姿估计性能。

此外，静态图像和视频虽然提供了丰富的数据资源，但真实世界中的场景往往是动态的，物体之间也存在交互。因此，未来数据集可能会增加更多动态场景和交互数据，如机器人操作、人机交互等。这将有助于算法更好地适应复杂动态场景和交互情况。

为了支持多模态数据的融合，一些研究团队开始构建包含多种模态数据的数据集。例如，T-LESS（Texture-Less Objects）数据集就包含了 RGB 图像、深度图像和物体 CAD 模型等多种模态的数据。这种多模态数据集的构建，为研究者提供了更多的实验资源和可能性。未来的数据集可能会融合更多跨模态数据，提供更丰富的物体和场景信息，有助于提高算法的鲁棒性和泛化能力。

针对特定应用场景的目标位姿估计数据集可能会越来越多。例如，在工业自动化、虚拟现实、增强现实和自动驾驶等领域，对于特定物体或场景的位姿估计有特定的要求。因此，未来的数据集可能会更加注重满足这些实际应用的需求。

3. 应用场景发展趋势

基于视觉的目标位姿估计在机器人操作领域有着广泛的应用。例如，在仓储物流行业中，分拣机器人可以通过目标位姿估计技术快速准确地识别和抓取货物，并进行分拣和包装操作。这可以大幅提高物流的效率和准确性，减少人工操作的错误和疲劳。在制造业中，装配机器人可以根据产品的位姿信息，进行物料的拣选、装配等操作，位姿估计技术能够确保机器人准确地抓取和操作零件，提高生产效率和产品质量。

在增强现实（Augmented Reality，AR）和虚拟现实（Virtual Reality，VR）领域，目标位姿估计技术也有着重要的应用。例如，在 AR 游戏中，位姿估计技术可以用于在物体上叠加虚拟元素，并使虚拟元素与实际物体保持相对正确的位姿。使用户能够更自然地与虚拟世界进行交互，提高用户体验；在 VR 环境中，位姿估计技术可以帮助确定物体在虚拟场景中的位置和姿态，从而实现更真实的虚拟现实体验。

自动驾驶也是目标位姿估计技术另一个重要的应用场景。自动驾驶系统需要实时感知周围环境，包括道路、车辆、行人、交通标志等。目标位姿估计技术能够准确提供这些物体在三维空间中的位置和姿态信息，帮助自动驾驶系统构建完整的环境模型。在自动驾驶过程中，实时估计和避让已知位姿的障碍物是确保行车安全的关键。

自动驾驶汽车需要在各种复杂环境中行驶，如城市道路、高速公路、山区等。未来，6D 位姿估计技术可能会更加注重环境适应性，能够在不同环境下保持稳定的性能，与其他安全技术相结合，如碰撞预警、紧急制动等，共同提高自动驾驶汽车的安全性。

综上所述，目标位姿估计技术在算法、数据集和应用场景等方面都呈现出多样化的发展趋势。随着技术不断进步和硬件设备的升级，其精度、效率和适应性将得到显著提升。期待在未来看到更多突破性的进展，实现更精确、鲁棒的位姿估计，提升机器人服务于人类的深度和广度。

本章小结

本章探讨了目标位姿估计在机器人视觉系统中的应用背景、技术实现和未来发展方向。目标位姿估计在工业和家用场景中具有广泛应用。尽管表现出色，目标位姿估计技术仍面临多样性、光照变化、实时性和环境干扰等挑战。为解决这些问题，需要发展高精度视觉系统、引入深度学习技术、融合多传感器数据，并优化硬件设计和计算算法。

本章重点介绍了两类主要方法：基于特征点匹配的目标位姿估计，通过提取和匹配图像中的特征点计算三维位置和姿态；基于深度学习的 3D 目标位姿估计，利用深度神经网络直接预测目标的三维位姿。前者计算效率高但对特征点质量依赖较大，后者适应复杂环境但需高性能计算资源和大量标注数据。其中，基于深度学习的方法又分为非端到端和端到端两类，分别通过分阶段处理和统一模型实现目标位姿估计。

展望未来，目标位姿估计技术将在算法、数据集和应用场景等方面多样化发展。深度学习与增强学习、多传感器融合、低功耗与高效计算、人机协同与交互等技术的进步，将使目标位姿估计更加智能和精确。大规模高质量的数据集、多模态数据融合以及针对特定应用场景的数据集，将提升算法的泛化能力和鲁棒性。目标位姿估计技术将在工业自动化、智能家居、自动驾驶、增强现实和虚拟现实等领域发挥重要作用，为机器人和智能化时代带来更多便利和可能性。

第 9 章 机器人目标位姿估计

习题与思考题

1. 在什么条件下,两个有限旋转矩阵可交换?
2. 已知一速度矢量如下:

$$^{B}V = \begin{bmatrix} 1.0 \\ 2.0 \\ 3.0 \end{bmatrix}$$

又已知 A 坐标系和 B 坐标系之间的变换关系为

$$^{A}_{B}T = \begin{bmatrix} 0.866 & -0.500 & 0.000 & 11.0 \\ 0.500 & 0.866 & 0.000 & -3.0 \\ 0.000 & 0.000 & 1.000 & 9.0 \\ 0 & 0 & 0 & 1 \end{bmatrix}$$

请计算该速度矢量在 A 坐标系下的表示 ^{A}V。

3. 目标位姿估计的核心任务是什么?描述位姿估计中通常使用的位姿参数化方法,包括其在三维空间中的含义。
4. 在目标位姿估计任务中,常用的输入数据类型有哪些?这些数据在描述目标位姿时各有什么特点或局限性?
5. 在目标位姿估计任务中,常用的评价指标有哪些?这些指标如何反映位姿估计的性能?

参考文献

[1] HINTERSTOISSER S, LEPETIT V, ILIC S, et al. Model based training, detection and pose estimation of texture-less 3d objects in heavily cluttered scenes[C]//Computer Vision–ACCV 2012: 11th Asian Conference on Computer Vision, Daejeon, Korea, November 5-9, 2012, Revised Selected Papers, Part I 11. Springer Berlin Heidelberg, 2013: 548-562.

[2] XIANG Y, SCHMIDT T, NARAYANAN V, et al. Posecnn: A convolutional neural network for 6d object pose estimation in cluttered scenes[J]. arXiv preprint arXiv: 1711.00199, 2017.

[3] HODAN T, MICHEL F, BRACHMANN E, et al. Bop: Benchmark for 6d object pose estimation[C]//Proceedings of the European Conference on Computer Vision (ECCV). 2018: 19-34.

[4] KENDALL A, GRIMES M, CIPOLLA R. Posenet: A convolutional network for real-time 6-dof camera relocalization[C]//Proceedings of the IEEE International Conference on Computer Vision. 2015: 2938-2946.

[5] WANG G, MANHARDT F, TOMBARI F, et al. Gdr-net: Geometry-guided direct regression network for monocular 6d object pose estimation[C]//Proceedings of the IEEE/CVF Conference on Computer Vision and Pattern Recognition. 2021: 16611-16621.

[6] DI Y, MANHARDT F, WANG G, et al. So-pose: Exploiting self-occlusion for direct 6d pose estimation[C]//Proceedings of the IEEE/CVF International Conference on Computer Vision. 2021:

12396-12405.

[7] LOWE D G. Distinctive image features from scale-invariant keypoints[J]. International Journal of Computer Vision, 2004, 60: 91-110.

[8] RUBLEE E, RABAUD V, KONOLIGE K, et al. ORB: An efficient alternative to SIFT or SURF[C]//2011 International Conference on Computer Vision. IEEE, 2011: 2564-2571.

[9] VISWANATHAN D G. Features from accelerated segment test (fast) [C]//Proceedings of the 10th Workshop on Image Analysis for Multimedia Interactive Services, London, UK. 2009: 6-8.

[10] CALONDER M, LEPETIT V, STRECHA C, et al. Brief: Binary robust independent elementary features[C]//Computer Vision-ECCV 2010: 11th European Conference on Computer Vision, Heraklion, Crete, Greece, September 5-11, 2010, Proceedings, Part IV 11. Springer Berlin Heidelberg, 2010: 778-792.

[11] ZAKHAROV S, SHUGUROV I, ILIC S. Dpod: 6d pose object detector and refiner [C]//Proceedings of the IEEE/CVF International Conference on Computer Vision. 2019: 1941-1950.

[12] KEHL W, MANHARDT F, TOMBARI F, et al. Ssd-6d: Making rgb-based 3d detection and 6d pose estimation great again[C]//Proceedings of the IEEE International Conference on Computer Vision. 2017: 1521-1529.

[13] PENG S, LIU Y, HUANG Q, et al. Pvnet: Pixel-wise voting network for 6dof pose estimation[C]//Proceedings of the IEEE/CVF Conference on Computer Vision and Pattern Recognition. 2019: 4561-4570.

[14] HE Y, SUN W, HUANG H, et al. Pvn3d: A deep point-wise 3d keypoints voting network for 6dof pose estimation[C]//Proceedings of the IEEE/CVF Conference on Computer Vision and Pattern Recognition. 2020: 11632-11641.

[15] SCHONBERGER J L, FRAHM J M. Structure-from-motion revisited[C]//Proceedings of the IEEE Conference on Computer Vision and Pattern Recognition. 2016: 4104-4113.

[16] MEDSKER L R, JAIN L. Recurrent neural networks[J]. Design and Applications, 2001, 5 (64-67): 2.

[17] LUO Y, REN J, WANG Z, et al. Lstm pose machines[C]//Proceedings of the IEEE Conference on Computer Vision and Pattern Recognition. 2018: 5207-5215.

[18] HOCHREITER S, SCHMIDHUBER J. Long short-term memory[J]. Neural Computation, 1997, 9 (8): 1735-1780.

[19] TEKIN B, SINHA S N, FUA P. Real-time seamless single shot 6d object pose prediction[C]//Proceedings of the IEEE Conference on Computer Vision and Pattern Recognition. 2018: 292-301.

[20] HO J, JAIN A, ABBEEL P. Denoising diffusion probabilistic models[J]. Advances in Neural Information Processing Systems, 2020, 33: 6840-6851.

[21] HODAN T, HALUZA P, OBDRŽÁLEK Š, et al. T-LESS: An RGB-D dataset for 6D pose estimation of texture-less objects[C]//2017 IEEE Winter Conference on Applications of Computer Vision (WACV). NJ: IEEE, 2017: 880-888.